Mitteilungen
der Deutschen Forschungsgesellschaft für Bodenmechanik (Degebo)
Technische Universität Berlin-Charlottenburg

Heft 11

Die Prüfung des Baugrundes und der Böden

Von

Dr.-Ing. Heinz Muhs

Mit 177 Abbildungen

Springer-Verlag Berlin Heidelberg GmbH

Sonderdruck aus Handbuch der Werkstoffprüfung, 2. Aufl.,
Band III: Die Prüfung nichtmetallischer Baustoffe, Kapitel XXIII.

ISBN 978-3-642-53014-2   ISBN 978-3-642-53013-5 (eBook)
DOI 10.1007/978-3-642-53013-5

Vorwort.

Die Wissenschaft der Bodenmechanik hat sich in den letzten Jahrzehnten so weit entwickelt, daß ihre Anwendung im Bauwesen heute schon fast selbstverständlich geworden ist und die gewissenhafte Prüfung des Untergrundes in gleicher Weise wie bei den übrigen Baustoffen gefordert wird. Hierauf ist es wohl auch zurückzuführen, daß die Untersuchungsmethoden der Bodenmechanik erstmals in den Band III „Die Prüfung nichtmetallischer Baustoffe" der zweiten Auflage des Handbuchs der Werkstoffprüfung aufgenommen worden sind. Der Beitrag „Die Prüfung des Baugrundes und der Böden" ist — dem Charakter eines Handbuchs entsprechend — so gefaßt, daß mit seiner Hilfe die heute im Inland und Ausland als üblich anzusehenden Feld- und Laboratoriumsversuche vom Leser durchgeführt werden können, ohne daß er auf andere Fachbücher zurückzugreifen braucht. Die gerade auf dem Gebiet der Bodenmechanik nicht immer einfache Anwendung der Versuchsergebnisse auf die Praxis ist angedeutet und Wert darauf gelegt, dem Leser hier durch Hinweise auf die neuere Spezialliteratur weiterzuhelfen. Auch ist versucht worden, bei den wichtigsten Untersuchungsverfahren durch Nennen der entsprechenden Veröffentlichungen und Namen die Verdienste der Wissenschaftler und Ingenieure festzuhalten und herauszuheben, die als erste wichtige Versuchsanordnungen oder Versuchsverfahren vorgeschlagen oder eingeführt haben und deren Namen heute manchmal in Vergessenheit zu geraten drohen. Die den Abbildungen zu Grunde liegenden Versuchsanordnungen und Meßergebnisse stammen, soweit in den Unterschriften nicht auf andere Quellen hingewiesen ist, aus dem Archiv der Degebo oder aus eigenen Veröffentlichungen und Arbeiten. Eine Reihe von Abbildungen — besonders für die Kapitel des Abschnitts Laboratoriumsversuche — habe ich aus dem gemeinsam mit Herrn Prof. Dr.-Ing. habil. E. Schultze verfaßten Buch „Bodenuntersuchungen für Ingenieurbauten", zum Teil mit geringen Änderungen, übernommen (Abb. 2, 12, 39, 54, 57, 82, 84, 87, 92 bis 96, 102, 103, 106, 112, 122 bis 126, 128 bis 130, 157, 175, 177).

Der vorliegende Beitrag ist im übrigen in der Überzeugung geschrieben, daß die Prüfung des Untergrundes den wichtigsten Zweig der Bodenmechanik darstellt. Werden die im Einzelfall zweckmäßigen Prüfungen im Feld oder im Laboratorium gewissenhaft und richtig vorgenommen, so wird der erfahrene Ingenieur in sehr vielen Fällen kaum noch andere, theoretisch-mathematische Untersuchungen brauchen, um die ihm gestellte Aufgabe technisch und wirtschaftlich einwandfrei zu lösen. Sind aber rechnerische Untersuchungen zur Bewältigung der auftauchenden Fragen notwendig, so ist die genaue Kenntnis der zu benutzenden Bodenkennziffern erst recht notwendig: Denn mit falschen Kennziffern berechnete Entwürfe sind besonders gefahrvoll oder unwirtschaftlich, weil sie entweder eine u. U. viel zu günstige Sicherheit vortäuschen oder eine zu hohe Sicherheit besitzen. Die einwandfreie Ermittlung der Bodenkennziffern oder allgemein die Prüfung des Bodens bleibt also in jedem Fall die wichtigste Aufgabe.

Ich bin den Herausgebern des Handbuchs, dem verstorbenen Herrn Prof. Dr.-Ing. E. h. O. Graf und Herrn Prof. Dr.-Ing. habil K. Egner zu Dank verpflichtet, daß sie den der ursprünglichen Planung gegenüber stark erweiterten Beitrag fast ungekürzt übernommen und sein Erscheinen als Sonderheft der

Degebo-Mitteilungen zusammen mit dem Springer-Verlag ermöglicht haben. Dadurch wird die Lücke, die sich auf dem deutschen Buchmarkt hinsichtlich eines modernen Fachbuchs über Baugrunduntersuchungen bis zum Erscheinen der geplanten Neuauflage der „Bodenuntersuchungen für Ingenieurbauten" sicher bemerkbar machen wird, wenigstens für die wichtigsten Prüfmethoden ausgefüllt. Dem Springer-Verlag habe ich weiterhin für das Eingehen auf viele Wünsche und für die vorzügliche Ausstattung zu danken, Herrn Prof. Dr.-Ing. habil. E. SCHULTZE für sein Einverständnis zur Verwendung der schon genannten Abbildungen aus unserem gemeinsamen Buch. Ich danke außerdem meinen Mitarbeitern Herrn Dipl.-Ing. H. KAHL, Herrn Dr.-Ing. H. NEUBER und Herrn Dr. rer. nat. P. SIMON für gründliche Durchsicht des Manuskripts und manche wertvolle Anregung.

Berlin-Charlottenburg, im Februar 1957.

H. Muhs.

Inhaltsverzeichnis.

A. Allgemeines.

1. Baugrund, Boden und bautechnische Bodenuntersuchungen.

Als „Baugrund" ist der Teil der Erdkruste anzusehen, der für die Ausführung von Bauvorhaben von Bedeutung ist. Im weiteren Sinne gehören hierzu auch die Schichten, die vom Bergbau oder Tunnelbau betroffen werden und in verhältnismäßig großer Tiefe unter der Geländeoberfläche liegen können. Im engeren Sinne ist aber unter Baugrund nur der Teil des Untergrunds zu verstehen, der bei der Errichtung von Bauwerken über Tage eine Rolle spielt und i. a. nur bis in Tiefen von etwa 50 m hinabreicht.

Die in diesen Tiefen vorkommenden geologischen Ablagerungen können aus „Fels" oder aus „Boden" bestehen, wofür vielfach auch die Ausdrücke „Festgestein" bzw. „Lockergestein" üblich sind (z. B. von Moos und de Quervain [1]). In der Natur kommen zwischen diesen beiden Hauptgruppen Übergänge sowohl in der einen als auch in der anderen Richtung vor; z. B. gibt es gerade als Baustoff sehr wichtige teilweise oder völlig verwitterte Festgesteine (z. B. verwitterter Granit), auf der anderen Seite aber auch verfestigte Lockergesteine (z. B. Ortsteinbildungen). Im Bauwesen wird der Ausdruck „Boden" auf die unverfestigten Lockergesteine sowie auf diejenigen verwitterten Festgesteine angewendet, die einen solchen Verwitterungsgrad besitzen, daß sie hinsichtlich ihrer Festigkeit, Porosität und Prüfbarkeit mehr den Lockergesteinen als den Festgesteinen gleichen. Als Boden im bautechnischen Sinne gelten also Ablagerungen von Kies, Sand, Schluff, Ton, Torf, Faulschlamm u. ä. sowie deren Mischungen, wobei es gleichgültig ist, ob diese Vorkommen als Absatz des Wassers oder Windes oder als Ablagerung des diluvialen Inlandeises entstanden sind oder ob sie an ihrer Entstehungsstätte als Verwitterungsgut anstehen.

Für die Untersuchung der Festgesteine haben sich schon seit langem ziemlich einheitliche Methoden durchgesetzt (vgl. Kap. II). Im Gegensatz hierzu ist die Untersuchung der Böden für Bauzwecke noch verhältnismäßig jung. Die Methoden zur Ermittlung der Bodeneigenschaften sind infolge der außerordentlichen Mannigfaltigkeit, mit der die Böden in der Natur auftreten und in der sie untersucht werden müssen, wesentlich schwieriger und umfangreicher. Sie sind erst in den letzten 20 bis 30 Jahren im Rahmen des schnell fortschreitenden Aufbaus der „Bodenmechanik", die neben den Methoden zur Feststellung der Bodeneigenschaften die Gesetze der Spannungsausbreitung im Baugrund und ihre Anwendung für eine technisch einwandfreie Ausführung der Grund- und Erdbauten erforscht hat, entwickelt worden. Diese Entwicklung ist wegen der Verschiedenheit der Böden und der Vielfalt der Bodeneigenschaften, die im Zusammenhang mit einem Bauvorhaben wichtig sein können, noch nicht abgeschlossen und hat auch noch nicht zu einer überall anerkannten Untersuchungstechnik der verschiedenen Einzelversuche geführt. Für den nachfolgenden Beitrag wurden aus der großen Fülle der Untersuchungsmethoden, die in den Erdbauversuchsanstalten des In- und Auslands entwickelt worden sind, diejenigen ausgewählt, die sich in mehrjähriger praktischer Anwendung bewährt haben und heute in gewissem Umfang als übliche Prüfverfahren für die Voruntersuchung eines Baugeländes gelten können. Neue Entwicklungen werden angedeutet. Auf die Behandlung älterer, heute kaum noch angewandter Methoden oder Apparate wird aber ebenso verzichtet wie auf die Schilderung von Spezialversuchen, die nur einem begrenzten Zweck dienen.

2. Einteilung der Böden für bautechnische Zwecke.

Die Böden werden zur Feststellung ihrer Hauptmerkmale und zum Zwecke der bautechnischen Untersuchung in drei Hauptklassen unterteilt: Nichtbindige Böden, bindige Böden und organische Böden.

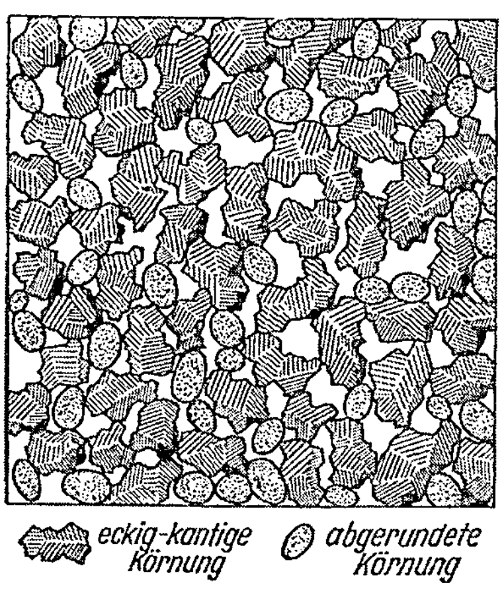

Abb. 1. Einzelkornstruktur eines nichtbindigen Bodens.

Die *nichtbindigen Böden* unterscheiden sich von den bindigen Böden dadurch, daß zwischen ihren Einzelteilchen keine gegenseitigen Anziehungskräfte herrschen. Die Einzelteilchen der nichtbindigen Böden liegen deshalb im unbelasteten und trockenen Zustand lose aneinander (Einzelkornstruktur, Abb. 1) und bilden ein Haufwerk von mehr oder weniger gedrungenen (rolligen) Körnern (Abb. 2) mit verhältnismäßig großen Korndurchmessern ($> 0,06$ mm). Es handelt sich um Sand, Kies und Gerölle.

Man unterscheidet dabei (s. Abb. 1) zwischen mehr eckigen und mehr runden Körnern, was ein Hinweis auf einen kurzen oder langen Transport des Materials vor seiner Ablagerung ist. Abb. 3 zeigt z. B. die Korngröße 0,5 bis 1,0 mm eines diluvialen Sandes, d. h. eines Wassersediments mit langem Transportweg, Abb. 4 dagegen die gleiche Korn-

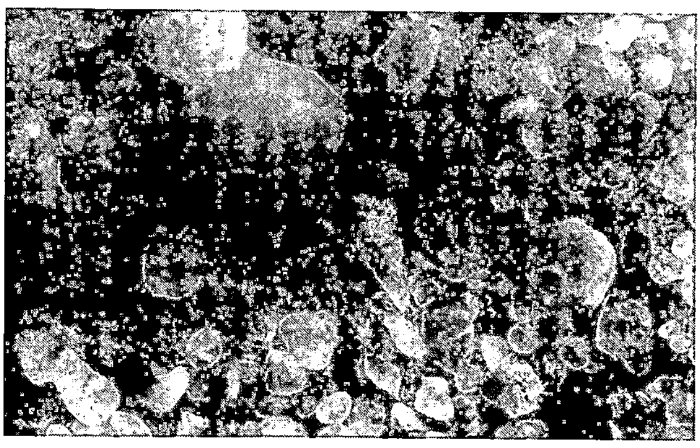

Abb. 2. Diluvialer Mittel- und Feinsand in ungestörter Lagerung.

gruppe eines an seiner Entstehungsstätte verwitterten Granits, d. h. eines Bodens ohne jeden Transport. Die Form der Körner ist für verschiedene Bodeneigenschaften (Reibungswiderstand, Zusammendrückbarkeit, Dichte) von Bedeutung.

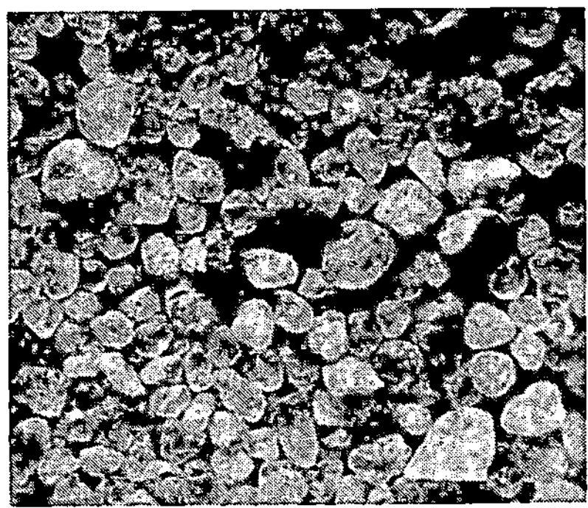

Abb. 3. Korngröße 0,5 bis 1,0 mm eines sedimentären Sandes.

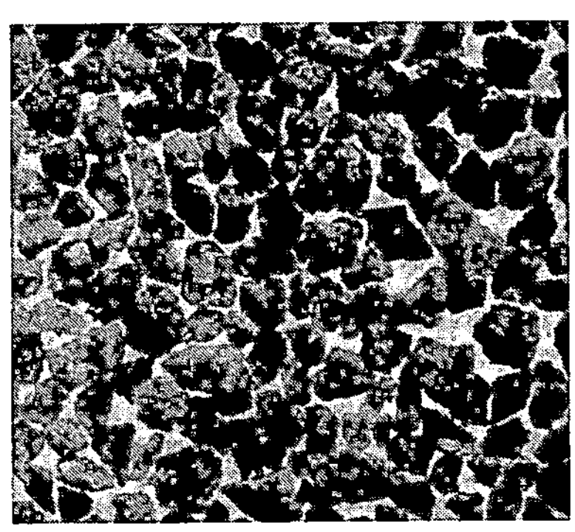

Abb. 4. Korngröße 0,5 bis 1,0 mm eines verwitterten Granits.

Bei den *bindigen Böden* haften im Gegensatz zu den rolligen Böden die Einzelteilchen aneinander und bilden eine zusammenhängende formbare Masse. Sie sind außerdem wesentlich kleiner als die Einzelteilchen der nichtbindigen Böden. Sie reichen bis in den Bereich der Kolloide (<0,0002 mm) hinein.

Für den Zusammenhang der Einzelbestandteile der bindigen Böden ist vor allem der Gehalt an Feinstbestandteilen (<0,002 mm) von Bedeutung, im weiteren aber auch der Gehalt an Teilchen mit einer Größe von 0,06 bis 0,002 mm. Für die Bestandteile <0,002 mm sind die Ausdrücke „Feinstes", „Rohton" und auch lediglich „Ton" gebräuchlich. Der Ausdruck „Ton" in diesem Sinne muß von der Bodenart „Ton" (s. S. 823) streng unterschieden werden.

Die *Tonteilchen* weisen nicht mehr wie die Einzelteilchen der nichtbindigen Böden eine mehr oder weniger gedrungene Kornform auf, sondern besitzen eine flache, gestreckte, schuppenförmige Gestalt mit sehr ungleichem Seitenverhältnis (s. Abb. 5). Ihre gegenseitige Haftung ist durch ihr Wasserbindevermögen bedingt, das auf elektrostatischen Vorgängen beruht

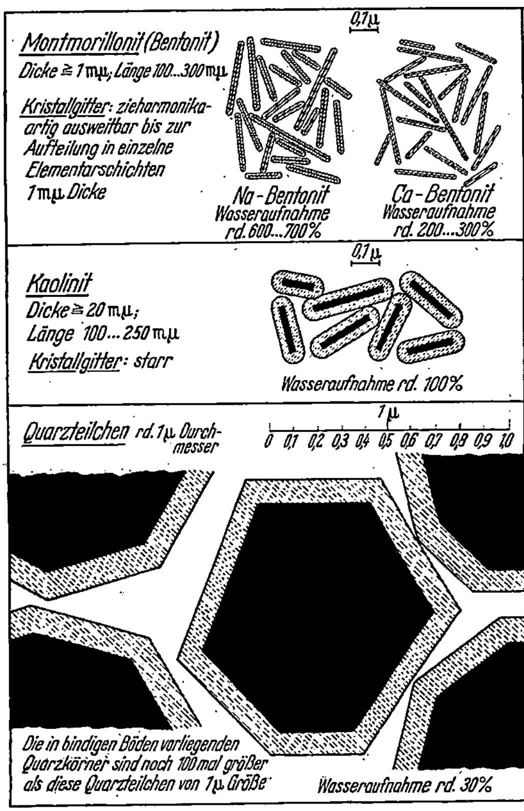

Abb. 5. Korngröße und Wasserhüllendicke bei bindigen und nicht bindigen Bodenteilchen.

und mit abnehmender Korngröße zunimmt, außerdem aber von der chemischen Beschaffenheit der Tonteilchen abhängt. Jedes Tonteilchen ist dadurch mit einer „gebundenen" Hülle von verdichtetem Wasser umgeben, die eine vielfach größere Dicke besitzen kann als das Teilchen selbst (Abb. 5). Die Hüllen sind untereinander wiederum durch Oberflächenkräfte verbunden. Zu ihnen treten noch die von der Größe und vom gegenseitigen Abstand abhängenden Massenanziehungskräfte der Teilchen selbst (BERNATZIK [2]). Neben den Anziehungskräften sind aber auch Abstoßungskräfte wirksam, da jedes Teilchen durch die an der Oberfläche nach außen hin nicht gebundenen elektrischen Kräfte elektrisch geladen ist. Die Ladungen sind an den Ecken und vorspringenden Stellen der

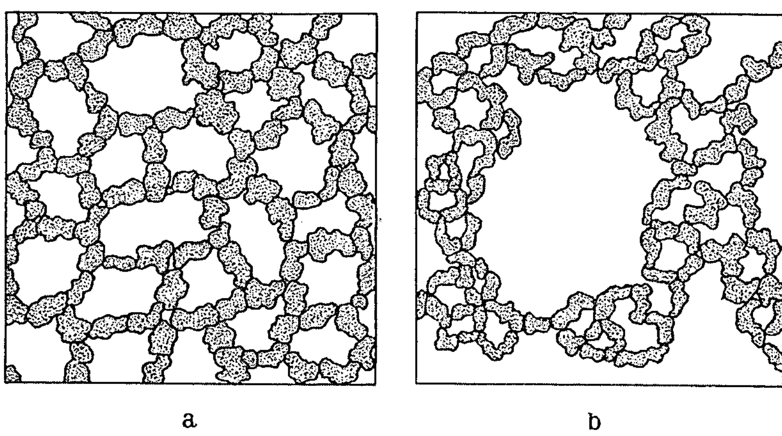

a   b

Abb. 6. Wabenstruktur (a) und Flockenstruktur (b) eines bindigen Bodens [9].

Teilchen konzentriert und bewirken eine Orientierung der Einzelteilchen in bevorzugte Lagen. Es kommt dadurch zur Ausbildung der sehr hohlraumreichen Waben- und Flockenstruktur (Abb. 6).

In chemischer Hinsicht unterscheiden sich die Einzelteilchen der nichtbindigen Böden von den Tonteilchen dadurch, daß sie chemisch inaktive Kristalle (alle Gesteinsarten, vorwiegend Quarz) darstellen, die als Bruchstücke einer ausschließlich *physikalischen* Verwitterung anzusehen sind, während die Tonteilchen aus Resten oder Neubildungen einer *chemischen* Verwitterung von Feldspat-Mineralen bestehen (CORRENS [3]). Der Quarzanteil der Tiefen- und Ergußgesteine der Erdrinde bildet also die Basis der nichtbindigen Böden, der Feldspatanteil die Basis der bindigen Böden.

Je nach dem Ausgangsprodukt und den während der Verwitterung herrschenden Einflüssen sind chemisch verschieden aufgebaute „Tonminerale" entstanden, deren Aufbau und Eigenschaften heute noch nicht völlig durchforscht sind und die vorläufig in drei Hauptgruppen zusammengefaßt werden:

1. *der Kaolinit-Gruppe:* hauptsächlich entstanden durch Verwitterung von Gesteinen mit Alkali-Feldspaten,

2. *der Montmorillonit-Gruppe:* hauptsächlich entstanden durch Verwitterung von basischen Gesteinen mit Kalzium-Feldspaten,

3. einer dritten Gruppe, die die glimmerartigen Tonminerale umfaßt. Für sie ist noch keine einheitliche Bezeichnung gefunden worden. Teilweise wird der Name *Illit-Gruppe* gebraucht (KNIGHT [4]). In sie gehört z. B. der Glimmerton.

Die bei weitem bedeutendste Gruppe ist die Kaolinit-Gruppe. Die aus ihr aufgebauten Tonböden werden „Kaolin-Tone" genannt. Sie sind verhältnismäßig wenig plastisch. Im Gegensatz dazu sind die aus Mineralen der Montmorillonit-Gruppe gebildeten Tonböden hochplastisch, quellfähig und im allgemeinen thixotrop. Aus Montmorillonit ist z. B. der bautechnisch in dem letzten Jahrzehnt wichtig gewordene Bentonit-Ton aufgebaut.

Der Übergang von den nichtbindigen Bodenteilchen zu den Tonteilchen ist nicht an eine einzige, bestimmte Korngröße gebunden, sondern erfolgt stetig im Bereich der Korngrößen von etwa 0,06 bis 0,002 mm. In ihm beginnt sich der Einfluß der Wasserbindefähigkeit der Einzelteilchen mit abnehmender Korngröße immer mehr bemerkbar zu machen. Dieser Korngrößenbereich wird „Schluff" genannt. Es handelt sich um physikalisch zerkleinerte, unzersetzte feinste Gesteinsfragmente (Gesteinszerreibsel, Windsedimente) mit schwach bindigen Eigenschaften im gröberen Bereich (Grobschluff) und dem Ton bereits ähnlicher werdenden bindigen Eigenschaften im feineren Bereich (Feinschluff).

Die *bindigen Böden* bestehen nun meist nicht nur aus Einzelteilchen der Ton- oder Schluff-Fraktion, sondern aus einer Mischung von Ton- und Schluffteilchen und auch aus Mischungen mit nichtbindigen Bestandteilen.

Schon ein Anteil von nur einigen Prozent Feinschluff- oder Tonteilchen verleiht einem nichtbindigen Boden bereits geringe bindige Eigenschaften. Man spricht dann von einem schwachbindigen Boden (z. B. toniger Sand, sandiger Ton). Die Gegenwart eines kleinen Prozentsatzes von „aktiven" Tonteilchen, wie z. B. Bentonit, in einem nichtbindigen Boden oder Schluff übt die gleiche Wirkung auf die bodenmechanischen Eigenschaften eines solchen Bodens aus wie das Vorhandensein einer weit größeren Menge eines „nichtaktiven" Tons. Die alleinige Ermittlung des Kornaufbaus kann also nicht immer eine erschöpfende Auskunft über seine Eigenschaften geben, sondern muß durch geeignete Untersuchungen, die quasi die Aktivität des Tonanteils feststellen, ergänzt werden. In den USA ist man in dem im Jahre 1952 zwischen maßgebenden Baubehörden und Wissenschaftlern vereinbarten neuen Klassifikationssystem für die natürlichen Böden („Unified Soil Classification System", s. S. 850) deshalb so weit gegangen, größenordnungsmäßig überhaupt keinen Unterschied mehr zwischen Schluff und Ton zu machen, sondern unterscheidet zwischen Schluff und Ton nur noch auf Grund der Plastizität (Bureau of Reclamation [5]). Es bleibt abzuwarten, ob sich diese Auffassung allgemein durchsetzen wird. Es erscheint zweifelhaft, da, im großen gesehen, Tone oder tonhaltige Böden, die aus Montmorillonit-Mineralen aufgebaut sind, verhältnismäßig selten sind und Tone bzw. tonhaltige Böden, die aus Kaolinit-Mineralen aufgebaut sind, in der Natur überwiegen. Die Kornverteilung der feinen Bestandteile harmoniert deshalb in der Regel doch mit den sonstigen kennzeichnenden Eigenschaften für die Plastizität; die Trennung zwischen Schluff und Ton gemäß einer Korngröße besteht dann zu Recht.

In der Hauptsache hat man, wenn man von den rein geologischen Bezeichnungen absieht, die sich auf die Zugehörigkeit zu den geologischen Perioden beziehen (z. B. Keupermergel), in der bautechnischen Bodenkunde die folgenden bindigen Mineralböden zu unterscheiden:
Ton, Schluff, Lehm, Mergel.

Ton als Bodenart ist ein Gemisch von Rohton, also Verwitterungsresten von Feldspaten, und feinstem unzersetztem Gesteinsstaub (Quarz, Feldspat, Glimmer). Auch ein hoher Gehalt von Schluffteilchen (etwa 50%) nimmt einem solchen Boden nicht seinen Charakter als Tonboden. Reine Tonböden mit 80% oder mehr Anteilen <0,002 mm sind in der Natur verhältnismäßig selten.

Ton kann als Verwitterungsprodukt eines quarzarmen Gesteins an primärer Lagerungsstätte vorkommen. Gewöhnlich aber tritt Ton als Sediment in fast ruhendem Meerwasser auf (mariner Ton).

Schluff — bisweilen ist auch der Ausdruck „Silt" gebräuchlich — als Bodenart ist ein Gemisch von feinem Gesteinsstaub ohne einen oder mit einem nur kleinen Gehalt an Ton. Es ist als Sediment vom Wasser oder vom Wind abgesetzt worden.

Lehm ist die geologische Bezeichnung für ein Gemisch von Sand, Schluff und Ton, für den seine durch Eisenbeimengungen verursachte gelblichbraune Farbe charakteristisch ist. Lehm kann als Sediment im Alluvium entstanden sein und ist dann verhältnismäßig gleichförmig, d. h. aus nur wenig verschiedenen Korngrößen aufgebaut (z. B. Auelehm, Seebodenlehm, Lößlehm). Er ist dann oft dem Schluff ähnlich. Lehm kann aber auch sehr ungleichförmig entwickelt sein, d. h. alle Korngrößen vom Ton bis zum Grobsand enthalten. Es handelt sich dann um eine Moränenablagerung des Inlandeises der Diluvialzeit (Geschiebelehm). Der Gehalt an Feinbestandteilen kann sehr verschieden sein (sandiger Lehm, lehmiger Sand).

Mergel sind ganz allgemein kalkhaltige bindige Böden. Man spricht deshalb von Ton- und Schluffmergel. Man kann die Mergel aber auch als kalkhaltige Lehme bezeichnen, woraus sich ergibt, daß sie wie diese als Sediment oder als Moränenablagerung [Geschiebemergel (Abb. 7)] entstanden sein können. Überwiegt der Kalkgehalt, so werden die Ausdrücke Kalkmergel und — bei noch höherem Kalkgehalt — Mergelkalk gebraucht. Oft wird der Name Mergel auch für geologisch ältere Mergelböden verwendet (z. B. Keupermergel).

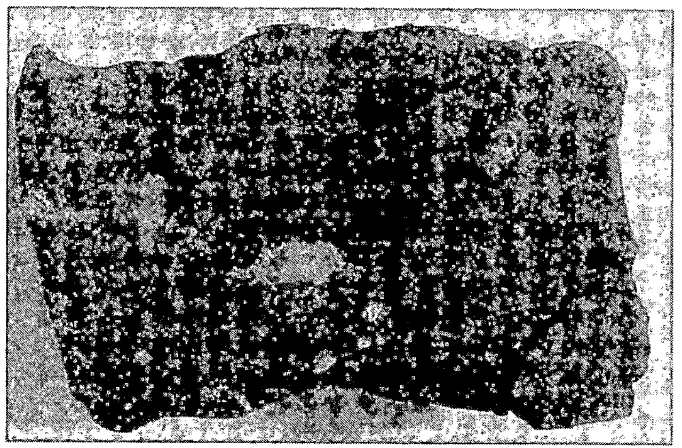

Abb. 7. Geschiebemergel in ungestörter Lagerung.

Zu diesen vier hauptsächlichen bindigen Mineralbodenarten tritt dadurch noch eine weitere Gruppe, daß diese Böden organische Beimengungen enthalten können. Man hat es dann mit den organisch verunreinigten oder organischen bindigen Böden zu tun.

Bei den *organischen Böden* hat man zu unterscheiden zwischen den Humusböden, die durch die Zersetzung und Vermoderung von Pflanzen entstanden sind, und den Faulschlammböden, die im wesentlichen aus der Zersetzung tierischer Substanz unter Wasser hervorgegangen sind.

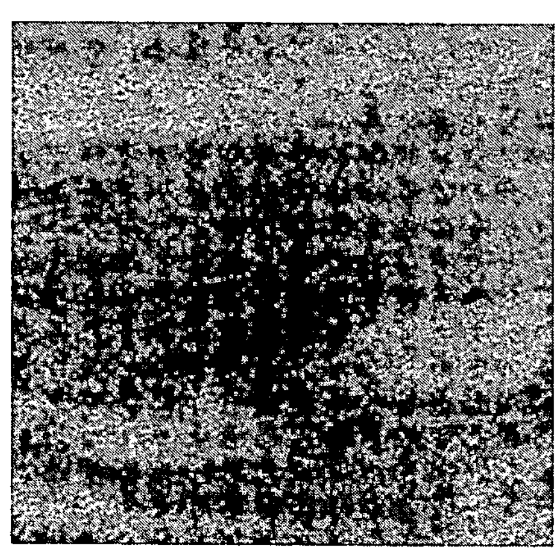

Abb. 8. Faulschlammstreifiger Sand in ungestörter Lagerung.

Abb. 9. Interglazialer Schluff, mit Schneckenresten durchsetzt, in ungestörter Lagerung.

Als reine Humusböden sind die verschiedenen Torfe (Flachmoortorf, Hochmoortorf) anzusehen, die kaum irgendwelche Mineralbestandteile zu besitzen brauchen. Dagegen enthalten die Faulschlammböden ihrer Entstehung als Sediment gemäß stets einen mehr oder weniger großen Mineralanteil, meist Feinsand, Schluff und Ton oder auch Kalk (Faul-schlammkalk, Wiesenkalk, Seekreide). Oft ist auch eine starke Beimengung von pflanzlichen Resten vorhanden.

Überwiegt der Gehalt an mineralischen Bestandteilen, so spricht man von organischem oder organisch verunreinigtem Ton (Klei), Schluff (Schlick) oder Sand. Hier sind alle nur denkbaren Übergänge möglich. Abb. 8 zeigt einen faulschlammstreifigen Sand, Abb. 9 einen sehr stark mit Schneckenresten durchsetzten tonigen Schluff.

3. Beschreibung der Böden für bautechnische Zwecke.

Die Beschreibung der Böden für bautechnische Zwecke muß sich auf die folgenden Punkte erstrecken:

die Grenzen und die Bezeichnung der einzelnen Korngruppen,

die Bezeichnung von zusammengesetzten Bodengruppen,

die Form des Kornaufbaus der nichtbindigen und schwach bindigen Böden,

den Grad der Plastizität der bindigen Böden und im Feinanteil der schwach bindigen Böden.

Die Grenzen und die Bezeichnung der einzelnen Bodengruppen gemäß der Korngröße sind in Deutschland in DIN 4022 „Schichtenverzeichnis und Benennen der Boden- und Gesteinsarten" (Ausg. 1955) und in den von der Deutschen Gesellschaft für Erd- und Grundbau beratenen „Richtlinien für bodenmechanische Versuche"[1] festgelegt worden:

Steine		>60 mm
Kies	60	bis 2 mm
Grobkies	60	bis 20 mm
Mittelkies	20	bis 6 mm
Feinkies	6	bis 2 mm
Sand	2	bis 0,06 mm
Grobsand	2	bis 0,6 mm
Mittelsand	0,6	bis 0,2 mm
Feinsand	0,2	bis 0,06 mm
Schluff	0,06	bis 0,002 mm
Grobschluff	0,06	bis 0,02 mm
Mittelschluff	0,02	bis 0,006 mm
Feinschluff	0,006	bis 0,002 mm
Ton		<0,002 mm

Hiernach ist die frühere Bezeichnung „Mehlsand", die in der älteren Ausgabe der DIN 4022 für die Korngrößen zwischen 0,1 und 0,02 mm noch vorhanden war, fortgefallen. Mehlsand entspricht heute etwa dem Grobschluff.

Diese Einteilung stimmt in den Hauptgrenzen mit der Einteilung des British Standard 1377 „Methods of test for Soil Classification and Compaction" überein; jedoch ist dort der Kies nicht in „grob", „mittel" und „fein" unterteilt.

In den USA sind verschiedene Einteilungen gebräuchlich. Der ASTM[2] Standard [6] benutzt als Grenze zwischen Sand und Schluff die Korngröße 0,05 mm und unterteilt den Sand nur einmal (bei 0,25 mm) in „grob" und „fein". Schluff und Ton werden bei 0,005 mm getrennt und der Kies und der Schluff nicht in Untergruppen unterteilt.

Das 1952 zwischen dem US Bureau of Reclamation und dem US Corps of Engineers vereinbarte „Unified Soil Classification System" ([5], s. S. 850) geht bei der Festlegung der Korngruppen allein von der Größe der in den USA vorhandenen Normsiebe aus. Ferner wird zwischen Schluff und Ton wegen der auf S. 823 schon behandelten Gründe korngrößenmäßig nicht mehr unterschieden. So ergibt sich die folgende Einteilung:

Kies	76,2	bis	4,76	mm	(3 bis $^3/_{16}$ in.)
Grobkies	76,2	bis	19,1	mm	(3 bis $^3/_4$ in.)
Feinkies	19,1	bis	4,76	mm	($^3/_4$ bis $^3/_{16}$ in.)
Sand	4,76	bis	0,074	mm	($^3/_{16}$ in. bis US-Sieb Nr. 200)
Grobsand	4,76	bis	2,00	mm	($^3/_{16}$ in. bis US-Sieb Nr. 10)
Mittelsand	2,00	bis	0,42	mm	(US-Sieb Nr. 10 bis Nr. 40)
Feinsand	0,42	bis	0,074	mm	(US-Sieb Nr. 40 bis Nr. 200)
Schluff und Ton			<0,074	mm	(<US-Sieb Nr. 200)

---

[1] Noch nicht veröffentlicht.   [2] American Society for Testing Materials.

Neben diesen zur Zeit wohl bedeutendsten Korngrößeneinteilungen gibt es noch eine große Zahl anderer (s. z. B. Schultze und Muhs [7]). Doch kann angenommen werden, daß diese gegenüber den vier angegebenen Einteilungen allmählich immer mehr an Bedeutung verlieren, sofern sie eine solche heute überhaupt noch besitzen.

Die Bezeichnung der aus zwei oder mehreren Korngruppen zusammengesetzten Bodenarten erfolgt nach DIN 4023 „Baugrund- und Wasserbohrungen. Zeichnerische Darstellung der Ergebnisse" (Ausg. 1955) in der Weise, daß die Bodenhauptart durch ein Substantiv und eine Beimengung durch ein vorgesetztes Adjektiv gekennzeichnet werden. Der Grad der Beimengung wird gekennzeichnet durch die Bezeichnung:

      „schwach" bei einem Anteil von 15% oder weniger,
      „stark"   bei einem Anteil von 30 bis 50%.

Bei einem Anteil von 15 bis 30% wird kein zusätzliches Attribut verwendet.

Z. B.:
Schwach sandiger Kies	Sandgehalt unter 15%
Sandiger Kies	Sandgehalt zwischen 15 und 30%
Stark sandiger Kies	Sandgehalt zwischen 30 und 50%

Die Ausdehnung des Bereichs „stark" von 30% bis auf 50% kann nicht als sehr zweckmäßig angesehen werden. Dadurch ist z. B. im obigen Beispiel ein Boden mit 45% Sandgehalt als „stark sandiger *Kies*" zu bezeichnen. Die Bezeichnung „Sand *und* Kies" wäre zweifellos glücklicher, was besonders deutlich wird, wenn man beispielsweise an einen Sandboden mit 45% Schluffanteilen denkt, der als „stark schluffiger *Sand*" zu kennzeichnen wäre, obwohl sein bodenmechanisches Verhalten stärker von dem Schluffgehalt, also der Beimengung, als von dem Sandgehalt bestimmt ist. Es erscheint deshalb richtiger, den Bereich „stark" auf einen Anteil der Beimengung von 30 bis 40% zu beschränken und bei einem Gehalt von 40 bis 60% zwei durch das Wort „und" verbundene Substantive zu verwenden.

Z. B.:
Schluffiger Sand	Schluffanteil 15 bis 30%
Stark schluffiger Sand	Schluffanteil 30 bis 40%
Schluff und Sand	Schluffanteil 40 bis 60%
Stark sandiger Schluff	Schluffanteil 60 bis 70%
Sandiger Schluff	Schluffanteil 70 bis 85%

Die Form des Kornaufbaus ist bei den nichtbindigen und schwach bindigen Böden von Bedeutung. Im Hinblick auf ihre bautechnischen Eigenschaften ist es wichtig, ob sie nur aus verhältnismäßig wenig Korngrößen bestehen, d. h. „gleichförmig" sind, oder ob sie viele verschiedene Korngrößen enthalten, d. h. „ungleichförmig" sind. Ungleichförmig aufgebaute Böden weisen, da die kleineren Bodenteilchen die Hohlräume zwischen den größeren ausfüllen, eine größere Dichte und damit eine Reihe vor allem für eine Verwendung als Baustoff besonders günstiger Eigenschaften auf und sind deshalb einem gleichförmig aufgebauten Material gleichen Mineralbestands überlegen.

Die größte Dichte wird erreicht, wenn der Kornaufbau der Gleichung für die „Fuller-*Kurve*" folgt, die für die Zusammensetzung der Zuschlagstoffe für den Beton entwickelt wurde (Fuller und Thompson [8]):

$$\text{\% Durchgang durch das Sieb } x = 100 \sqrt{\frac{d_x}{d_{100}}}, \tag{1}$$

worin

d_x Maschenweite des Siebs x, d_{100} Korngröße des gröbsten Anteils.

Jeder gröbsten Korngröße eines Bodens entspricht also *eine* Fuller-Kurve, die den zu dieser Korngröße gehörigen dichtesten Kornaufbau liefert (Abb. 10).

Für baupraktische Aufgaben ist es natürlich nicht nötig, einen so strengen Maßstab an einen Erdbaustoff anzulegen. Nach dem „Unified Soil Classification System" ([5], s. S. 850) können nichtbindige Böden und Böden mit weniger als

5% Anteilen $<0,074$ mm als „gut gekörnt" angesehen werden, wenn die *beiden* folgenden Bedingungen erfüllt sind:

$$U = \frac{d_{60}}{d_{10}} \begin{array}{l} > 4 \text{ im Kies} \\ > 6 \text{ im Sand} \end{array} \tag{2}$$

worin
$$C = \frac{(d_{30})^2}{d_{60}\,d_{10}} = 1 \text{ bis } 3, \tag{3}$$

d_{10}, d_{30} und d_{60} die Korndurchmesser bei 10, 30 und 60% Siebdurchgang der Kornverteilungskurve sind (s. Abb. 10).

Für die FULLER-Kurve ist stets $U = 36$ und $C = 2,25$.

Die Formulierung für U wird schon lange als „*Ungleichförmigkeitsgrad*" benutzt. Böden mit einem Ungleichförmigkeitsgrad:

$$U < 5 \text{ werden als „gleichförmig",}$$
$$U = 5 \text{ bis } 15 \text{ als „ungleichförmig",}$$
$$U > 15 \text{ als „sehr ungleichförmig"}$$

bezeichnet. Durch Einführung der Formulierung für C wird der für die Verwendung als Baustoff entscheidend wichtige Bereich „gut gekörnt" ganz erheblich eingeschränkt, wie die Beispiele auf Abb. 10 zeigen.

Es besteht keine Veranlassung, das Kriterium für eine gute Körnung auf die nichtbindigen Böden zu beschränken und es nicht auch auf die für den Erdbau besonders wichtigen schwach bindigen Böden auszudehnen. Mit zunehmendem Gehalt an bindigen Bestandteilen gewinnt allerdings die Beschaffenheit der Feinanteile immer mehr an Bedeutung, und die Frage, ob „gut gekörnt" oder „schlecht gekörnt", tritt zunehmend gegenüber der Frage zurück, ob die Feinanteile Schluff oder Ton darstellen bzw. von niedriger, mittlerer oder hoher Plastizität sind.

Über den *Grad der Plastizität* der bindigen Böden bzw. des Feinanteils der schwach bindigen Böden kann an Hand der ATTERBERGschen Konsistenzgrenzen[1] auf Grund der statistischen Auswertung einer großen Zahl von Versuchen entschieden werden. Gemäß den Festsetzungen im „Unified Soil Classification System" ([5], s. S. 850) handelt es sich vorwiegend um:

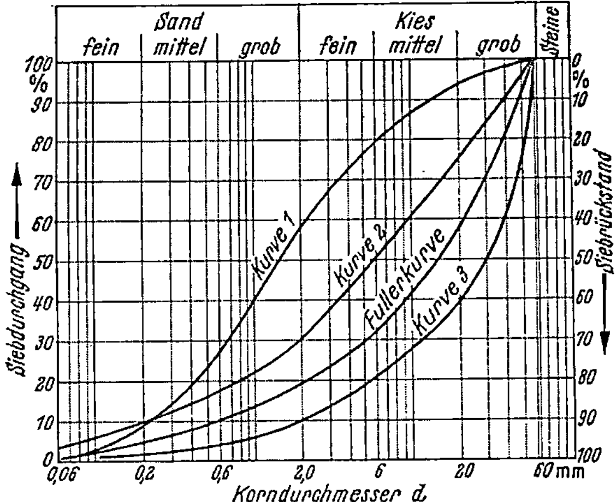

Abb. 10. Beispiele für „gut" und „schlecht" gekörnte Sand-Kies-Gemische mit einem größten Korndurchmesser von 60 mm.

Kurve 1 $\quad U = \dfrac{2,2}{0,23} = 9,6$

$\qquad C = \dfrac{0,7^2}{2,2 \cdot 0,23} = 0,97$

Schlecht gekörnt

Kurve 2 $\quad U = \dfrac{10}{0,2} = 50$

$\qquad C = \dfrac{2,0^2}{10 \cdot 0,2} = 2$

Gut gekörnt

Kurve 3 $\quad U = \dfrac{40}{2,2} = 18,2$

$\qquad C = \dfrac{12^2}{40 \cdot 2,2} = 1,64$

Gut gekörnt

FULLER-*Kurve* $\quad U = \dfrac{21,5}{0,6} = 35,8 \sim 36$

$\qquad C = \dfrac{5,4^2}{21,5 \cdot 0,6} = 2,26 \sim 2,25$

Schluff, wenn die an dem Anteil $<0,42$ mm (US-Sieb Nr. 40) ermittelte Plastizitätszahl[2] <4 ist *oder* wenn die Eintragung von Fließgrenze[1] und Plastizitätszahl[2] in Abb. 11 zu einem Punkt *unterhalb* der „A-Linie"[2] führt;

---

[1] Näheres hierüber s. S. 912. [2] Näheres hierüber s. S. 915.

Ton, wenn die an dem Anteil $<0{,}42$ mm (US-Sieb Nr. 40) ermittelte Plastizitätszahl >7 ist *und* wenn *gleichzeitig* die Eintragung von Fließgrenze und Plastizitätszahl in Abb. 11 zu einem Punkt *oberhalb* der „A-Linie" führt.

Besitzt hierbei die Fließgrenze des Schluffs oder Tons einen Wert:

von weniger als 50%, so handelt es sich um einen „schwach" plastischen Feinanteil,

von mehr als 50%, so handelt es sich um einen „hoch" plastischen Feinanteil.

Böden mit Plastizitätszahlen zwischen 4 und 7 stellen Übergänge von Schluff zum Ton dar.

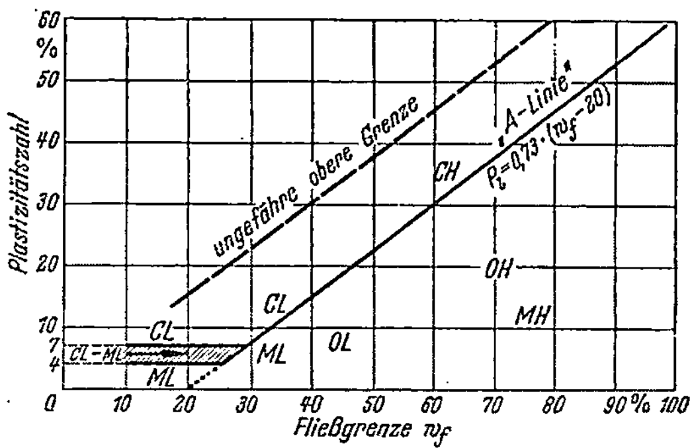

Abb. 11. Plastizitätsdiagramm nach A. Casagrande.
ML Schluff, schwach plastisch; *CL* Ton, schwach plastisch; *OL* Organ. Ton, schwach plastisch; *MH* Schluff, hoch plastisch; *CH* Ton, hoch plastisch; *OH* Organ. Ton, hoch plastisch.

Organische Beimengungen machen sich, wenn sie in kolloidaler Form auftreten, auch in kleinen Mengen durch einen Anstieg der Fließgrenze und Ausrollgrenze, d. h. ohne gleichzeitigen Anstieg der Plastizitätszahl, bemerkbar. Sie liegen deshalb in Abb. 11 gewöhnlich unterhalb der „A-Linie".

Andere Festsetzungen gehen von drei Fließgrenzenbereichen aus und unterscheiden hiernach zwischen einem Feinanteil von niedriger, hoher und mittlerer Plastizität, je nachdem, ob die Fließgrenze kleiner als 35% oder größer als 50% ist bzw. zwischen 35 und 50% liegt.

B. Prüfungen des Baugrunds (Feldversuche).

Von dem Beginn der modernen Bodenmechanik ab, der allgemein im Jahre 1925 angenommen wird, in dem Terzaghis grundlegendes Werk „Erdbaumechanik auf bodenphysikalischer Grundlage" [9] erschien, beschäftigte sich die Bodenmechanik bis etwa zum 1. Internationalen Kongreß für Bodenmechanik und Grundbau im Jahre 1936 vor allem mit der Erforschung der wichtigsten Bodeneigenschaften durch Laboratoriumsversuche mit gestörten und ungestörten Proben und der Entwicklung von Theorien, um die festgestellten Eigenschaften auf die Berechnung der Tragfähigkeit und Standsicherheit des Baugrunds von Erdbauwerken und Gründungskörpern anwenden zu können. Doch setzte sich etwa von diesem Zeitpunkt an die Erkenntnis durch, daß trotz aller entwickelten Theorien und trotz sehr vervollkommneter Versuchspraktiken, und obwohl die Versuchsergebnisse auch offenbar fehlerlos in die Theorien eingeführt wurden, auf diese Weise nicht auf alle Fragen, die dem Ingenieur bei seinen Arbeiten vom Baugrund gestellt wurden, eine voll befriedigende Antwort gefunden werden konnte. Der Grund lag und liegt zum Teil in der außerordentlichen Mannigfaltigkeit der Natur, die die Böden kaum irgendwo als wirklich homogenes Material oder als wirklich elastisch-isotropen Halbraum darbietet, zum Teil darin, daß nicht in allen Fällen eine die Wirklichkeit in vollem Umfange treffende Untersuchung im Laboratorium überhaupt möglich ist. Von etwa dem 1. Internationalen Kongreß ab setzte deshalb eine gewisse Kehrtwendung in der Untersuchungstechnik der Böden ein; man wandte sich in zunehmendem Maße und mit großem Erfolg der Untersuchung des Bodens im Felde, d. h. des Baugrunds, zu. In diesem Stadium sind wir noch heute begriffen. Immer mehr — und schneller als man es erwarten konnte — hat sich der Schwerpunkt der Bodenprüfung in den letzten 20 Jahren vom Laboratorium ins Feld verlagert, vor allem auch deshalb, weil die Prüfung hier in meist wesentlich kürzerer Zeit vorgenommen werden kann.

Der Behandlung der Feldversuche kommt deshalb bei einer Beschreibung der heute als wichtig anerkannten und üblichen bodenmechanischen Untersuchungen besondere Bedeutung zu. Sieht man von der Untersuchung des Grundwassers ab, die hier nicht behandelt wird, so kann man grundsätzlich zwei Gruppen von Feldversuchen unterscheiden. Die erste Gruppe (Abschn. B 1 bis 4) dient hauptsächlich der Feststellung des Aufbaus des Untergrunds durch Gewinnen von Bodenproben zur Analyse der angetroffenen Bodenschichten und zur späteren Durchführung der Laboratoriumsversuche. Die zweite Gruppe (Abschn. B 5 bis 8) beschäftigt sich dagegen in erster Linie mit der Ermittlung der Beschaffenheit, d. h. der Festigkeitseigenschaften, der Schichten im Untergrund selbst.

1. Notwendigkeit und Umfang der Bodenaufschlüsse.

Nach den vielen Fehlschlägen, die im Bauwesen durch fehlerhafte Gründungen aufgetreten sind, ist es heute die Regel, daß eine irgendwie geartete Voruntersuchung des Baugrunds vorgenommen wird. Statt der Kosten für sorgfältige und ausreichende Voruntersuchungen lieber die gar nicht kalkulierbaren Kosten in Kauf zu nehmen, die eine Bauverzögerung wegen Änderung der Gründung oder wegen nachträglicher Untersuchungen mit sich bringt, ist nicht nur Sparsamkeit am falschen Platz, sondern heute auch als ein Verstoß gegen eingeführte Richtlinien und gegen die „anerkannten Regeln der Technik" anzusehen.

Bei den Voruntersuchungen ist die enge Zusammenarbeit zwischen Ingenieur und Geologen erwünscht und bei größeren Aufgaben unerläßlich, da der Geologe aus seiner Kenntnis bzw. Deutung der allgemeinen Morphologie, der Petrographie, der Gesteinsschichtung u. ä. heraus die Stellen, wo eine genauere Untersuchung notwendig ist, besser auswählen und die Zahl dieser Stellen einschränken kann.

Der Umfang der Untersuchungen hängt weitgehend von der allgemeinen Geologie und dem Bauobjekt ab und kann allgemein kaum angegeben werden.[1] Zur Prüfung des Straßenuntergrunds genügt z. B. bei einem Straßenplanum in Geländehöhe und geologisch nicht fragwürdigen Formationen eine Untersuchung bis in 2 bis 3 m Tiefe in Abständen von etwa 50 m oder 100 m, während in Damm- und Einschnittsstrecken größere Tiefen und engere Abstände nötig sind.

Für die Untersuchung der Gründungsverhältnisse von Bauwerken enthält die Neufassung der DIN 1054 „Gründungen. Zulässige Belastung des Baugrundes" aus dem Jahre 1953 (LORENZ und EBERT [*10*]) genaue Angaben. Die Lage der Bohrungen soll der Größe und Form des Bauwerksgrundrisses, der Last des Bauwerks und den geologischen Verhältnissen angepaßt sein, und der *Abstand der Bohrungen darf 25* m *nicht übersteigen.* Sofern nicht besondere geologische Verhältnisse eine andere, sei es eine tiefere, sei es eine kleinere Bohrtiefe erfordern bzw. gestatten, soll *mindestens* bis in eine Tiefe:

$$t = p\,b,\qquad(4)$$

worin

t Bohrtiefe *unterhalb* der *Gründungssohle* in m,
p auf die gesamte Fläche des Bauwerks bezogene Last des Bauwerks in kg/cm^2,
b Breite des Bauwerks in m,

---

[1] Näheres hierüber s. in DIN 4020 „Bautechnische Bodenuntersuchungen, Richtlinien" aus dem Jahre 1953.

gebohrt werden, *niemals aber weniger als bis in 6 m Tiefe unter Gründungssohle.* Genügt wegen besonders günstiger geologischer Bedingungen eine geringere Tiefe als die nach Gl. (4), so soll diese aber ebenfalls 6 m *nie unterschreiten.* Bei Pfahlgründungen, wo die Gründungssohle in Pfahlspitzenebene liegt, sind die Bohrtiefen sinngemäß von dort aus zu rechnen, können aber um etwa $1/3$ ermäßigt werden.

Oft ist zur Zeit der Voruntersuchungen die mittlere Bauwerkslast nicht bekannt, so daß die Bohrtiefe nicht nach Gl. (4) bestimmt werden kann. Man arbeitet dann besser mit den Angaben in der Ausgabe der DIN 1054 aus dem Jahre 1940, wonach:

a) bei Einzelfundamenten bis in eine Tiefe (unter Gründungssohle), die gleich dem Dreifachen der Sohlbreite ist,

b) bei Plattengründungen und bei Bauwerken mit einem engen Abstand der Einzelfundamente bis in eine Tiefe (unter Gründungssohle), die gleich dem Eineinhalbfachen der Bauwerksbreite ist,

gebohrt werden muß, mindestens aber ebenfalls bis 6 m unter Gründungssohle.

Es muß an dieser Stelle auf die manchmal etwas zu bedenkenlose Anwendung von „*Baugrundkarten*" eingegangen werden. Die systematische Sammlung von Bohrergebnissen und ihre Verarbeitung zu einer flächenförmigen Darstellung der Untergrundverhältnisse in Form von Karten zum Zwecke der Einsparung von Bohrungen ist sehr zu begrüßen. Diese Karten können aber, sofern man sich nicht in großer Nähe eines Bohrlochs befindet, nur für Planungszwecke, nicht aber für die Vorbereitung einer Bauausführung herangezogen werden, es sei denn, die Baugrundkarte stützt sich in dem betreffenden Gebiet auf eine derart große Zahl von Bohrungen, daß die Bestimmungen der DIN 1054 hinsichtlich der Bohrabstände erfüllt werden. Dies ist so gut wie nie der Fall. Meist ist vielmehr die Deutung des Untergrunds in den Baugrundkarten auf recht weit auseinanderliegenden Bohrlöchern aufgebaut. Ein Verlaß auf die erwünschte Stetigkeit des Schichtenverlaufs zwischen den Bohrlöchern hat aber nicht selten auch in geologisch scheinbar einfachen und gleichmäßigen Geländeteilen zu unliebsamen Überraschungen geführt. Der Ingenieur tut deshalb in jedem Fall gut, sich zunächst an die eindeutigen Bestimmungen der DIN 1054 zu halten, sich nicht nach farbig angelegten Flächen, sondern nach tatsächlichen Bohrergebnissen zu richten und die Zahl der Bohrungen nur dann einzuschränken, wenn er dabei wirklich keine Unsicherheiten hinsichtlich der Gründungsverhältnisse seines Bauwerks in Kauf zu nehmen braucht. Eine Baugrundkarte vermag eine solche Sicherheit im Normalfall nicht zu geben.

Eine wertvolle Hilfe bei den Voruntersuchungen können die *geophysikalischen Untersuchungsmethoden* (REICH und VON ZWERGER [*11*]) sein, besonders, wenn sie zwischen weit auseinanderliegenden Bohrlöchern angesetzt werden, um die Kontinuität des Schichtenverlaufs oder die Homogenität des Untergrunds zu prüfen. Je nach der gestellten Aufgabe und den Bodenverhältnissen ist:

> die seismische Bodenuntersuchung,
> die dynamische Bodenuntersuchung oder
> die geoelektrische Bodenuntersuchung

zweckmäßig (SCHULTZE und MUHS [*7*]).

Eine weitere wertvolle Ergänzung der Bohrungen stellen die *Sondierungen* dar, die über den Aufschluß über den Schichtenverlauf hinaus auch Feststellungen über die Beschaffenheit der einzelnen Schichten vermitteln. Die verschiedenen Sondiermethoden werden von S. 854 bis 870 eingehend behandelt.

2. Aufschluß des Untergrunds durch Schürfungen und Bohrungen.

Für die bei den Arbeiten zum Aufschluß des Untergrunds zu beachtenden Gesichtspunkte ist im Jahre 1955 die DIN 4021 „Baugrund und Grundwasser. Erkundung, Bohrungen, Schürfe, Probenahme, Grundsätze" neu herausgegeben worden. Für die Durchführung der Bohrungen gilt außerdem DIN 18301 „Bohrarbeiten" aus dem Jahre 1955.

Die Bodenuntersuchung wird am besten durch die Anlage von *Schürfgruben* ermöglicht, da hier nicht nur eine einwandfreie Probenahme, sondern auch eine genaue Besichtigung des Schichtenverlaufs möglich ist. Zum freien Bewegen zwecks Probenahme (s. S. 838) oder zur Durchführung irgendwelcher Versuche oder Arbeiten von der Schürfgruben-sohle aus soll die Grundfläche 1 bis 2 m² betragen.

Der Nachteil der Schürfgruben besteht darin, daß ihre Herstellung recht teuer ist und schon bei nicht einmal großen Tiefen. eine Aussteifung erfordert. Trotzdem sind die Fälle nicht selten, wo allein die Anlage von Schürfschächten den gewünschten Aufschluß vermittelt (z. B. bei einer Wechsellagerung von Fels- und Bodenschichten oder in mit Steingeröllen durchsetzten Böden).

Für die Aussteifung der Schürf-gruben ist die „*Pionieraussteifung*" (Abb. 12) zweckmäßig, da sie den ausgeschachteten Raum völlig frei läßt und Holzverbrauch und Aus-steifarbeit gering sind. Die Aus-steifung wird durch Eintreiben eines Holzkeils in die eine Ecke des aus vier Bohlen gebildeten Rahmens bewirkt (Abb. 12b). In den übrigen drei Ecken jedes Rahmens greifen die Bohlen verzahnt ineinander (Abb. 12a).

Ist der genaue Aufschluß, den eine Schürfgrube ermöglicht, nicht unbedingt notwendig oder zu teuer, so genügt oft der Aufschluß durch eine *Handbohrung*. In vielen Fällen ist eine Handbohrung auch die zweckmäßige Ergänzung zu einer Schürfgrube; letztere wird z. B. bis

a

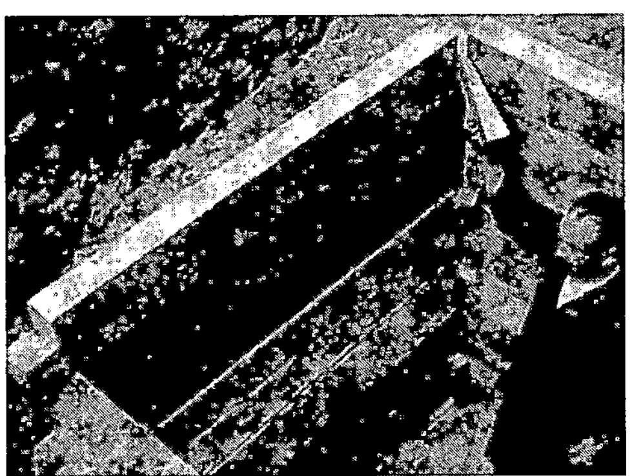

b

Abb. 12. Schürfgrube mit Pionieraussteifung. a Aneinander-legen der Rahmenhölzer in drei Ecken; b Verkeilen der vierten Ecke.

in die wirtschaftlich vertretbare Tiefe oder bis zum Grundwasserspiegel hinab-geführt; von dort aus wird dann mit dem Handbohrgerät gearbeitet.

Für Handbohrungen, die für die folgenden Ausführungen dadurch gekenn-zeichnet sein sollen, daß sie keines Bohrbocks bedürfen, kommen im Prinzip die gleichen Bohrgeräte in Betracht, die für die Normalbohrungen in den Locker-gesteinen verwendet werden (Abb. 13):

Schappen oder schappenähnliche Geräte, die durch Drehen in den Boden hineingebohrt werden (Gestängebohren),

Spiralbohrer, die ebenfalls durch Drehen betätigt werden,

Ventilbohrer, die im Bohrrohr durch stetiges Anheben und Fallenlassen („Pumpen") den Boden lockern und aufnehmen (Seilbohren).

Mit den Schappen kann in allen bindigen Böden, in den organischen Böden und in den nichtbindigen Böden über dem Grundwasser ohne Verrohrung ge-

bohrt werden, sofern diese Böden standfest sind und nicht einstürzen. In wasser-
führendem Sand und Kies sowie in sehr wasserhaltigen schwach bindigen Böden,
die mit der Schappe nicht gefördert werden können, muß mit dem Ventilbohrer
und Verrohrung gearbeitet werden.

Im Zusammenhang mit den Handbohrungen ist auch die
mit einer, zwei oder drei Kerben versehene *Sondierstange*
(Abb. 14) zu nennen, die durch Schläge in den Boden eingetrieben wird. Nach Einrammen auf eine Länge von z. B. jeweils 30 cm ist der in den Kerben eingeschlossene Boden so zu-
sammengepreßt, daß er nach Drehen der Stange in nicht wasserführenden Schichten ohne Schwierigkeiten gefördert werden

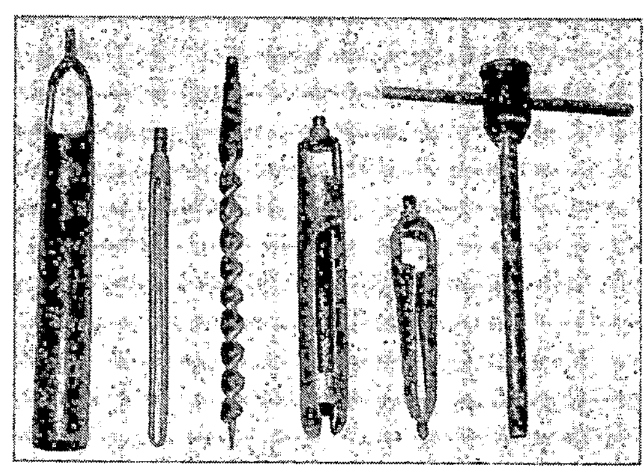

Abb. 13. Geräte für Handbohrungen: Ventilbohrer, Sondierspitze, Spiralbohrer,
zylindrische Schappe, konische Schappe, Gestänge mit Schlagkopf.

kann. In standfesten Böden ist ein einwandfreier Aufschluß
und ein verhältnismäßig leichtes Arbeiten bis in Tiefen von
etwa 5 m möglich.

Die Handbohrungen sind wegen der Arbeitsschwierigkeiten auf verhältnismäßig geringe Tiefen, etwa 5 m, und im Normalfall auf nicht-
wasserführende Schichten beschränkt. Sie sind gewöhnlich nur als
Hilfsmittel anzusehen und sollen in erster Linie für überschlägliche
Voruntersuchungen angewendet werden. Sie können aber als Ergänzung
zu den Normalbohrungen gute Dienste leisten, z. B. dazu dienen, in
Fällen, wo über die Beschaffenheit der Gründungsschicht noch gewisse
Zweifel bestehen, die Zuverlässigkeit der Gründungsschicht nach Aushub der Baugrube zwischen den ursprünglichen Bohrlöchern zu prüfen.
Unentbehrlich sind die Handbohrungen z. B. auch beim Suchen von
geeigneten Erdbaustoffen oder bei der Voruntersuchung von Straßen-
trassen. Ihr Hauptmangel besteht darin, daß wegen des kleinen Durchmessers ein starkes Vermischen des Bohrguts eintritt. Dem kann aber
durch Verwendung von geeigneten Geräten zur Entnahme von ungestörten Proben (s. S. 844) begegnet werden.

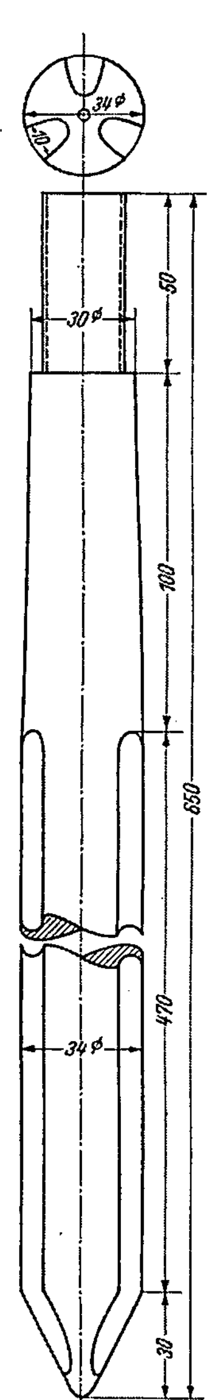

Abb. 14. Spitze für
Schlagsondierungen
mit Proben-
gewinnung.
Maße in mm.

Bei den *Normalbohrungen,* die im Normalfall auf Tiefen
von weniger als 40 m begrenzt sind, sich unter Umständen aber bis in 200 m
Tiefe erstrecken können und die gegenüber den Handbohrungen durch die Verwendung eines Bohrbocks und einer Hand- oder Maschinenwinde charakterisiert
sind, wird mit den gleichen Bohrgeräten wie bei den Handbohrungen gearbeitet.
Hinzu tritt — neben einer großen Zahl von Hilfsgeräten — im Grunde eigent-

lich nur der Bohrmeißel zum Durchteufen von Gesteinseinlagerungen[1]. Die Durchmesser der Geräte sind natürlich entsprechend größer. Kleinere Durchmesser als 134 mm sind für Schappen und Spiralbohrer bei Bohrungen zur Erschließung des Baugrunds nach DIN 4021 überhaupt unzulässig. Die DIN 4021 fordert weiterhin grundsätzlich — von mächtigen Schichten standfester bindiger Böden abgesehen — die Anordnung einer Verrohrung von mindestens 159 mm Außendurchmesser und untersagt die Anwendung des Spülbohrens sowie den Zusatz von Wasser zur Erleichterung der Bohrarbeit in den bindigen Bodenschichten.

Zur Beurteilung der später zu behandelnden Beschaffenheit der beim Bohren gewonnenen gestörten Bodenproben und der zusätzlich entnommenen ungestörten Bodenproben muß hier auf den *Bohrvorgang* näher eingegangen werden.

In den wasserführenden, nichtbindigen Böden wird der Bohrfortschritt, d. h. das laufende Gewinnen des Bohrguts, durch das vorübergehende Breiigmachen der Sandmasse mit Hilfe einer künstlich herbeigeführten Sogwirkung (Abb. 15) erreicht. Je größer diese durch das „Pumpen" erzeugte Sogwirkung ist, desto besser ist der Bohrfortschritt (KAHL, MUHS und SPOEREL [*12*]). Begünstigt wird die Sogwirkung und damit der Bodeneintrieb in den Ventilbohrer außerdem durch den Wasserspiegelunterschied, der sich im Bohrloch und neben dem Bohrloch durch die laufende Wasserentnahme einstellt (Abb. 16). Hieraus folgt, daß der Boden

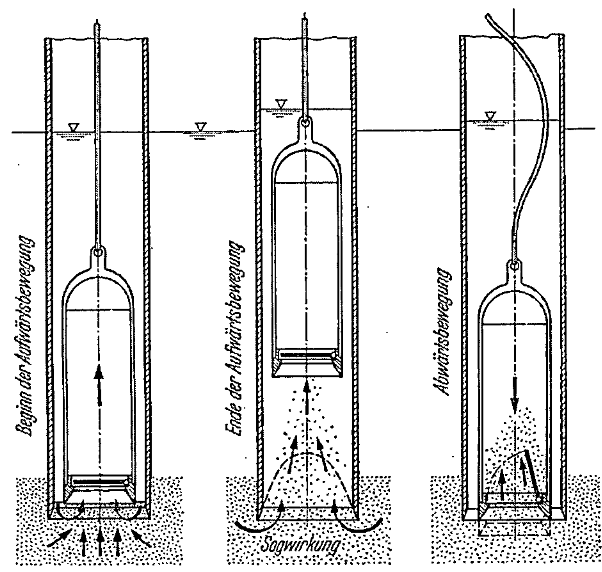

Abb. 15. Vorgänge beim „Pumpen" mit dem Ventilbohrer.

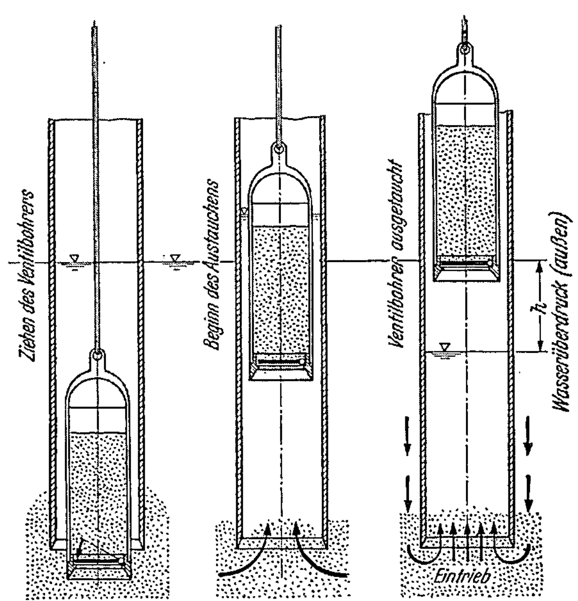

Abb. 16. Bodeneintrieb infolge des Wasserspiegelunterschieds innerhalb und außerhalb des Bohrrohrs.

---

[1] Da hier nur die *Boden*untersuchungen behandelt werden, braucht auf die Kernbohrungen, die nur in den festen Gesteinen angebracht sind, nicht eingegangen zu werden.

Schichtenverzeichnis
(für Baugrunduntersuchungen)

Ort: ...*Mittelhausen, am Nordfuße des Kirchberges* ....

Bohrung/~~Schurf~~ Nr.: ...*4*..　　Zeit: ....*10. bis 18. 3. 1954*...........................

Mächtigkeit in Metern	Erbohrte Schichten			Ungestörte Proben		Bemerkungen, besonders Angaben über Wasserführung
Bis .... m unter Ansatzpunkt	a) Bodenhauptart b) Beimengungen c) Farbe	d) Festigkeit beim Bohren e) Besondere Merkmale	f) Übliche Benennung g) Geologische Kennzeichnung	Nr.	Tiefe in Metern für Unterkante Stutzen	
1	*2*	*3*	*4*	*5*	*6*	*7*
	Richtlinien für das Ausfüllen gibt Anlage 5 zu DIN 4022, Blatt 1					
0,50 0,50	a) *Mutterboden* b) *Humus* c) *dunkelgrau*	d) — e) —	f) — g) —	—	—	...
5,20 5,70	a) *Mittelsand* b) *wenig Feinkies* c) *hellgrau*	d) *lose gelagert* e) *kalkfrei*	f) — g) *Talsand*	—	—	*Grundwasser 3,90 m unter Ansatzpunkt angebohrt*
0,70 6,40	a) *Torf* b) *Holzreste* c) *schwarz*	d) *leicht zu bohren, weich* e) *kalkfrei*	f) — g) *Flachmoortorf*	1	6,12	*Aus dem Bohrloch tritt Gas aus*
6,20 12,60	a) *Ton* b) *Sand, Schluff, Steine* c) *grau*	d) *schwer zu bohren* e) *kalkig*	f) — g) *Geschiebemergel*	2 3	6,80 12,25	*Kein Wasserzutritt*
3,50 16,10	a) *Kies* b) *Grobsand, Steine* c) *bunt*	d) *dicht gelagert* e) *mit Kalkgeröllen*	f) — g) *Schmelzwassersand*	—	—	*Bei 13,60 m Stein. Meißelarbeit erforderlich, Grundwasser steigt bis 1,50 m unter Ansatzpunkt an.*
3,80 19,90	a) *Schluff* b) *viel Feinsand* c) *grau*	d) *gut zu bohren* e) *kalkig, weich plastisch*	f) — g) *Beckenton*	4	18,70	*Kein Wasserzutritt*
4,50 24,40	a) *Fels* b) — c) *gelblich*	d) *fest* e) *klüftig 15° Einfallen*	f) *Kalkstein* g) *Muschelkalk*	5	*Kern gebohrt von 20,50 m bis 20,90 m*	*Wasserverlust*

Abb. 17. Schichtenverzeichnis nach DIN 4022.

unter dem Bohrer immer aufgelockert ist und daß die Feststellungen des Bohrmeisters über eine „lockere" oder „feste" Lagerung eines wasserführenden Sands oder Kieses als sehr zweifelhaft anzusehen und in der Regel viel mehr durch die beim Bohren hervorgerufenen Wasserspiegelunterschiede bedingt sind als durch die tatsächlich vorhandene Lagerungsdichte. Diese Ausführungen behalten ihre Richtigkeit in gewissem Umfang auch in manchen schwach bindigen Böden.

In den bindigen und zum Teil auch in den schwach bindigen Böden können die Feststellungen des Bohrmeisters dagegen großen Wert besitzen, und zwar dann, wenn sie sich auf den Widerstand des Bodens beim Bohren beziehen und nicht auf die Beschaffenheit des geförderten Bohrguts. Das letzte hat infolge des Knetvorgangs stets seine ursprüngliche Festigkeit eingebüßt und ist darüber hinaus meist auch durch das auf der Bohrlochsohle stehende Wasser aufgeweicht.

Die Beobachtungen des Bohrmeisters über die Tiefe jedes Schichtwechsels und der Grundwasserstände sowie *seine* Feststellungen über die Art und Beschaffenheit der angetroffenen Schichten sind in dem „*Schichtenverzeichnis*" gemäß DIN 4022 (Blatt 1) „Schichtenverzeichnis und Benennen der Boden- und Gesteinsarten. Baugrunduntersuchungen", das im Jahre 1955 neu aufgestellt wurde, einzutragen (Abb. 17). Wichtig ist, daß die Formblätter *vom Bohrmeister* selbst *während* der Bohrung *voll* ausgefüllt werden und nicht erst später im Büro auf Grund kurzer Notizen des Bohrmeisters auf einem Notizblock, wie es leider noch immer häufig geschieht.

Die Beschreibung der Schichtenfolge durch den Bohrmeister stützt sich auf seine Eindrücke über die Bodenbeschaffenheit beim Bohren, auf die Beschaffenheit des gewonnenen Bohrguts und etwaiger ungestörter Proben und auf sein Vermögen, die Böden zutreffend zu erkennen und zu beschreiben. Diese Beschreibung wird oft, besonders dann, wenn kein Erdbausachverständiger zu Rate gezogen wird, ausschlaggebend für die gesamte Deutung des Untergrunds und der Gründungsverhältnisse des infragekommenden Bauvorhabens. Auf diese Fragen, die Probenahme und die Beschreibung der angetroffenen Bodenarten, muß deshalb noch genauer eingegangen werden (s. S. 848).

Ein in Süddeutschland und in der Schweiz manchmal angewandtes Sonderbohrverfahren für Baugrunderschließungen ist das „*Bohrpfahlsondierverfahren*" nach BURKHARDT *[13]*. Hierbei wird ein sehr kräftiges Mantelrohr von 270 mm⌀ zusammen mit einem Kernrohr von 2 bis 3 m Länge auf einem gemeinsamen Pfahlschuh in den Boden gerammt. Schwächere Gesteinsschichten können dabei ohne größere Schwierigkeiten durchfahren werden. Das Kernrohr ist zweiteilig und kann nach dem Herausziehen der Länge nach aufgeklappt werden. Es enthält und zeigt dann die durch den Rammvorgang zwar zusammengestauchten und verformten, im Hinblick auf den Kornaufbau aber unverfälschten Schichten. Der Vorteil des Verfahrens liegt — wenn man von den betriebstechnischen Fragen absieht — darin, daß wesentlich naturtreuere Bodenproben als bei den Normalbohrungen gewonnen werden, der Nachteil darin, daß zur Bestimmung der Tiefen der Schichtwechsel eine besondere und etwas zweifelhafte Korrektur der im Kernrohr gemessenen Schichtstärken notwendig ist.

3. Entnahme gestörter und ungestörter Proben.

Die bautechnische Untersuchung des Untergrunds erstreckt sich auf:

1. die Bestimmung der Ausdehnung — der Fläche und der Tiefe nach — und Ermittlung der bautechnischen Eigenschaften von Bodenvorkommen, die als *Baustoff* in Erddämmen, im Straßen-, Wasser- und Eisenbahnbau, bei der Anlage von Flugplätzen oder als Zuschlagstoff für den Beton Verwendung finden sollen;

2. die Bestimmung des Schichtenverlaufs und der Grundwasserverhältnisse sowie der bautechnischen Eigenschaften aller angetroffenen Schichten im Zusammenhang mit der Untersuchung der Gründung und der Standsicherheit

von Bauwerken, d. h. auf die Prüfung des Untergrunds in seiner Eigenschaft als *Baugrund*.

Diesen zwei Hauptfragen muß auch die Entnahme der Bodenproben, deren weitere Untersuchung die Beurteilung der Bodeneigenschaften vermittelt, entsprechen.

Für die Beurteilung eines Bodens, der als Baustoff verwendet werden soll, ist z. B. die Untersuchung von *ungestörten* Proben aus der Entnahmestelle von geringerer Bedeutung, während für die Beurteilung eines Gründungsproblems die Untersuchung von *ungestörten* Proben fast stets die ausschlaggebende Rolle spielt. Für die Untersuchung eines Erdbaustoffs ist ferner i. a. eine erheblich größere Probenmenge notwendig, da die hier erforderlichen Versuche über die geeigneten, von Dichte und Wassergehalt abhängigen Einbaubedingungen (s. S. 920) vielseitiger sind und mehr Material benötigen als die Versuche, die zur Klärung der Gründungseigenschaften eines Baugrunds dienen und sich — abgesehen von einigen Ausnahmefällen — lediglich auf den vorhandenen Zustand der Schichten zu erstrecken brauchen. Andererseits verliert der für Gründungsfragen bei der Probenahme maßgebende Gesichtspunkt, keine Schichten, seien sie auch noch so dünn, zu mischen oder zu übergehen, bei der Probenahme für ein Erdbauvorhaben seine Gültigkeit, da hier die Schichten beim Abbau, z. B. beim Abkratzen durch den Löffelbagger, ohnehin gemischt werden. In solchen Fällen ist es sogar wesentlich, diesem Prozeß schon bei der Probenahme durch eine geeignete Entnahmemethode zu entsprechen (Abb. 18).

Abb. 18. Entnahme einer gestörten Probe aus einer späteren Erdgewinnungsstätte [5].

a) Entnahme gestörter Proben.

Zur Beurteilung eines Bodens als Erdbaustoff ist je nach dem Umfang der beabsichtigten Versuche eine Menge von etwa 5 bis 20 kg erwünscht. Bei der Entnahme aus Bohrlöchern muß man sich jedoch manchmal auch mit einer geringeren Menge begnügen.

Ist die aus Schürfgruben nach Abb. 18 gewonnene Menge größer als 5 bis 10 kg, so ist sie zur Sicherung, daß die groben und feinen Bestandteile in der endgültigen Probe entsprechend der Ausgangszusammensetzung enthalten sind, durch wiederholtes Vierteln des jeweiligen Kegels entsprechend zu vermindern. Einfacher wird dies durch einen „*Probenzerteiler*" nach Abb. 19 erreicht. Die Gesamtprobe wird hierzu durch die Schlitze des Geräts geleitet und die eine Hälfte stets weggeschüttet, während mit der anderen Hälfte der Prozeß wiederholt wird, bis die Probe auf die gewünschte Menge herabgesetzt ist.

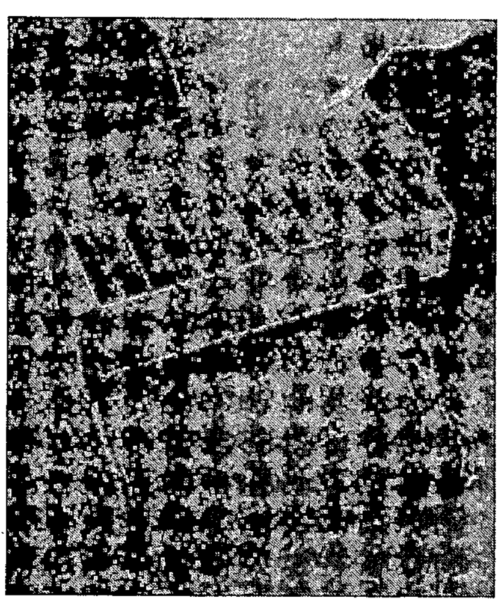

Abb. 19. Gerät zum Gewinnen einer zutreffenden Teilprobe („Probenzerteiler").

Zur Aufbewahrung der Proben können einigermaßen luftdicht verschließbare Behälter entsprechender Größe aus Zinkblech verwendet werden. Bequem ist der Gebrauch von Säcken, die allerdings aus dicht gewebtem Leinen bestehen müssen, um während des Transports den Verlust von Feinstbestandteilen des Bodens zu verhindern.

Bei Bohrungen zur *Erkundung der Gründungs- oder Standsicherheitsverhältnisse* muß grundsätzlich aus jeder angetroffenen Schicht mindestens eine Probe entnommen werden. Ist die Schicht stärker als 1 m, so ist nach DIN 4021 „Baugrund und Grundwasser. Erkundung, Bohrungen, Schürfe, Probenahme, Grundsätze" (Ausg. 1955) aus jedem Meter dieser Schicht wenigstens eine weitere Probe zu entnehmen.

Als Probe genügt eine Menge von etwa 1 l, die nach Zusammensetzung und Beschaffenheit die wirklichen Verhältnisse des Bodens in der Tiefe wiedergeben soll. Sie ist hierfür aus dem mit der Schappe erbohrten Material so auszuwählen, daß die größten und trockensten Bodenstücke benutzt und von allen aufgeweichten Teilen befreit werden. Bei dem mit dem Ventilbohrer geförderten Material ist darauf zu achten, daß bei dem Auswählen der Probe kein entmischtes Bohrgut verwendet wird.

Die Auswahl einer die betreffende Schicht wirklich treffenden Bodenprobe ist nicht immer so einfach, wie es auf den ersten Blick erscheinen mag. Eine dünne Tonschicht unter einer Sandschicht ist z. B. im oberen Bereich durch den Bohrvorgang stets mit Sand durchsetzt; umgekehrt ist das aus der oberen Zone einer Sandschicht geförderte Bohrgut infolge der Bohrschlämme stets schwach tonhaltig, wenn über ihr Ton ansteht. Bei dünnen Schichten ist es also in der Regel recht schwierig, eine wirklich charakteristische Probe zu gewinnen. Das gleiche gilt, nur mit erheblich größerer Bedeutung, für alle Schichten, d. h. auch für Schichten mit stärkerer Mächtigkeit, wenn der Bohrmeister die Probe sofort beim Antreffen einer neuen Schicht nimmt, was leider noch immer nicht selten der Fall ist. Hierdurch erklärt sich der recht häufige Widerspruch, daß z. B. im Schichtenverzeichnis eine Schicht eindeutig als „reiner, scharfer Sand" bezeichnet ist, während sich die zugehörige Probe als toniger Sand oder noch aufklärender als Sand mit Tonstückchen erweist.

Die große Bedeutung, die der richtigen Auswahl der Bodenproben und damit dem Bohrmeister zukommt, liegt hiernach auf der Hand. Leider wird dieser Tatsache aber noch viel zu wenig Beachtung geschenkt, sei es bei der Ausbildung der Bohrmeister in dieser Richtung oder der Beaufsichtigung ihrer Arbeit, sei es in der Einschätzung des Werts von irgendwie zweifelhaften Proben.

Die Bodenproben sind *sofort* nach ihrer Entnahme in luftdicht abschließbare Behälter, am besten in Weckgläser, abzufüllen, zu kennzeichnen und so aufzubewahren, daß sie gegen Austrocknen oder Gefrieren geschützt sind. Nach DIN 4021 ist das beliebte Aufbewahren in Fächerkästen für Proben aus bindigen Schichten nicht zulässig, wenn die Proben für eine bautechnische Untersuchung benutzt werden sollen.

b) Entnahme ungestörter Proben.

Wegen der aus dem Bohrvorgang und der Art der Entnahme sich ergebenden Mängel der gestörten Bodenproben ist zur genauen Feststellung der Bodeneigenschaften, insbesondere zur Beurteilung von Gründungs- und Standsicherheitsfragen, die Entnahme von „ungestörten Proben" notwendig. Diese sind dadurch definiert, daß sie durch die Entnahme hinsichtlich ihres Kornaufbaus, ihrer Lagerungsdichte und ihres Wassergehalts nicht verändert werden und dem Zustand der ihnen zugehörigen Schichten im Untergrund gleichen.

Ungestörte Proben müssen gewöhnlich nur aus den bindigen und schwach bindigen Bodenschichten entnommen werden, da die nichtbindigen Böden bei Gründungs- und Standsicherheitsproblemen meist keine besondere Untersuchung erfordern, es sei denn, es handelt sich um Schwingungsfragen oder Strömungsfragen des Grundwassers. DIN 4021 fordert deshalb bei wichtigen Bauwerken die Entnahme von mindestens einer ungestörten Probe aus jeder bindigen Bodenschicht, empfiehlt aber die Entnahme weiterer Proben zur Beurteilung der Gleichmäßigkeit des Vorkommens in Schichten von größerer Mächtigkeit. Wichtig sind vor allem Proben aus den verhältnismäßig dicht unter der Gründungssohle liegenden Schichten, weil diese die Gründungs- und Standsicherheitsverhältnisse am meisten beeinflussen. Grundsätzlich sollte bedacht werden, daß die Kosten für die Entnahme einer ungestörten Probe die Gesamtkosten eines Bohrlochs nur wenig erhöhen, während der Wert der Aussage, die das Bohrloch erlaubt, durch das Vorhandensein einer oder mehrerer ungestörter Proben meist ganz erheblich zunimmt.

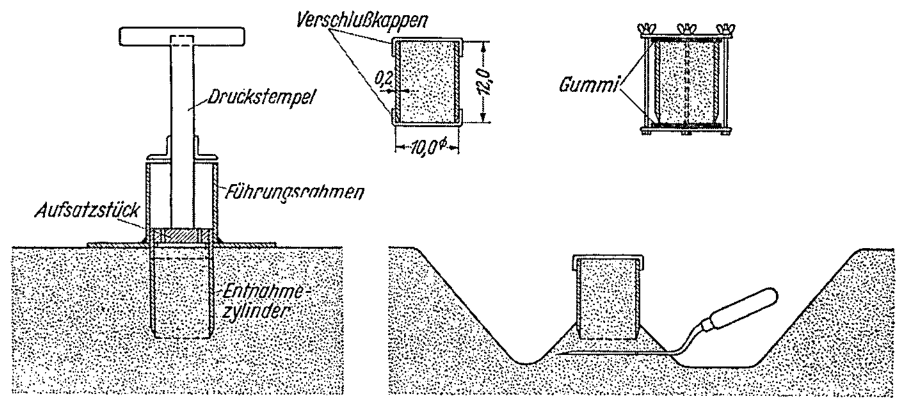

Abb. 20. Entnahme einer ungestörten Probe mit Hilfe eines Ausstechzylinders.
Maße in cm.

α) Entnahme aus Schürfgruben.

Die Entnahme von ungestörten Proben aus der Sohle von Schürfgruben ist einfach und geschieht in Deutschland seit etwa 1930 mit dünnwandigen Zylindern, die — wenn möglich — mit einem Stempel in den Boden gedrückt, im anderen Fall geschlagen werden, wobei ein Schiefstellen durch einen Führungsrahmen verhindert wird (Abb. 20). Das Eindringen der Zylinder wird bei festeren Böden durch ein Fortnehmen des Bodens seitlich der Schneide erleichtert (s. Abb. 21). Nach dem Ausgraben werden die Proben an der Ober- und Unterfläche mit einem Spatel geebnet und mit Zelluloid-Kappen oder Metalldeckeln verschlossen und gegen Austrocknen geschützt.

Ein etwas dickwandigeres Gerät mit einer abnehmbaren Schneide sieht der British Standard 1377 „Methods of test for Soil Classification and Compaction" vor.

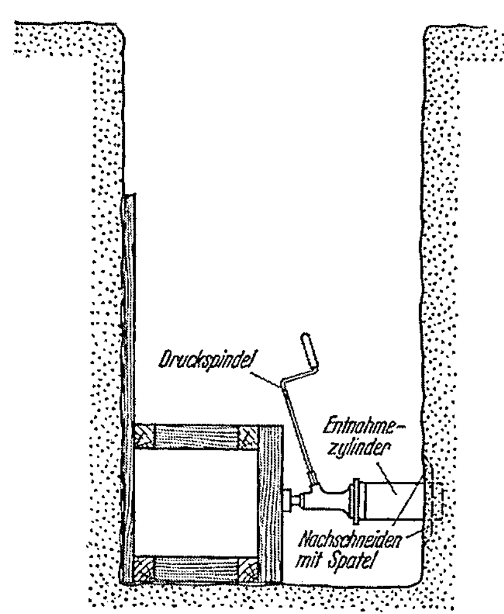

Abb. 21. Entnahme einer ungestörten Probe aus der Wand einer Schürfgrube.

In ähnlicher Weise ist auch die Entnahme aus der Seitenwand einer Schürfgrube mit Hilfe eines Wagenhebers möglich (Abb. 21). Dies ist auch zweckmäßig, wenn der Boden sehr fest ist und die Zylinder auf der Schürfgrubensohle nicht mehr durch Hand eingedrückt oder eingeschlagen werden können.

Enthält der Boden grobe Bestandteile, wie Kies oder Steine, die den Gebrauch der Entnahmezylinder überhaupt unmöglich machen, so muß man versuchen, die Proben durch Bearbeiten mit dem Spatel freizulegen. Sind sie fest genug, so kann man sie in Ölpapier einwickeln, im anderen Fall gemäß Abb. 22 durch Paraffin in einem Holzbehälter gegen Austrocknen und Auseinanderfallen schützen.

β) Entnahme aus Bohrlöchern.

Problemstellung und Geräte. Die Entnahme von ungestörten Proben aus dem Bohrloch, bei der im Grunde nichts weiter geschieht, als daß ein Bodenzylinder in einem Stahlstutzen aus der Bohrlochsohle ausgestanzt und gehoben wird, ist eine schwierige Aufgabe, besonders wenn es sich um sehr weiche, stark wasserhaltige oder gar um grundwasserführende Schichten handelt.

Bei der Besprechung der verschiedenen Bohrmethoden ist bereits auf die Störungen des Bodens in oder unterhalb der Bohrlochsohle hingewiesen worden. Sie beschränken sich im stark bindigen und nicht zu weichen Boden mit sehr geringer Durchlässigkeit auf die Aufweichung der Bohrlochsohle, können sich aber in nicht oder schwach bindigen Böden je nach den vorhandenen Druckverhältnissen des Grundwassers und der Sorgfalt des Bohrmeisters bis in einen erheblichen Abstand vor der Bohrlochsohle erstrecken. Bei der Entnahme muß auf jeden Fall vermieden werden, daß die „ungestörte" Probe aus diesem aufgelockerten Bereich entnommen wird.

Es braucht sich aber bei dem Bodenbereich, aus dem die ungestörten Proben entnommen werden sollen, nicht immer um aufgelockerten Boden zu handeln, sondern es kann auch der gegenteilige Fall eintreten. Wenn die Verrohrung der Bohrlochsohle vorauseilt, so kann sich bei einem kleinen Bohrrohrdurchmesser durch Verspannung des im Rohr befindlichen Bodens ein Pfropfen bilden, der bei weiterem Absenken den darunter liegenden Boden belastet und — falls dieser sehr weich ist — verformt. Die später ent-

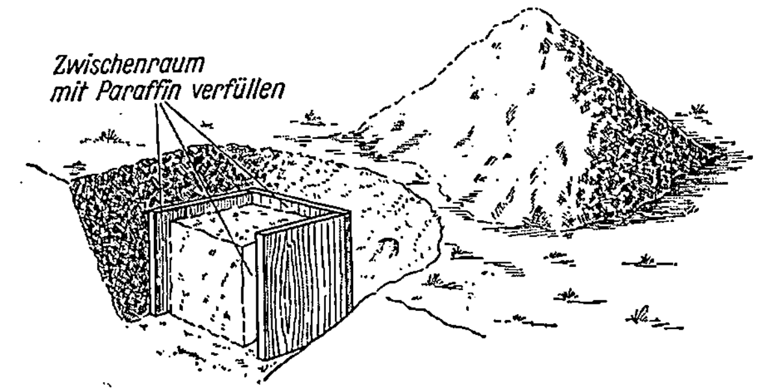

Abb. 22. Entnahme einer ungestörten Probe aus einer sehr festen oder grobkörnigen Bodenschicht [5].

nommene „ungestörte" Probe würde dann also aus einem verfestigten Bodenbereich stammen.

Ein entsprechender Vorgang findet in gewissem Umfang bei jedem Eindrücken eines Entnahmestutzens statt (Abb. 23). Die eindringende ungestörte
Probe, die in dem Entnahmestutzen durch Mantelreibung einen Widerstand findet, belastet den unter ihr liegenden Boden in ent-
sprechender Höhe und verformt ihn unter
Umständen. Die bei einem Vorauseilen des
Bohrrohrs gemäß Abb. 23 auftretende Keil-
wirkung zwischen Bohrrohr und Entnahmezylinder ist im übrigen auch für die sehr
großen Kräfte verantwortlich, die manchmal das Eintreiben der Entnahmegeräte erschweren. Das Bohrrohr sollte deshalb in
Fällen, wo ein derartiger Vorgang befürchtet
werden muß, vor dem Eintreiben des Entnahmegeräts etwas angehoben werden.

Weitere Fehlerquellen liegen in der Wirkung des Reibungswiderstands im Entnahmestutzen auf die Probe selbst, in den Reibungs-
widerständen an der Außenwandung des
Entnahmegeräts, in dem Verdrängen des
dem Volumen der Wandung entsprechenden
Bodenvolumens, in dem Abtrennen der
Bodenprobe von dem gewachsenen Boden,
in der Geschwindigkeit des Eintreibens und
in den Abmessungen der im Kopf des Entnahmegeräts befindlichen Öffnung zum Austritt des beim Absenken eingeschlossenen
Wassers bzw. der entsprechenden Luft.

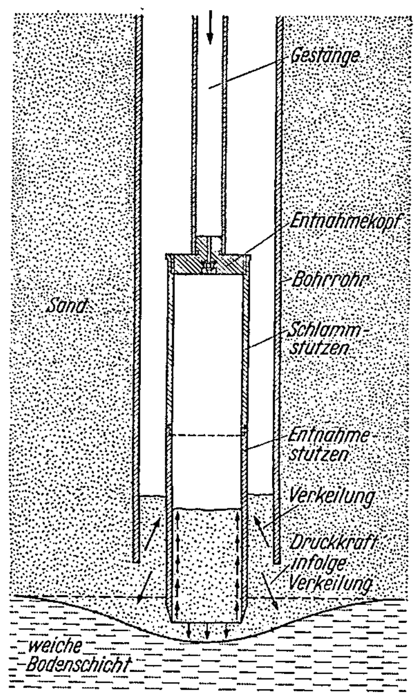

Abb. 23. Kräftespiel bei der Entnahme einer
ungestörten Probe.

Alle diese Einflüsse sind im Rahmen einer mehrjährigen Forschungsarbeit
von der American Society of Civil Engineers untersucht worden. In dem um-
fassenden Schlußbericht (Hvorslev [14]) sind auf Grund der gewonnenen Ergebnisse die folgenden Empfehlungen hinsichtlich der Abmessungen von Entnahmegeräten und Proben gegeben:

1. Das „Flächenverhältnis" („Area Ratio"):

$$C_a = \frac{D_w^2 - D_e^2}{D_e^2} \, 100 \tag{5}$$

soll nach Möglichkeit $\leq 10\%$ sein.

C_a stellt näherungsweise das Volumen des durch die Wandung des Geräts verdrängten
Bodens zum Volumen der ungestörten Probe dar.

2. Das „Innendurchmesserverhältnis" („Inside Clearance Ratio"):

$$C_i = \frac{D_s - D_e}{D_e} \, 100 \tag{6}$$

soll ungefähr sein:

$$C_i = 0 \quad \text{bis } 0,5\% \text{ für kurze Entnahmegeräte,}$$
$$C_i = 0,75 \text{ bis } 1,5\% \text{ für lange Entnahmegeräte.}$$

C_i beeinflußt die Reibungsverhältnisse an der Innenwandung des Entnahmezylinders.

3. Das „Außendurchmesserverhältnis" („Outside Clearance Ratio"):

$$C_o = \frac{D_w - D_t}{D_t} \, 100 \tag{7}$$

soll ungefähr sein:

$C_o = 0$ für Entnahmen aus nicht standfesten Böden,

$C_o \leqq 2$ bis 3% für Entnahmen aus standfesten Böden.

C_o beeinflußt die Reibungsverhältnisse an der Außenwandung des Entnahmezylinders.

4. Das „Längenverhältnis" („Recovery Ratio"):

$$C_r = \frac{L}{H} \tag{8}$$

der Probe soll möglichst $=1$ sein, nicht aber größer als $(1 - 2C_i)$.

C_r schränkt die sogenannte „Pfropfenbildung" im Entnahmestutzen auf ein erträgliches Maß ein.

5. Die größtzulässige Länge einer wirklich ungestörten Probe soll nicht größer sein als ungefähr:

$L = 5$ bis $10\,D_s$ für nichtbindige Böden,

$L = 10$ bis $20\,D_s$ für bindige Böden.

Die Bedeutung von D_w, D_e, D_s und D_t und von C_a, C_o und C_i geht aus Abb. 24 hervor. Der Sinn der obigen Formulierungen ist folgender:

Aus Untersuchungsgründen ist man bestrebt, die Entnahmegeräte möglichst lang zu machen, um möglichst lange Proben zu erhalten, die außerdem aus Bereichen stammen, wo keine Störungen des Bodens durch den Bohrvorgang mehr befürchtet zu werden brauchen. Dieser Wunsch wird durch die Tatsache begünstigt, daß sich lange Proben wesentlich leichter als kurze Proben entnehmen lassen, da sie wegen der größeren Mantelreibung beim Heben des Geräts weniger leicht herausrutschen. In Geräten von großer Länge ist aber die Störung an der Innenwandung infolge der Mantelreibung beim Eintreiben, und damit die Störung der Probe relativ groß. Aus diesem Grunde muß in einem solchen Fall ein besonderer schneidenförmiger Vorsatzring an der Spitze benutzt werden, der einen etwas kleineren Durchmesser (D_e) als der Ent-

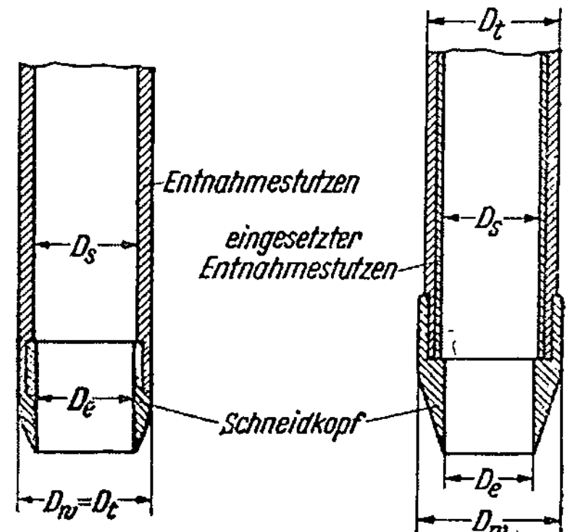

Abb. 24. Grundlegende Maße von Entnahmegeräten für ungestörte Proben nach Hvorslev.

nahmestutzen (D_S) besitzt (s. Abb. 24, links), so daß die Reibungskräfte beim Eintreiben nur längs einer kleinen Fläche wirken. Um auch die Reibungskräfte an der Außenwandung, die das Einpressen sehr erschweren, herabzusetzen, ist es bei langen Entnahmegeräten zweckmäßig, den Ring auch nach außen etwas zu verbreitern (s. Abb. 24, rechts). Dadurch wird der Ring aber verhältnismäßig dick, so daß das beim Einpressen des Geräts zu verdrängende Bodenvolumen und die von den Schneiden des Rings ausstrahlenden Kräfte recht groß werden (theoretische Untersuchungen hierüber s. Simon [15]), was zu einer Störung, unter Umständen zu einem grundbruchähnlichen Aufbruch und einem Eintreiben des Bodens in den Entnahmestutzen führt.

Die von verschiedenen Gesichtspunkten zu stellenden Forderungen stimmen also nicht überein und können nur auf dem Wege des Kompromisses zu einer für die Praxis ausreichenden und befriedigenden Lösung gebracht werden. Die obigen Formulierungen stellen nach Hvorslev einen solchen Kompromiß dar, sind aber als sehr eng anzusehen. Es sei darauf aufmerksam gemacht, daß die Empfehlung $C_a \leqq 10\%$ *sehr* dünnwandige, schwer herstellbare und leicht zu beschädigende Entnahmestutzen liefert. Gl. (5) für $C_a \leqq 10\%$ lautet in anderer Schreibweise:

$$D_w \leqq 1{,}05\, D_e. \tag{5a}$$

Für $D_e = 100$ mm wäre hiernach z. B. $D_w \leqq 105$ mm, die Wandstärke des Rings also *maximal* 2,5 mm. Der zugehörige Stutzen hätte eine Wandstärke von nur 0,75 mm! Mit derartigen Geräten sollen allerdings nach den Angaben Hvorslevs Proben bis rd. 2 cm $\varnothing$ einwandfrei gezogen werden können.

In Deutschland ist die Entwicklung wegen der hier für Baugrunduntersuchungen üblichen anderen Bohrmethoden und größeren Bohrdurchmesser einen etwas anderen, einfacheren Weg gegangen. Schon in der DIN Vornorm 4021 aus dem Jahre 1935 wurde der Mindestdurchmesser für Bohrungen zur Erschließung des Baugrunds auf 140 mm (seit 1955: 159 mm) festgesetzt und dadurch die Verwendung von Entnahmegeräten mit verhältnismäßig großen Durchmessern gefördert, bei der die Verhältnisse hinsichtlich der Störungen der Probe natürlich günstiger als bei Geräten mit kleinem Durchmesser sind. So hat in Deutschland der Entnahmestutzen mit 120 mm $\varnothing$ und mit einer Länge von 300 mm schon seit rd. 20 Jahren eine Monopolstellung inne (s. z. B. Loos [*16*]). In der Neufassung der DIN 4021 erscheint er als Standardgerät mit einem Innendurchmesser von 114 mm, einer Wandstärke von 3 mm und einer Länge von 250 mm (s. Abb. 26). Wegen der geringen Länge ist ein besonderer Vorsatzring zur Verminderung der Reibungswiderstände innen und außen nicht vorgesehen (d. h. C_i und $C_0 = 0$), der auch das Flächenverhältnis C_a (z. Zt. $= 12{,}3\%$) ungünstig beeinflussen würde und in seiner Herstellung und laufenden Abnutzung als Schneide ziemlich teuer wäre.

Die in Deutschland mit diesem dünnwandigen, aber doch stabilen, kurzen Stutzen ohne Vorsatzring gemachten Erfahrungen sind gut. Eine Länge der ungestörten Proben von 20 bis 25 cm genügt auch den Erfordernissen der beabsichtigten Untersuchungen. Ein Bedürfnis für längere Proben liegt selten vor. Viel aufschlußreicher ist die häufige Entnahme in verhältnismäßig dichten Abständen von etwa 1 bis 2 m. Trotzdem sollten die Empfehlungen von Hvorslev bei dem manchmal nicht zu vermeidenden Einsatz bzw. der Konstruktion von Entnahmegeräten mit kleinerem Durchmesser oder größerer Länge nicht übersehen werden.

Um die ausgestanzte und in dem Entnahmestutzen befindliche Probe von der Bohrlochsohle zu fördern, ohne daß sie dabei hinausrutscht, sind über der Probe besondere Vorrichtungen notwendig. Auf ihrer Verschiedenartigkeit beruht die außerordentliche Fülle der verschiedenen, zum Teil sehr komplizierten Entnahmegeräte, die in dem Buch von Hvorslev [*14*] ausführlich behandelt sind. Eine Beschreibung einer kleineren Auswahl von Geräten, die vor allem in Deutschland gebräuchlich oder bekannt geworden sind, befindet sich bei Brennecke und Lohmeyer [*17*] und bei Schultze und Muhs [*7*].

Grundsätzlich ist zwischen sogenannten „Kolben"-Entnahmegeräten und „offenen" Entnahmegeräten zu unterscheiden.

Bei den *Kolbengeräten* befindet sich die Vorrichtung, die das Rutschen der Probe verhindern soll, als dichtender Kolben unmittelbar über der Probenoberfläche und kann bewegt werden, während sie bei den offenen Geräten am oberen Ende des Entnahmestutzens liegt, wo sie starr angebracht ist. Der Hauptvorteil der Kolbengeräte liegt darin, daß ein Eintreiben von Bodenmaterial in den Stutzen bei etwaigen grundbruchähnlichen Vorgängen im Boden nicht möglich ist und daß der Wasserdruck im Bohrloch nicht auf die Probenoberfläche einwirkt. Außerdem kann die Probenoberfläche beim Eintreiben des Geräts durch den Kolben stets genau verfolgt werden.

Der erste Kolbenbohrer wurde im Jahre 1923 von OLSSON in Schweden konstruiert [18], wo wegen der dortigen sehr weichen Tonböden. Kolbenbohrer auch heute das übliche Gerät darstellen und sehr vervollkommnet wurden (JAKOBSON [19]). Durch Verwendung von sich abwickelnden Metallfolien ist hier ein Gerät entwickelt worden, das die kontinuierliche Entnahme von Ton erlaubt (Abb. 25), ohne daß die Wandung der Probe durch Reibungseinflüsse gestört wird (KJELLMAN, KALLSTENIUS u. WAGER [20]). Eingehende Untersuchungen des Königlichen Schwedischen Geotechnischen Instituts [19] deuten im übrigen an, daß bei den Kolbenbohrern die HVORSLEVSchen Bedingungen (s. S. 840) nur begrenzt zutreffen, d. h. auch mit stärkeren Wandungen des Entnahmestutzens noch einwandfreie Proben erhalten werden können.

In Deutschland baute EHRENBERG 1928 ein ähnliches Gerät [21].

Der Hauptvorteil der *offenen Geräte* liegt in ihrer erheblich einfacheren Bauart und Bedienung. In Deutschland werden fast ausschließlich Geräte dieses Typs benutzt. Hier soll nur auf zwei verhältnismäßig einfache Geräte eingegangen werden, mit denen sich aber die in der Praxis vorkommenden Aufgaben in der Regel lösen lassen.

In nicht zu weichen, gut bindigen oder organischen Böden, wie Ton, Schluff, Lehm, Mergel, Faulschlamm, Torf u. a., also gerade den Böden, die in erster Linie eine bodenmechanische Untersuchung erfordern, genügt zur Entnahme von ungestörten Proben i. a. das einfache Gerät nach Abb. 26. Es besteht aus einem an den schon beschriebenen Entnahmestutzen angeschraubten „Schlammstutzen" zur Aufnahme des auf der Bohrlochsohle liegenden aufgeweichten Bodens und einem Verschlußdeckel, dem sogenannten „Entnahmekopf", der mit einer kleinen Bohrung zum Entweichen der Luft bzw. des Wassers beim Eintreiben des Geräts in den Boden und einem Gewindeanschluß zur Verbindung mit dem Bohrgestänge versehen ist. Alle Gewindeanschlüsse des Geräts sind nach DIN 4021 genormt, um seinen Anschluß an die

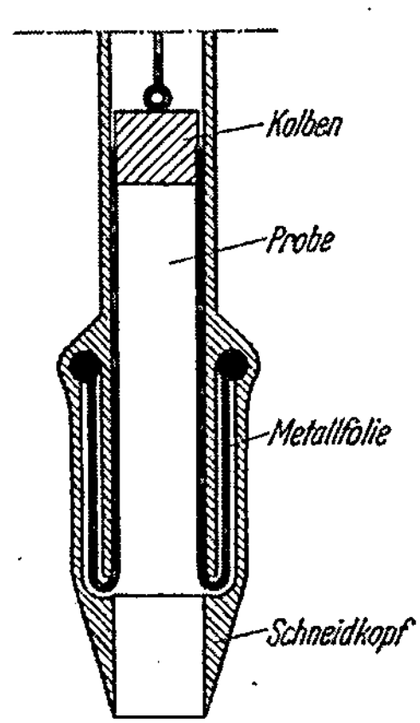

Abb. 25. Prinzip des Geräts des Königlichen Schwedischen Geotechnischen Instituts zur kontinuierlichen Probenahme durch Umhüllen des ungestörten Bodens mit einer Metallfolie [20].

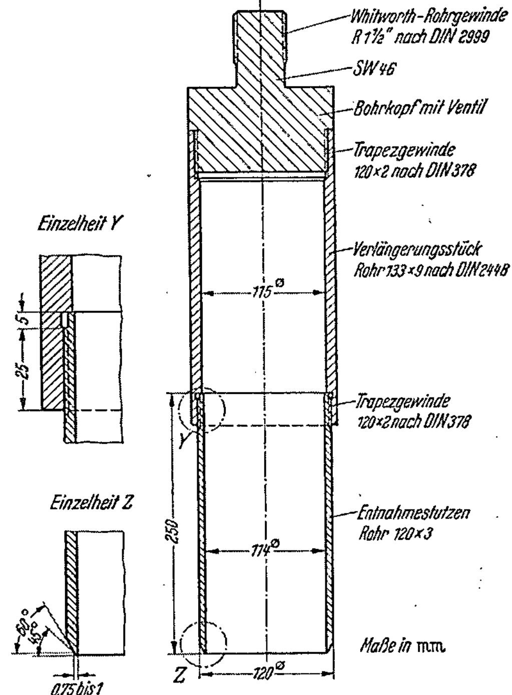

Abb. 26. Einfaches Entnahmegerät nach DIN 4021.

vielen verschiedenen Bohrgestänge zu erleichtern. Ein entsprechendes Gerät kann auch bei Handbohrungen verwendet werden (Abb. 27).

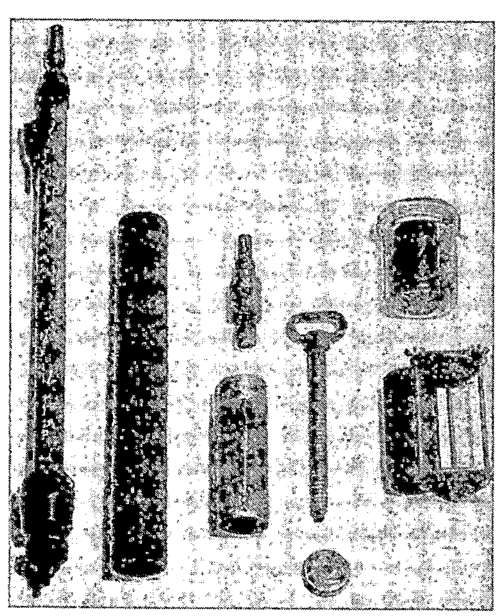

Abb. 27. Geräte für ungestörte Probenahme bei Handbohrungen. Links: Gerät nach Körste [7] mit Schlamm- und Entnahmestutzen; Mitte: einfaches Entnahmegerät (analog DIN 4021) mit Spindel zum Ausdrücken der Probe; rechts: Probenaufbewahrung.

Bei schwächer bindigen Böden, aber auch bei gut bindigen oder organischen Böden von weicher Beschaffenheit kommt es vor, daß beim Ziehen nur ein Rest der Probe gewonnen wird oder daß sogar die ganze Probe unten bleibt. Der Grund dafür liegt an dem Sog, der beim Hochheben des Stutzens in der Abrißebene entsteht, falls nicht Wasser oder Luft in die Abrißebene gelangen. Er kann verhindert werden, wenn man vor dem Heben das Gestänge biegt, um den Stutzen im Boden etwas zu verkanten und dadurch dem Wasser oder der Luft einen Weg in die Abrißebene zu bahnen. Noch sicherer ist es, am Stutzen außen längs der Wandung eine kleine Schweißraupe anzubringen (s. Abb. 27). Sie läßt bei leichtem Drehen des Stutzens Wasser oder Luft ungehindert bis zur Schneide vordringen und verhindert dadurch die Sogbildung.

Im Grundwasser und bei schwächer bindigen Böden versagt die Probenahme mit dem einfachen Entnahmekopf oft trotzdem, und die Probe rutscht, meist im Augenblick des Austauchens aus dem Wasser, aus dem Stutzen hinaus. In solchen Fällen ist es notwendig, etwas kompliziertere Geräte zu benutzen. Sie beruhen zum großen Teil darauf, daß die Öffnung im Verschlußdeckel des Entnahmestutzens, die beim Eintreiben des Stutzens zum Entweichen von Luft oder Wasser notwendig ist, durch ein Ventil vor dem Heben des Geräts dicht geschlossen wird. Bei einem Rutschen der Probe würde sich dadurch oberhalb der Probe ein Vakuum bilden, das ihr Hinausrutschen verhindert.

Aus der großen Zahl derartiger Geräte wird nebenstehend das Gerät von Kahl (Abb. 28), das sich bei der Degebo in jetzt mehr als 10jährigem Einsatz gut bewährt hat und den Vorteil besitzt, sehr handlich und nicht viel größer und schwerer als der einfache Entnahmekopf zu sein (Abb. 29), beschrieben. Es

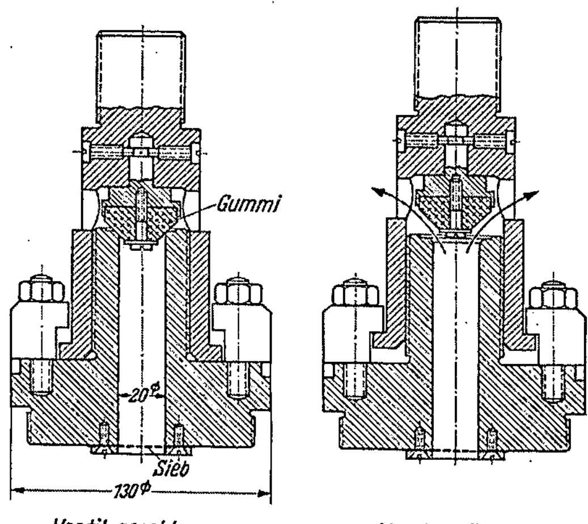

Abb. 28. Entnahmegerät nach Kahl
(Hersteller Chemisches Laboratorium für Tonindustrie, Berlin). Maße in mm.

besitzt ein Ventil mit großem Durchflußquerschnitt, durch das Bohrschmant und Wasser beim Eintreiben des Stutzens nach außen abfließen können. Dieses Ventil beruht auf dem Prinzip des normalen Wasserhahns und wird durch Drehen geschlossen. Die Schließkraft des Ventils ist durch die Kraft gegeben, die das Abscheren der Probe einschließlich der Reibungskräfte am Umfang des Entnahmestutzens erfordert. Auch ein dauernder fester Sitz des Ventils ist durch die Selbstsperrung der Hahnspindel gesichert.

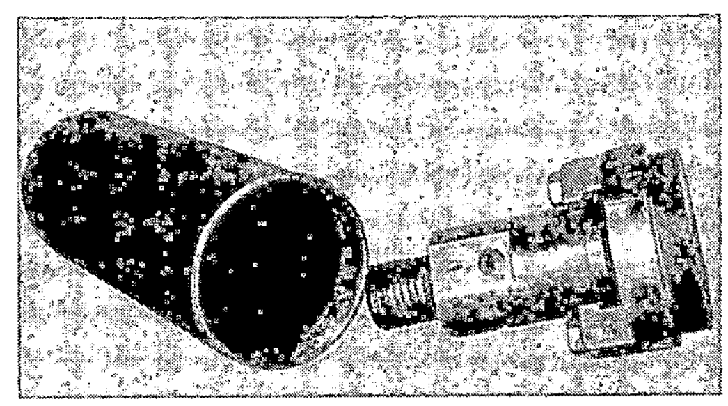

Abb. 29. Entnahmegerät nach KAHL mit Schlammstutzen.

Entnahmevorgang. In *gut bindigen oder organischen Böden* und auch in erdfeuchten nichtbindigen Böden ist die Entnahme einer ungestörten Probe recht einfach. Sie wird durch Verwendung geeigneter Rohr- und Gestängelängen, einer geeigneten Vierkantsteckverbindung, einer zweckmäßigen Winde und einer besonderen Rammvorrichtung (Abb. 30) zum Eintreiben der Entnahmestutzen weiter erleichtert (KAHL, MUHS und SPOEREL [*12*]).

Nachdem die Bohrlochsohle mit der Schappe noch einmal freigebohrt und vom Bohrschmant so weit wie nur irgend möglich gesäubert ist, wird der Entnahmekopf mit dem Schlamm- und Entnahmestutzen am Gestänge in das Bohrloch hinuntergelassen. Ist die Bohrlochsohle erreicht, so wird vor dem Eintreiben des Stutzens markiert, wie tief dieser einzuschlagen ist. Ist die gewünschte Tiefe erreicht, wird das Gestänge rechts herum gedreht, um in der Ebene an der Schneide des Stutzens eine Scherfläche zu bilden, die die Haftung zwischen den Bodenteilchen aufhebt. Bei dem Gerät von KAHL wird hierbei vorher das Ventil geschlossen. Erst nach vier bis fünf vollständigen Umdrehungen soll das Gerät gezogen werden. Ist der Stutzen aus dem Boden heraus, so ist er möglichst schnell nach oben zu fördern, was bei Gebrauch eines Steckgestänges besonders gut zu erreichen ist.

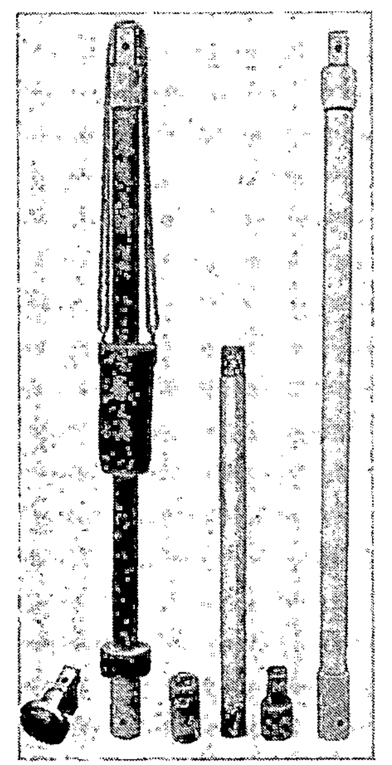

Abb. 30. Rammvorrichtung (mit Vierkantmuffen-Gestänge) zum Eintreiben des Entnahmegeräts.

Die ungestörte Probe ist sofort nach der Entnahme von offensichtlich gestörten oder aufgeweichten Teilen zu befreien und an den Enden mit Paraffin zu vergießen, um ein Austrocknen zu verhindern.

In *wasserführenden nichtbindigen und schwach bindigen schlammigen Böden* ist die Entnahme von ungestörten Proben erheblich schwieriger und nicht immer erfolgreich und fehlerfrei.

Im Abschn. B 2 ist bereits auf die Einflüsse des Bohrvorgangs in diesen Böden auf die Lagerungsverhältnisse und auf den möglichen Bodeneintrieb hingewiesen worden (s. Abb. 15 u. 16). Eine Möglichkeit, den Eintrieb zu verhindern, besteht darin, während und kurz vor dem Austauchen des Ventilbohrers so viel Wasser in das Bohrrohr nachzufüllen, wie zum Konstanthalten des Grundwasserspiegels nötig ist (Abb. 31), und ständig mit einem kleinen

Wasserüberdruck zu arbeiten. Um den Auflockerungsbereich klein zu halten, wäre es außerdem wünschenswert, daß der Durchmesser des Ventilbohrers nur etwa halb so groß wie der Bohrdurchmesser ist, da dann die Sogwirkung entsprechend kleiner wird (Kahl, Muhs und Spoerel [12]).

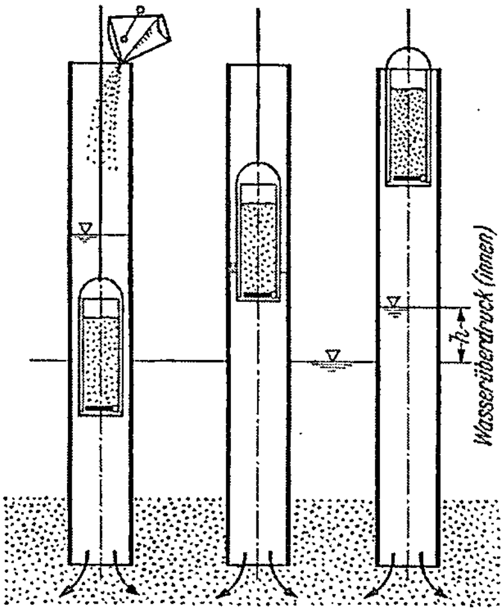

Bei der Entnahme ungestörter Proben aus Sand und Kiesschichten und unter Umständen auch aus schwach bindigen Bodenschichten ist weiter zu beachten, daß durch das Einschlagen oder Einrammen des Stutzens unter Umständen eine Einrüttelung des Bodens eintreten kann, so daß die entnommenen Proben ein zu günstiges Bild über die Lagerungsdichte ergeben. Aus diesem Grunde muß gefordert werden, daß das Eintreiben des Stutzens in solchen Fällen nicht durch Schläge, sondern durch Einpressen geschieht. Das bedingt wiederum eine zusätzliche Einrichtung (Abb. 32). Nach den umfangreichen Untersuchungen von Hvorslev [14] sind die Fehler bzw. Störungen in den Proben am größten, wenn die Entnahmestutzen durch viele kleine Schläge eingerammt werden. Langsames Eindrücken bringt keine erheblichen Verbesserungen. Ein ununterbrochenes und schnelles Eindrücken mit einer Geschwindigkeit von etwa 15 bis 30 cm/sek hat dagegen gute Ergebnisse gebracht, ist aber nur mit speziellen hydraulischen Heberböcken möglich.

Abb. 31. Erzeugen von Wasserüberdruck im Bohrrohr zum Verhindern von Bodeneintrieb.

Die Schwierigkeiten, die sich bei der ungestörten Entnahme nichtbindigen Bodens ergeben, beginnen mitunter schon beim Einpressen des Stutzens, und zwar dann, wenn zwischen Bohrrohrinnenwandung und Stutzenaußenwandung Boden eingetrieben ist, der sich, da der Raum zwischen Rohr und Stutzen nur klein ist, beim Vortrieb des Stutzens immer mehr verkeilt. Verhindern kann man dies durch ein kurzes Anheben des Bohrrohrs unmittelbar nach Aufsetzen des Stutzens.

Die Hauptschwierigkeiten der Entnahme nichtbindigen Bodens entstehen aber beim Heben der ausgestanzten Probe. Trotz dichten Sitzes des Kopfventils, der ein Rutschen der gesamten Probe verhindert, rieselt nämlich beim Heben der Boden allmählich in Einzelkörnern fast gleichmäßig aus dem Stutzen heraus. Besonders kritisch ist der Augenblick des Austauchens wegen der Erhöhung des Raumgewichts durch Wegfall des Auftriebs.

Abb. 32. Eindrücken des Entnahmegeräts.

Das allmähliche Ausflocken des Bodens, das dazu führt, daß die Probe schließlich ganz herausrutscht, kann durch Einblasen von Luft unter die Probe verhindert werden (KAHL, MUHS und SPOEREL [12]). Man bläst hierzu nach Herausziehen des Stutzens aus dem Boden mit Hilfe einer Handluftpumpe und eines kleinen Luftkessels durch einen Gummischlauch Luft unter die Probe (Abb. 33). Diese bildet innerhalb des Schneidenrings des Stutzens eine Blase, die an der freien Sandunterfläche eine Kapillarspannung zur Wirkung kommen läßt und dadurch das Aussedimentieren und Rutschen der Probe verhindert, wenn außerdem von oben her kein Wasser oder keine Luft durch irgendwelche Undichtigkeiten nachströmen können. Absolut dichter Sitz des Ventils und völliges Abgedichtetsein aller Gewindeverbindungen sind also für eine erfolgreiche Entnahme Voraussetzung und sollten vor Gebrauch des Geräts unbedingt geprüft werden.

Ein ähnliches Verfahren wurde auch in England entwickelt (BISHOP [22]). Ebenfalls mit Druckluft arbeitet ein in Holland entwickeltes Verfahren zur Entnahme von rd. 2 m langen ungestörten Proben aus Sandschichten (VAN DE BELD [23]). Bei diesem Verfahren wird das Gerät durch leichte Schwingungen in den Sand eingetrieben.

Mit Hilfe von Druckluft gelingt die Entnahme sandiger Böden bis zu einer mittleren Korngröße von etwa 0,5 mm, d. h. bis zum Mittel- und Grobsand. Reiner Grobsand und Kies lassen sich aber durch Kapillarwirkung nicht mehr zuverlässig sichern. Hier sind zusätzliche Fangvorrichtungen erforderlich (KAHL, MUHS und SPOEREL [12]). Auch auf die Möglichkeit, die Probe durch künstliches Gefrieren zu stabilisieren, sei hingewiesen (SIMON [15]).

In den letzten Jahren wird außerdem im Ausland unter Verwendung von schwerer Bohrflüssigkeit gearbeitet, die die Unterfläche der Probe stabilisiert (Waterways Experiment Station [24]).

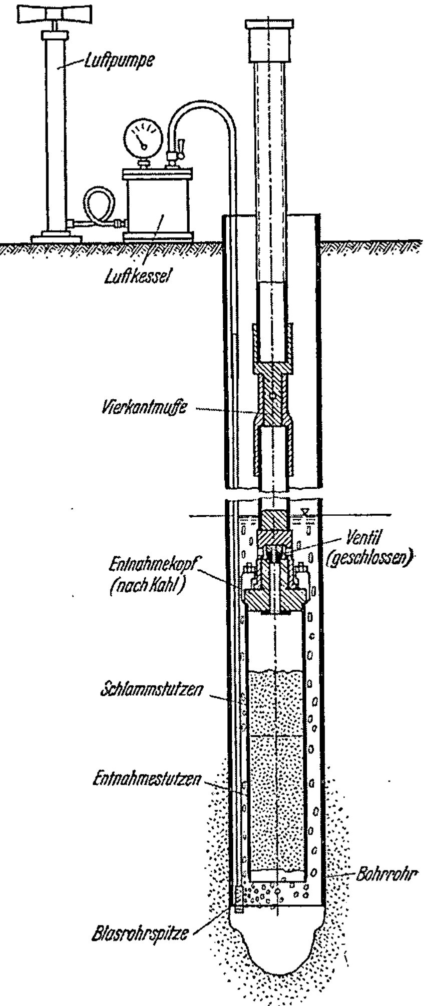

Abb. 33. Anordnung zum Erzeugen einer Luftblase unter der ausgestanzten ungestörten Probe.

Die an die Oberfläche geförderten wassergesättigten Proben müssen sofort auf der Baustelle untersucht werden, da die beim Transport entstehenden Erschütterungen zu einer Veränderung der Proben führen würden. Diese Untersuchungen, die sich in der Regel auf die Feststellung der Lagerungsdichte beschränken, bedürfen der größten Sorgfalt, um zu fehlerfreien Ergebnissen zu führen.

Alles in allem ist die Entnahme und Untersuchung nichtbindiger ungestörter Proben sehr schwierig und vielen Fehlerquellen unterworfen, so daß sie nur in den wirklich notwendigen Fällen vorgenommen werden sollte.

4. Erkennen, Beschreiben, Klassifizieren und Darstellen der Bodenschichten.

Erkennen und Beschreiben der Bodenproben. Die erste Aufgabe an den entnommenen gestörten und ungestörten Bodenproben ist, die Schichten, aus denen sie stammen, zutreffend zu kennzeichnen, d. h. die Proben zunächst zu identifizieren und dann eindeutig zu beschreiben. Unter Umständen sind sie dann einer Bodengruppe zuzuordnen, d. h. zu klassifizieren. Hinzu kommt die Beschreibung ihrer Beschaffenheit (weich, fest, trocken usw.).

Schon auf S. 837 ist darauf hingewiesen, daß diese Aufgabe vom Bohrmeister vorgenommen wird und daß die von ihm gewählte Beschreibung in all den Fällen, wo keine Korrektur seiner Bezeichnungen durch einen Fachmann stattfindet, für die Beurteilung der Gründungsverhältnisse maßgebend ist. Hieraus geht hervor, wie ungemein wichtig diese Aufgabe ist. Der Deutsche Baugrundausschuß[1] hat deshalb auch bereits im Jahre 1935 in der DIN Vornorm 4022, die im Jahre 1955 neu gefaßt wurde — „Schichtenverzeichnis und Benennen der Boden- und Gesteinsarten" — und in zwei Blättern — „Baugrunduntersuchungen" (Blatt 1) und „Wasserbohrungen" (Blatt 2) — erschien, Richtlinien für ein einheitliches Benennen der Bodenarten und ein einheitliches Formblatt für die notwendigen Aufschreibungen (s. Abb. 17) herausgegeben.

Bei der Identifizierung der Proben ist von den auf S. 825 behandelten Bodengruppen und ihren dort angegebenen, versuchsmäßig bestimmten Hauptmerkmalen auszugehen. Auf der Baustelle kann aber nicht an Hand von Kornanalysen oder Versuchsdaten entschieden, sondern es muß mit Hilfe des Auges und der Hand gearbeitet werden.

Für die *nichtbindigen* Böden ist das Erkennen der unteren Grenze dadurch gegeben, daß der Feinsand im Gegensatz zum Schluff für das bloße Auge noch gerade erkennbar ist. Mittelsand hat etwa die Korngröße von Grieß, während Kies alles das umschließt, was größer als ungefähr ein Streichholzkopf und kleiner als etwa 6 cm ist.

In zusammengesetzten nichtbindigen Böden hat man durch Ausbreiten der Proben auf einer schwarzen Unterlage zunächst nach der Bodenhauptart zu fragen, dann nach der Beimengung. Hierauf ist abzuschätzen, in welchem Prozentsatz die Beimengung vertreten ist, um dann gemäß DIN 4023 (s. S. 826) die Bezeichnung zu wählen. Es hat sich aber leider gezeigt, daß schon allein das richtige Ansprechen der Bodenhauptart schwierig ist.

Bei den *bindigen Böden* können Schluff und Ton nicht mehr mit dem Auge unterschieden werden. Zur Feststellung, ob der Feinanteil ($< 0,06$ mm) mehr aus Schluff oder mehr aus Ton besteht, dienen einige schnell durchführbare Feldversuche.

Druckprüfung. Man versucht, eine an der Luft getrocknete, etwa walnußgroße Probe mit den Fingern zu zerdrücken. Ist dies wegen zu großer Festigkeit nur schwer oder überhaupt nicht möglich, so handelt es sich um Ton bzw. organischen Ton; ist es dagegen mehr oder weniger leicht möglich, so handelt es sich um Schluff.

Rollprüfung. Eine kleine Menge feuchten Bodens wird zwischen den Handflächen zu etwa 3 mm starken Röllchen ausgerollt. Dies wird wiederholt, bis die Probe infolge Austrocknens und Krümligwerdens sich nicht mehr ausrollen läßt („Ausrollgrenze" s. S. 914). Ein stark plastischer Boden ist dadurch zu erkennen, daß er sich wieder zu einem Klumpen ballen läßt, ohne zu zerkrümeln, während dies bei einem weniger stark plastischen Boden nicht möglich ist. Außerdem verhalten sich die Röllchen eines stark plastischen Bodens in einem etwas feuchteren Zustand als dem der Ausrollgrenze wie ein zäher fester Faden, der zu Kügelchen von Nadelspitzengröße zusammengerollt werden kann, während ein wenig plastischer Boden beim Ausrollen weich ist, leicht zerkrümelt und deshalb sehr vorsichtig gerollt werden muß.

---

[1] Jetzt „Arbeitsgruppe Baugrund im Fachnormenausschuß Bauwesen" des Deutschen Normenausschusses.

Eine hohe Plastizität weist auf einen hohen Tonanteil, eine niedrige auf einen Schluffanteil hin.

Schüttelprüfung. Man füllt die Handfläche mit einer Probe feuchten Bodens und schüttelt sie schnell hin und her. Im Schluff erscheint hierbei das Porenwasser auf der dadurch etwas glänzend erscheinenden Oberfläche, um aber bei einem leichten Quetschen der Probe wieder zu verschwinden. Im Ton bzw. organischen Ton ruft das Schütteln und Quetschen dagegen keine Veränderung der Beschaffenheit der Probe hervor. Je langsamer das Wasser beim Schütteln aus der Probe austritt, desto niedriger ist der Schluffgehalt und um so höher ist der Tongehalt des Bodens.

Schnittprüfung. Man zerschneidet eine feuchte Probe mit einem Messer. In einem Ton ergibt sich hierbei eine glatte, glänzende Oberfläche, während diese in einem Schluff matt und stumpf ist.

Die Feststellung, ob der Feinanteil des Bodens Schluff oder Ton darstellt, ist natürlich auch für die schwach bindigen Böden von Bedeutung, u. U. auch, ob dieser wenig, mittelmäßig oder stark plastisch ist. In gemischten Böden sind deshalb die obengenannten Versuche ebenfalls durchzuführen, und zwar gemäß dem British Standard 1377 „Methods of test for Soil Classification and Compaction" und dem „Unified Soil Classification System" ([5], s. S. 850) an dem Material <0,42 mm. Je nach dem einzuschätzenden Anteil der bindigen Bestandteile ist dann die Bezeichnung „schwach", „stark" oder auch lediglich „schluffig" bzw. „tonig" (s. S. 826) zu wählen und — soweit möglich — durch eine Angabe über den Grad der Plastizität zu ergänzen.

Zu diesen Angaben über die Bodenart selbst tritt die Beschreibung der Beschaffenheit, d. h. in erster Linie ihrer Festigkeit beim Bohren (s. S. 835), ferner der Farbe und sonstiger besonderer Kennzeichen, sowie die Angabe der etwaigen ortsüblichen und geologischen Bezeichnungen (s. Abb. 17).

Einteilen der Böden in Bodengruppen. In den USA und den meisten englisch sprechenden Ländern neigt man dazu, die Böden in einzelne, ihren Eigenschaften nach genau definierte Bodengruppen einzureihen und sie nur mit der Nummer bzw. den Symbolen der entsprechenden Gruppe zu benennen, ohne sie genau gemäß ihrem Kornaufbau zu beschreiben. Der Vorteil liegt darin, daß die Eingruppierung in eine kleine Zahl von Standardgruppen für den Nicht-Spezialisten einfacher als die Beschreibung ist und daß beim Auftragen der Bohrprofile durch Verwendung der Symbole Zeit gespart wird. Selbstverständlich aber gibt die genaue Beschreibung eine umfassendere Auskunft über die Bodeneigenschaften als die doch stets nur mehr oder weniger zusammenfassende und deshalb nicht immer voll zutreffende Aussage der Bodenklasse.

Die älteste, auch heute noch im amerikanischen Straßenbau angewandte Bodengruppeneinteilung ist das aus dem Jahre 1928 stammende „*Public Roads Classification System*", das acht Hauptgruppen (A 1 bis A 8) unterscheidet (HOGENTOGLER und TERZAGHI [25]). Es wurde mehrmals, zuletzt 1945 vom Highway Research Board gemäß den mit ihm inzwischen gemachten Erfahrungen und den Fortschritten der Bodenmechanik verbessert („Revised Public Roads System" oder „Highway Research Board System") (ALLEN [26]). Von den anderen vorgeschlagenen Klassifizierungssystemen hat vor allem das von CASAGRANDE entwickelte (A. CASAGRANDE [27]) und vom US Corps of Engineers im Jahre 1942 eingeführte „*Airfield Classification System*" größere Verbreitung und Bedeutung erlangt. Die Böden sind hier in 15 Gruppen unterteilt und die sechs Hauptbodenarten mit charakteristischen Buchstaben benannt:

```
Kies . . . . . . . . . . . . . . . . . . . . . . . . . G  (gravel)
Sand  . . . . . . . . . . . . . . . . . . . . . . . . S  (sand)
Schluff  . . . . . . . . . . . . . . . . . . . . . . M  (für Mo — Mehlsand)
Ton . . . . . . . . . . . . . . . . . . . . . . . . . C  (clay)
Organischer Ton oder Schluff . . . . . . . . . O  (organic)
Torf und andere rein organische Böden . . . . . . Pt (peat)
```

Zur Kennzeichnung der wichtigsten weiteren Eigenschaften dienen die fünf Symbole:

Guter (ungleichförmiger) Kornaufbau . . . . W (well graded)
Schlechter (gleichförmiger) Kornaufbau . . . . . P (poorly graded)
Starker Gehalt an Feinbestandteilen . . . . . . F (excess of fines)
Hohe Kompressibilität bzw. Plastizität (Fließgrenze
>50%) . . . . H (high)
Niedrige Kompressibilität bzw. Plastizität (Fließ-
grenze <50%) . . . . L (low)

Jede der 15 Bodengruppen des Airfield Classification System wird durch Zusammensetzen von zwei Buchstaben gebildet. Die so geschaffenen Bodengruppen und die ihnen entsprechenden Gruppen des Public Road Classification System sind:

Airfield Class. System		Public Road Class. System
GC	SC	A 1
GF	SF	A 2
GW GP	SW SP	A 3
ML	MH	A 4 & A 5
CL	OL	A 6
CH	OH	A 7
	Pt	A 8

Das US Corps of Engineers und das US Bureau of Reclamation einigten sich 1952 unter Mitwirkung von A. Casagrande auf das *„Unified Soil Classification System"* (US Bureau of Reclamation [5]), das seitdem wohl als das bedeutendste Klassifizierungssystem anzusehen ist. Es enthält ebenfalls 15 Gruppen, sieht aber für die Grenzfälle das Zusammensetzen von zwei Gruppensymbolen vor, so daß sich dadurch die Zahl der Gruppen erheblich vermehren kann (z. B. GW—GM, SC—CL, SM—SC). Auf die Korngrenzen, die diesem System zugrunde liegen, und die Definitionen für eine „gute" und eine „schlechte" Körnung sowie für die Unterscheidung von Schluff und Ton und einen schwach- oder hochplastischen Feinanteil ist bereits auf S. 825 bis 828 eingegangen.

Das Klassifizierungssystem ist auf Tab. 1 dargestellt.

Der Unterschied gegenüber dem Airfield Classification System besteht darin, daß die durch die Gruppen GC, SC, GF und SF charakterisierten Böden anders aufgeteilt wurden, und zwar in GC, SC, GM und SM. Im Airfield Classification System hatten ebenso wie im Public Roads Classification System die Gruppen GC und SC — dadurch definiert, daß sie nur gerade so viel plastisches Feinmaterial enthalten, um die Sand- und Kiesteilchen zusammenhaften zu lassen (clay binder) — eine besondere Bedeutung, da sie das gesuchteste Erdbaumaterial für den Erdstraßen- und Rollfeldbau darstellen. Im Unified Classification System sind dagegen die Gruppen GC, SC, GM und SM dadurch charakterisiert, daß sie mehr als 12% und weniger als 50% an Bestandteilen <0,074 mm besitzen; sie erfassen also auch die Böden der früheren Gruppen GF und SF, unterscheiden aber, ob der Feinanteil tonig oder schluffig ist.

In Deutschland ist nur eine Bodenklasseneinteilung gebräuchlich, und zwar zur *Bestimmung der Lösungsfestigkeit bei Erdarbeiten* zum Zweck der Bereitstellung einwandfreier Ausschreibungsunterlagen. Die schon im Jahre 1925 aufgestellte DIN 1962 wurde 1955 als DIN 18300 „Erdarbeiten" neu herausgegeben. Sie unterscheidet die folgenden sieben Bodengruppen:

1. Mutterboden.
2. Wasserhaltender Boden: Schlick, Klei, Faulschlamm, Moor.
3. Leichter Boden: Sande und Kiese ohne wesentliche bindigen Bestandteile bis 70 mm Korngröße.
4. Mittelschwerer Boden: Böden mit Kohäsion, wie Lehm, Mergel, Löß bzw. sandiger Lehm usw.; mit dem Spaten lösbar; Böden der Klasse 3 über 70 mm Korngröße.

Tabelle 1. *Bodenklassifizierung gemäß dem „Unified Soil Classification System".*

Erkennungsmerkmale (ausschließlich der Anteile > 76,2 mm)				Gruppensymbol	Typische Bezeichnungen
Grob-Böden Mehr als 50 % des Bodens >0,074 mm	*Kiese* Mehr als 50 % des Grobanteils >4,8 mm	*Reine Kiese* Weniger als 5 % < 0,074 mm	Ungleichförmiger Kornaufbau, „Gut gekörnt"[1]	GW	„Gut" gekörnte Kiese und Kies-Sand-Gemische
			Vorherrschen einer Korngröße, „Schlecht gekörnt"[2]	GP	„Schlecht" gekörnte Kiese und Kies-Sand-Gemische
		Verunreinigte Kiese Mehr als 12 % <0,074 mm	Der Feinanteil ist schluffig[3]	GM	Schluffige Kiese; „schlecht" gekörnte Kies-Sand-Schluff-Gemische
			Der Feinanteil ist tonig[3]	GC	Tonige Kiese; „schlecht" gekörnte Kies-Sand-Ton-Gemische
	Sande Mehr als 50 % des Grobanteils <4,8 mm	*Reine Sande* Weniger als 5 % < 0,074 mm	Ungleichförmiger Kornaufbau, „Gut gekörnt"[1]	SW	„Gut" gekörnte Sande und Sand-Kies-Gemische
			Vorherrschen einer Korngröße, „Schlecht gekörnt"[2]	SP	„Schlecht" gekörnte Sande und Sand-Kies-Gemische
		Verunreinigte Sande Mehr als 12 % <0,074 mm	Der Feinanteil ist schluffig[3]	SM	Schluffige Sande; „schlecht" gekörnte Sand-Schluff-Gemische
			Der Feinanteil ist tonig[3]	SC	Tonige Sande; „schlecht" gekörnte Sand-Ton-Gemische
Fein-Böden Mehr als 50 % des Bodens < 0,074 mm	*Schwach plastische Schluffe und Tone* Fließgrenze <50 %		Der Feinanteil ist Schluff[3]	ML	Schluffe und sehr feine Sande, Gesteinsmehl, schluffige oder tonige Feinsande mit geringer Plastizität
			Der Feinanteil ist Ton[3]	CL	Tone mit geringer bis mittlerer Plastizität, kiesige oder sandige Tone, schluffige Tone, leichte Tone
				OL	Organische Schluffe und organische Schluff-Tone mit geringer Plastizität
	Plastische und hochplastische Schluffe und Tone Fließgrenze >50 %		Der Feinanteil ist Schluff[3]	MH	Schluffe und schluffige Böden mit mittlerer bis hoher Plastizität
			Der Feinanteil ist Ton[3]	CH	Tone mit sehr hoher Plastizität
				OH	Organische Tone mit mittlerer bis hoher Plastizität
Stark organische Böden			Dunkle Farbe, Geruch, schwammiges Anfühlen, fasrige Textur	Pt	Torf und andere stark organische Böden

[1] Gl. (2) und (3) erfüllt. — [2] Gl. (2) und (3) nicht erfüllt. — [3] Gemäß der Definition auf S. 827 u. 828.

Tabelle 2. *Abkürzungen, Zeichen und Farben der hauptsächlichen Bodenarten nach DIN 4023.*

Als Bodenart (I)	Als Beimengung (II)	Abkürzung[1] für		Zeichen[1] für		Darstellung		
		I	II	I	II	Flächenfarbe	Farben nach OSTWALD	Entspricht Stabilo-Nr.:
1	2	3	4	5	6	7	8	9

a) Bodenhauptarten

Als Bodenart (I)	Als Beimengung (II)	I	II	I	II	Flächenfarbe	Farben nach OSTWALD	Entspricht Stabilo-Nr.:
Steine, Blöcke . . . . . über 63 mm	steinig, mit Blöcken	St	st			hellgelb	1 ia	8744
Kies (Grand) . . . . 2 bis 63 mm	kiesig	Ki	ki			hellgelb	2 ia	8744
Grobkies . . . . . 20 bis 63 mm	grobkiesig	gKi	gki			hellgelb	2 ia	8744
Mittelkies . . . . . 6 bis 20 mm	mittelkiesig	mKi	mki			hellgelb	2 ia	8744
Feinkies . . . . . 2 bis 6 mm	feinkiesig	fKi	fki			hellgelb	2 ia	8744
Sand . . . . 0,06 bis 2 mm	sandig	S	s			orangegelb	3 ia	8734
Grobsand . . . . 0,6 bis 2 mm	grobsandig	gS	gs			orangegelb	3 ia	8734
Mittelsand . . . . 0,2 bis 0,6 mm	mittelsandig	mS	ms			orangegelb	3 ia	8734
Feinsand . . . . 0,06 bis 0,2 mm	feinsandig	fS	fs			orangegelb	3 ia	8734
Schluff . . . . . 0,002 bis 0,06 mm	schluffig	Su	su			kreß (orange)	6 la	8754
Ton[2] . . . . unter 0,002 mm	tonig	T	t			violett	12 na	8755
Torf[3] . . . . —	—	Tf	—			dunkelbraun	4 ni	8745
Kohle . . . . —	—	Ko	—			weiß	—	—

[1] Abkürzungen, Zeichen und Schraffuren stets in Schwarz.

[2] Der Ausdruck „Letten" ist zu vermeiden, da darunter je nach der Gegend ein schluffiger Lehm, fetter Ton oder ein durch sandige Einlagerungen geschichteter oder geschieferter Ton verstanden wird.

[3] „Moor" ist ein geographischer Begriff für ein nasses Gelände mit einer bestimmten Pflanzengemeinschaft, „Torf" ist die aus dieser entstandene Bodenart.

b) Weitere Bodenarten[4]

Lehm (Auelehm), Gehängelehm, Verwitterungslehm	lehmig	L	l		—	hellbraun	5 gc	*8739*
Geschiebelehm	—	GL	—		—	hellbraun	5 gc	*8739*
Geschiebemergel	—	GMe	—		—	hellbraun	5 gc	*8739*
Löß	—	Lö	—		—	kreß(orange)	4 pa	*8754*
Lößlehm	—	Löl	—		—	kreß(orange)	4 pa	*8754*
Mergel (als Lockergestein)	—	Me	—		—	blau	15 ea	*8731*
Schlick (Klei)	schlickig	Sl	sl			violett	12 na	*8755*
Faulschlamm (Mudde)	faulschlammhaltig, muddig	Fa	fa			grau	i	*8749*
Wiesenkalk, Seekalk, Seekreide. . .	—	WK	—		—	blau	15 ea	*8731*
Humus[5]	humos	H	h		—	dunkelbraun	4 ni	*8745*
—	kalkig[6]	—	k		—	—	—	—

Mutterboden[2] und Auffüllung können je nach ihrer Zusammensetzung stark humoser Sand ($\overline{h}$S), stark humoser Lehm ($\overline{h}$L) usw. bzw. steiniger Ton (stT), Sand (S), kiesiger Lehm (kiL) usw. sein. Sie werden mit den hierüber gegebenen Abkürzungen und Zeichen dargestellt; in die Zeichen sind die Abkürzungen Mu bzw. A einzuschreiben (s. die Beispiele in Tafel 4).

---

[4] Hierunter werden Abkürzungen und Zeichen für die nach DIN 4022 im Schichtenverzeichnis nicht in der Spalte für Bodenhauptarten sondern in der für übliche und geologische Benennungen aufgeführten Bodenarten gebracht.

[5] „Mutterboden" ist der humushaltige, durchwurzelte und durchlüftete, Kleinlebewesen enthaltende Teil des Bodenprofils. Reiner „Humus" kommt als Mutterboden nur selten vor. Jedoch ist im allgemeinen die oberste Torfschicht in Mooren als Humus zu bezeichnen. Für tiefere Bodenschichten ist der Ausdruck Humus nicht anzuwenden; in diesem Falle handelt es sich z. B. um Torf, Faulschlamm, Mudde. „Moorerde" ist sandiger Humus.

[6] Der Kalkgehalt wird nicht durch Zeichen oder Farbe, sondern nur durch Beifügung eines „k" vor die Abkürzung angegeben, z. B. kT = kalkiger Ton.

5. Schwerer Boden: Böden mit hoher Kohäsion, wie fetter Ton; Böden der Klasse 4, die mit dem Spaten nicht mehr bearbeitet werden können, sondern besonders aufgelockert werden müssen; Böden der Klasse 4, die mit Geröllen und Steinen bis Kopfgröße (ca. 200 mm) stark durchsetzt sind; Bauschutt und Schlacke.

6. Leichter Fels: Locker gelagerte Gesteinsarten; chemisch verfestigte Sande oder Kiese; Böden der Klasse 4, die mit Steinen über Kopfgröße (ca. 200 mm) stark durchsetzt sind.

7. Schwerer Fels: Fest gelagerte Gesteinsarten; nur mit Bohr- und Sprengarbeit zu lösen; Findlinge bzw. Gesteinstrümmer über 0,1 m³ Inhalt.

Darstellung der Bodenaufschlüsse. Die Bohrergebnisse werden an Hand der Schichtenverzeichnisse zu *„Bohrprofilen"* aufgetragen. Die dabei einzuhaltenden Bezeichnungen, Abkürzungen, Zeichen und Farben für die verschiedenen Boden- und Gesteinsarten sind in der 1955 erschienenen DIN 4023 „Baugrund und Wasserbohrungen. Zeichnerische Darstellung der Ergebnisse" zusammengefaßt. Für die Darstellung können wahlweise Schraffen oder Farben benutzt werden (Tab. 2). Auch die Darstellung der ungestörten Proben, der Grundwasserstände und anderer wichtiger Feststellungen ist vereinheitlicht.

Die Bohrprofile werden maßstabgerecht nebeneinander gezeichnet und bei genügend engem Abstand der Bohrlöcher untereinander durch gerade Linien verbunden. Sie liefern dann die „Schichtenpläne".

5. Untersuchung der Bodenbeschaffenheit durch Sondierungen.

Wegen der erheblichen Kosten und des großen Zeitaufwands, den gewissenhaft ausgeführte Bohrungen für Baugrunduntersuchungen verursachen, ist man bestrebt, nur verhältnismäßig wenige Bohrungen niederzubringen, zwischen denen der Schichtenverlauf oft aber nur geschätzt werden kann. Zur Vermeidung dieser Unsicherheit sind in den beiden letzten Jahrzehnten verschiedene Sondierverfahren entwickelt worden. Ihnen allen ist gemeinsam, daß der Untergrund durch schlanke Stäbe messend durchfahren wird.

Der Gedanke, den Baugrund nach dieser Art zu untersuchen, ist naheliegend und wegen der Einfachheit des Geräts auch schon alt. Die ursprünglichen Verfahren aus der Zeit bis etwa 1930 beschränkten sich aber darauf, unter oberflächlich anstehenden, nicht tragfähigen Schichten, wie Moor oder Faulschlamm, tragfähigen Boden festzustellen.

Als sich mit den fortschreitenden Erkenntnissen auf dem Gebiete der Bodenmechanik das Bedürfnis herausstellte, nicht nur die Schichtenfolge, sondern zusätzlich auch die Festigkeit des Untergrunds zu ermitteln, wurden die Sondierverfahren verbessert. Bei den vielen heute bekannten Sondierverfahren hat man die folgenden drei Gruppen, von denen jede ihre Vor- und Nachteile besitzt und für bestimmte Aufgabengebiete besonders geeignet ist, zu unterscheiden:

die Schlagsondierungen, die Drucksondierungen, die Drehsondierung.

a) Schlagsondierungen.

Die „Schlagsondierungen" stellen die älteste Form der modernen Sondierverfahren dar. Bei ihnen wird die Sonde mit bestimmtem Fallgewicht und gleichbleibender Fallhöhe in den Boden gerammt und aus der aufgewandten Energie auf die Beschaffenheit des Bodens geschlossen. Hierzu wird fast immer lediglich die Schlagzahl, die zum Durchrammen eines bestimmten Vergleichsmaßes, z. B. 20 cm, notwendig ist, benutzt.

In Deutschland hat als erster Kumm beim Bau des Mittellandkanals mit einem noch heute fast modern anmutenden Gerät (ähnlich Abb. 14) Schlagsondierungen ausgeführt (Kripner [28]), um für die auszuführenden umfangreichen Erdarbeiten einen Maßstab über die Bodenklasse gemäß DIN 1962 zu gewinnen. Mehr bekannt geblieben sind die von KÜNZEL zur Beurteilung der Lagerungsdichte des Berliner Sandbodens von etwa 1934 an bis in Tiefen von 5 bis 8 m durchgeführten Sondierungen mit einer 20 mm dicken Rundstahlstange mit stumpfem Kopf (KÜNZEL [29], PAPROTH [30]). Der heute noch benutzte „KÜNZELsche Prüfstab" besteht in seiner jetzigen Form aus Rundstahlstangen von 1 m Länge und 20 mm ∅, die — meist mit einer kegelförmigen Spitze versehen — mit einem Bärgewicht von 10 kg und einer Fallhöhe von 50 cm in den Boden eingetrieben werden[1]. Etwa zur gleichen Zeit benutzte EHRENBERG eine Sonde, die zur Verminderung der Mantelreibung eine dem Sondengestänge gegenüber etwas verbreiterte kegelförmige Spitze besaß.

Vom Erdbauinstitut der ETH Zürich ist nach umfangreichen Vorversuchen und Klärung der theoretischen Grundlagen (HAEFELI, AMBERG und VON MOOS [31]) im Jahre 1949 die in Abb. 34 dargestellte Rammsonde entwickelt worden, die für Untersuchungen bis in eine maximale Tiefe von 10 bis 12 m dienen soll.

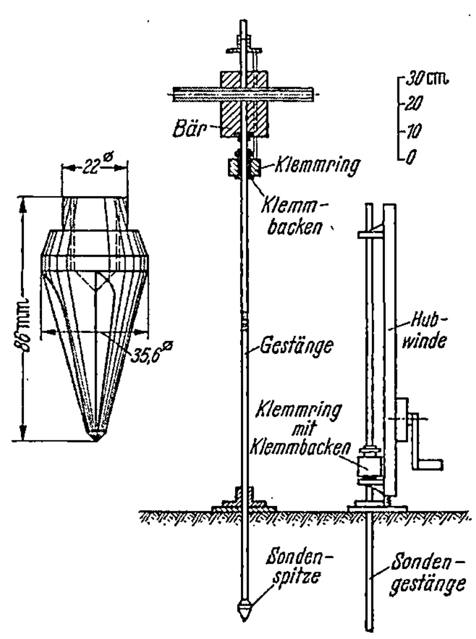

Abb. 34. Leichte Schlagsonde des Erdbauinstituts der ETH Zürich. Links: Spitze; Mitte: Arbeitsstellung; rechts: Ziehen mit Hilfe einer Winde [31].

Der Vorteil der Schlagsondierverfahren, den Baugrund mit verhältnismäßig einfachem und billigem Gerät verhältnismäßig schnell prüfen zu können, hat dazu geführt, auch Verfahren zu entwickeln, die Untersuchungen bis in größere Tiefen ermöglichen. Anlaß hierzu waren in gleichem Maße die in manchen Ländern, z. B. in der Schweiz, herrschenden geologischen Bedingungen (Vorkommen von stark wechselnden Lagen weicher und sehr fester, Gerölle enthaltender Böden), die die Ausdehnung der Schlagsondierverfahren auf größere Tiefen als die allein wirtschaftliche Aufschlußmöglichkeit einfach erzwangen. Auf diese Weise ist es zur Konstruktion schwerer Rammsonden mit Bärgewichten von 50 kg oder mehr gekommen. Die Rammung durch Hand ist dann nicht mehr möglich; man benötigt ein besonderes Rammgerüst (Abb. 35) oder einen Dreibock.

Um die Mantelreibung zuverlässiger ausschalten und den Spitzenwiderstand besser bestimmen zu können, als es allein durch eine Verbreiterung der Spitze möglich ist, hat man auch Schlagsonden konstruiert, bei denen das eigentliche Sondengestänge durch

Abb. 35. Schlagsonde der Degebo mit automatischer Schlagauslösung.

---

[1] Es sei darauf aufmerksam gemacht, daß unter der Bezeichnung KÜNZEL-Stab heute eine ganze Reihe von Schlagsonden mit verdickter, kegelförmiger Spitze verschiedener Form und verschiedenen Durchmessers benutzt werden.

ein Mantelrohr geschützt ist. Da die Kenntnis der Größe der Mantelreibung die Deutung der gesamten Sondierung wesentlich verbessert, hat man auch Vorkehrungen getroffen, die Mantelreibung durch die Rammenergie oder durch die Größe der zum Ziehen oder Drehen des Mantelrohrs notwendigen Kraft messen zu können (STUMP [*32*]). Diese Sonden stellen aber bereits aufwendige und zum Teil schwere und teure Spezialgeräte dar, die nur in Sonderfällen ihre Berechtigung haben.

Die mit den üblichen Schlagsondiergeräten durchgeführten Untersuchungen vermögen nur bis in geringe Tiefen zu einem zuverlässigen Ergebnis über die Baugrundbeschaffenheit zu führen, da nur in diesem Fall keine allzu starke Verfälschung des Eindringungswiderstands der Spitze durch die Mantelreibung eintritt. Da mit zunehmender Untersuchungstiefe die Länge der Sonde und damit ihr Gewicht anwächst, verändert sich auch das Verhältnis des Gewichts von Rammbär und Sonde laufend, so daß bei größeren Tiefen ein einheitlicher Vergleichsmaßstab zur Beurteilung von flach- und tiefliegenden Schichten nicht mehr vorhanden ist, selbst wenn man von der Anwendung einer Rammformel wegen deren bekannter Fehler absieht und nur die Zahl der Rammschläge verfolgt. Letztes ist aber in theoretischer Hinsicht nur richtig, wenn man den Wirkungsgrad jedes Rammschlags $\eta = 1$ setzt, was um so weniger zulässig ist, je mehr Schichten durchfahren werden und je größer die Unterschiede im Eindringungswiderstand sind, da ja η selbst eine Funktion des Eindringungswiderstands ist (HOFFMANN [*33*]). Vergleichsuntersuchungen mit einer sowohl Schlagsondierungen als auch Drucksondierungen erlaubenden Spezialsonde haben dann auch gezeigt, daß die aus den Schlagsondierungen unter Verwendung einer Rammformel und Benutzung eines Wirkungsgrads $\eta = 1$ berechneten Eindringungswiderstände der Spitze in kg/cm² bei den vorliegenden Bodenverhältnissen mehr als 8mal größer waren als die gemessenen Eindringungswiderstände der Drucksondierungen (HAEFELI und FEHLMANN [*34*]).

Schlagsondierungen sind deshalb vor allem für Untersuchungen in geringeren Tiefen geeignet, wo die Mantelreibung und das Verhältnis von Bärgewicht zu Sondengewicht noch wenig Einfluß besitzen und wo η mit einiger Berechtigung $= 1$ gesetzt werden kann. Für viele Bauvorhaben ist aber auch nur eine Untersuchung bis in begrenzte Tiefen nötig (z. B. 6 m, s. S. 829). Hier vermögen die Schlagsondierungen gute Dienste zu leisten, z. B. bei der Nachprüfung der Gleichmäßigkeit von verdichteten Schüttungen (HOFFMANN und MUHS [*35*]), beim Abtasten von freigelegten Fundamentgräben oder einer ausgehobenen Baugrube, wenn auf Grund der Bohrungen oder der geologischen Verhältnisse noch Zweifel über die Homogenität der Gründungsschicht bestehen sollten, bei der Feststellung der Tiefe von festen Schichten unter lockeren Deckschichten, beim Auffinden von alten, der Ausdehnung nach nicht genau bekannten Auffüllungen usw. Zweckmäßig sind Schlagsondierungen im besonderen zur Prüfung von Sand- und Kiesschichten, die ihrer Tiefe und Verbreitung nach durch Bohrungen nachgewiesen sind, über deren Lagerungsverhältnisse, von denen die Tragfähigkeit in entscheidendem Maße abhängt, aber nichts bekannt ist. Als ungeklärt müssen die Ergebnisse der Schlagsondierungen jedoch noch in den bindigen Böden angesehen werden, wo Porenwasserdruckerscheinungen einerseits und die Volumenkonstanz gegenüber dynamischen Beanspruchungen andererseits keine zuverlässige Deutung der Rammergebnisse ohne Kenntnis der Schichtenfolge erlauben. Schlagsondierungen sollen deshalb stets nur in Verbindung mit mindestens einer Bohrung, die die Schichtenfolge aufzeigt, vorgenommen werden.

In dieser Hinsicht ist das bei der Degebo für Flachsondierungen gebräuchliche Gerät (Abb. 36) zweckmäßig, das eine Kombination der mit drei Rillen versehenen geologischen Sondierstange nach Abb. 14 mit einer Schlagsondiervorrichtung (Bärgewicht = 10 kg, Fallhöhe = 50 cm) darstellt. Die gegenüber dem 30 mm starken Gestänge schwach verdickte, 60 cm lange Spitze wird jeweils 30 cm tief gerammt, dann unter Messung der notwendigen Kraft abgedreht und gehoben: Die mit Boden gefüllten Rillen geben Aufschluß über die Bodenart, während Schlagzahl und Abdrehkraft über die Festigkeit in den jeweils untersuchten 30 cm unterrichten. In grundwasserführenden Schichten ist es wegen des Zusammenfalls des Sondierlochs natürlich wertlos, die Sonde nach jeweils 30 cm Eindringung zu ziehen, zumal nichtbindiger Boden dann auch nicht in den Rillen bleibt. Die Sonde wird in solchen

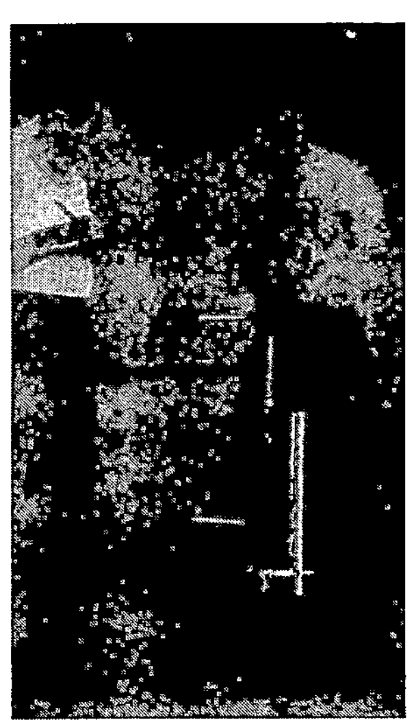
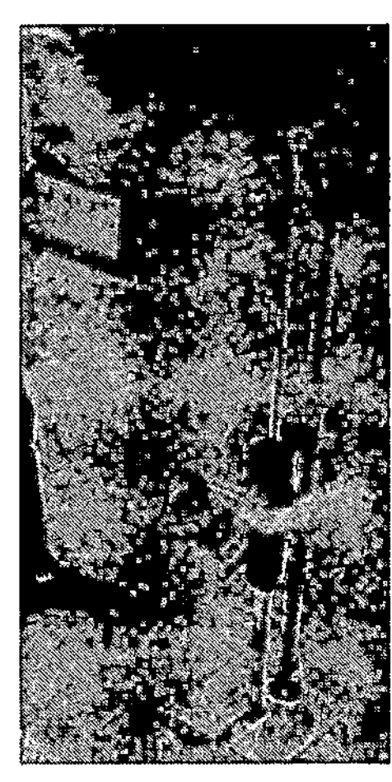

a   b

Abb. 36. Leichte Schlagsonde der Degebo beim Eintreiben (a) und beim Abdrehen (b).

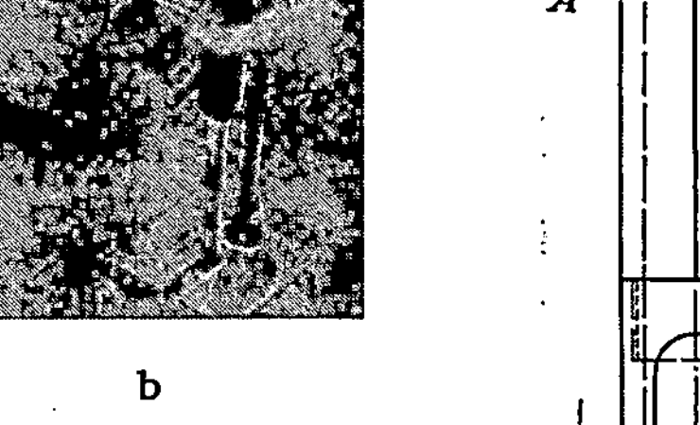
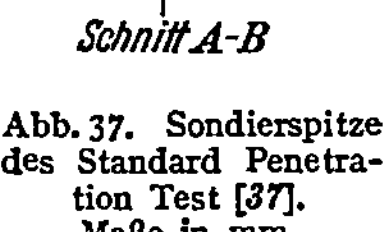

Abb. 37. Sondierspitze des Standard Penetration Test [37]. Maße in mm.

Fällen in einem Gang auf die gewünschte Tiefe gerammt und anschließend mit Hilfe einer Wagenwinde — ähnlich Abb. 34 — gehoben.

Aus dem Bestreben heraus, die Schlagsondierungen mit einer Bodenprobenahme zu verbinden, um dadurch zu erfahren, welcher Bodenart die ermittelten Schlagzahlen zum Eintreiben der Sondenspitze zugehören, werden die Schlagsondierungen manchmal auch im Bohrloch ausgeführt, wodurch gleichzeitig der Einfluß der unerwünschten Mantelreibung weitgehend ausgeschaltet wird (SCHUBERT [36]). Sehr störend ist hierbei aber der Einfluß des Grundwassers, der zu einer Auflockerung der Bohrlochsohle führen kann.

In den USA hat diese Prüfmethode zum sogenannten „*Standard Penetration Test*" geführt (TERZAGHI und PECK [37]). Bei diesem Versuch (Abb. 37) wird in einem engen, verrohrten Bohrloch (rd. 8 cm ∅) in beliebig zu wählenden Abständen ein mit einem Schneidenring versehener und aufklappbarer Entnahmestutzen (äußerer Durchmesser 5,08 cm) bei einer Fallhöhe von 76,2 cm mittels eines 63,5 kg schweren Rammbären 45 cm tief in die Bohrlochsohle eingetrieben und die Zahl der für die letzten 30 cm erforderlichen Schläge gezählt. Der gezogene Entnahmestutzen liefert wegen seines kleinen Durchmessers zwar keine ungestörte Probe, erlaubt jedoch die einwandfreie Bestimmung der Bodenart und des Wassergehalts.

Der Standard Penetration Test besteht also aus einem abwechselnden Bohren und Sondieren bzw. aus dem Niederbringen eines Bohrlochs bei gleichzeitiger Entnahme einer großen Zahl halbgestörter Proben unter genormten Bedingungen. Der Versuch stellt also kein ausgesprochenes Schnellprüfverfahren mehr dar, wie es bei den Schlagsondierungen sonst der Fall ist. Der Vorteil liegt darin, daß das Verfahren über die Lagerungsdichte der nichtbindigen Böden Auskunft gibt. Wo diese Auskunft nicht wichtig ist oder wo keine nichtbindigen Böden in den für die Tragfähigkeit vor allem wichtigen Tiefen des Untergrunds vorhanden sind, dürfte die Ausführung normaler Bohrungen mit der Entnahme wirklich ungestörter Proben aus den bindigen Schichten wertvoller sein und auch nicht mehr Zeit erfordern.

Eine Schlagsondierung mit quasi kontinuierlicher Gewinnung halbgestörten Probenmaterials stellt das schon auf S. 835 erwähnte BURKHARDTsche „Bohrpfahlsondierverfahren" dar.

Die Ergebnisse von Schlagsondierungen werden gewöhnlich in der Weise dargestellt, daß die Schlagzahlen, die zum Durchrammen einer festgesetzten

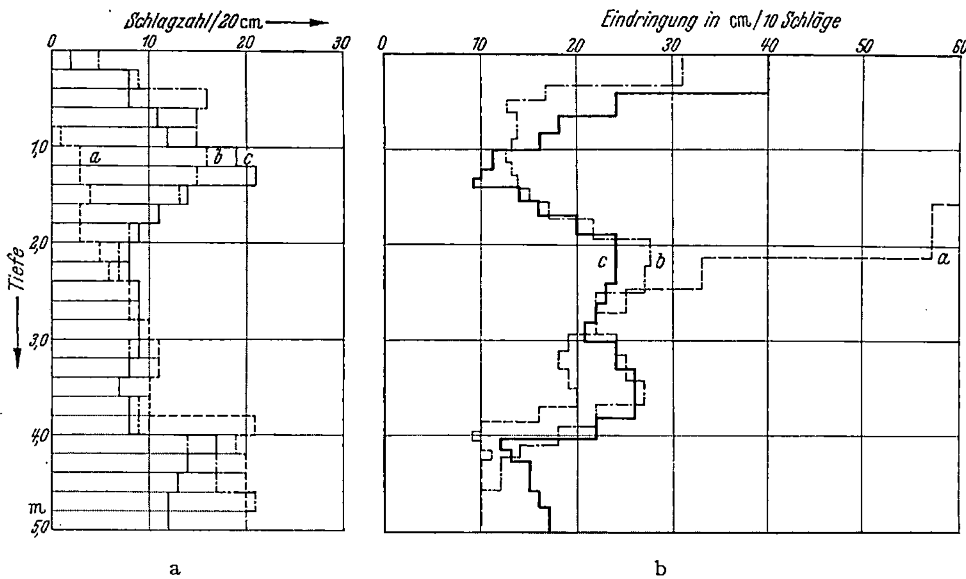

Abb. 38a u. b. Darstellung des Ergebnisses von drei Schlagsondierungen (a, b und c).

Vergleichsstrecke notwendig sind, neben den betreffenden Tiefen aufgetragen werden (Abb. 38a). Weniger üblich, aber zweckmäßiger ist die Auftragung der Eindringung für eine bestimmte Schlagzahl (z. B. 10 oder 20; Abb. 38b), da hierbei nur die nach 10 oder 20 Schlägen vorhandene Sondereindringung gemessen zu werden braucht, während im anderen Fall die für die ausgewählte Vergleichsstrecke erforderliche Schlagzahl genau meist nur durch Interpolation gewonnen werden kann. Auf die Ermittlung des Eindringungswiderstands in kg/cm² mit Hilfe irgendeiner Rammformel wird in richtiger Einschätzung der damit verbundenen Fehler fast immer verzichtet. Sofern die Eichzahlen bekannt sind, genügt die Kenntnis der Schlagzahlen auch in den meisten Fällen für die allgemeine Beurteilung eines Untergrunds.

Für die Beurteilung der Gleichmäßigkeit kann es zweckmäßig sein, die bei gleichen Schlagzahlen an den verschiedenen Sondierstellen erreichten Eindringungstiefen durch Linien zu verbinden. Ein gleichmäßiger Untergrund zeichnet sich als Schar paralleler horizontaler Linien ab, während sich eine Festigkeitszunahme oder -abnahme durch ein Steigen bzw. Fallen der Linien markiert (Abb. 39).

Allgemeingültige Zahlenwerte für die in charakteristischen Böden auftretenden Schlagzahlen zum Durchdringen bestimmter Vergleichsstrecken können

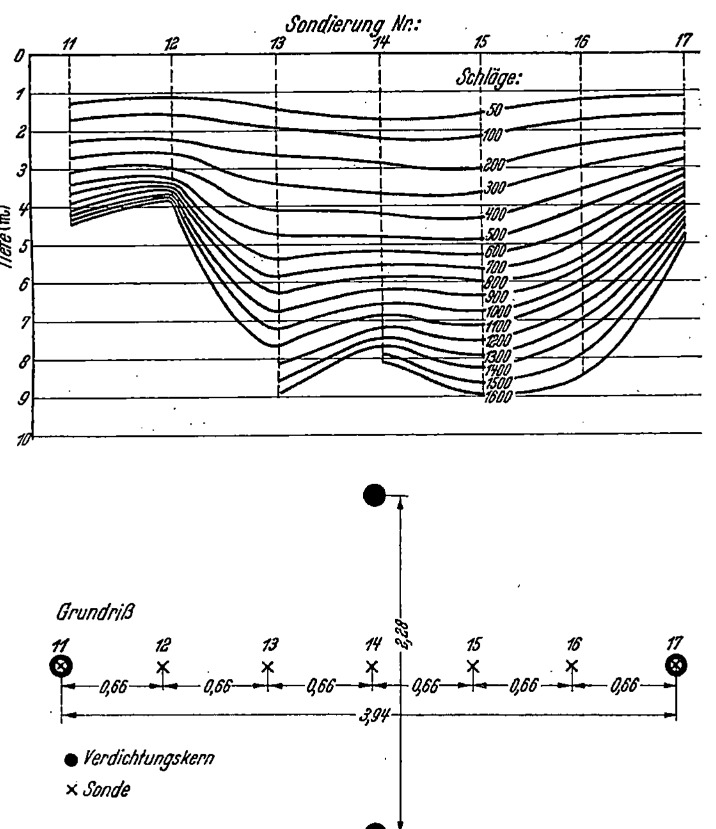

Abb. 39. Linien gleicher Schlagzahl bei der Nachprüfung der Verdichtung eines nach dem Keller-Verfahren (Rütteldruckverfahren) verdichteten Feldes durch Schlagsondierungen [35].

nicht angegeben werden, da diese von zu vielen Faktoren — Bärgewicht, Fallhöhe, Untersuchungstiefe, Querschnitt, Mantelreibung — abhängen. Auch die Form der Spitze, insbesondere die Länge des Kegels und das Verhältnis seines Durchmessers zum Durchmesser des Gestänges beeinflussen das Ergebnis, da bei großem Unterschied der Durchmesser ein grundbruchähnliches Aufquellen des Bodens eintritt. Um aus den Schlagzahlen auf die Lagerungsdichte schließen zu können, was wegen der oben angegebenen Gründe ohnehin nur in den nichtbindigen Böden zu erwarten ist, muß deshalb jede Sonde durch entsprechende Versuche erst besonders geeicht werden. Beim Künzelschen Prüfstab kann von etwa 1 m Tiefe ab bei einer Schlagzahl von 10 (oder mehr) für 10 cm Eindringung auf eine dichte Lagerung [Verdichtungsverhältnis $D_v \geqq 50\%$ (s. S. 918)] geschlossen werden.

In den USA wird der Beurteilung der Lagerungsdichte von Sandschichten beim Standard Penetration Test die folgende Aufstellung zugrunde gelegt (Terzaghi und Peck [37]):

Zahl der Schläge	Lagerungsdichte
0 bis 4	sehr locker
4 bis 10	locker
10 bis 30	mitteldicht
30 bis 50	dicht
>50	sehr dicht

b) Drucksondierungen.

Wegen der Unsicherheit der Schlagsondierungen bei Untersuchungen in größerer Tiefe ist man dazu übergegangen, die Sonde nicht in den Boden zu rammen, sondern zu drücken, und gelangte auf diese Weise zu den „Drucksondierungen".

Die erste Drucksonde für Untersuchungen bis in größere Tiefen wurde im Jahre 1929 von Terzaghi als sogenannte „Spülsonde" gebaut (Terzaghi [38], [39]), um die Gleichmäßigkeit einer mächtigen Sandschicht durch Messung des Spitzenwiderstands zu prüfen. Zur Ausschaltung der Mantelreibung wurde das Sondengestänge in einem Mantelrohr geführt. Die Kegelspitze war an ihrem oberen Rand mit kleinen Düsen versehen, durch die Druckwasser unter einem Winkel von etwa 45° austreten konnte (Abb. 40), um den Einfluß der Erdauflast auf den Eindringungswiderstand auszuschalten. Mit einer hydraulischen Presse wurde dann der Kegel aus der Stellung A in die Stellung B gedrückt, der hierzu notwendige Druck mit einem Manometer gemessen und anschließend das Mantelrohr nachgepreßt.

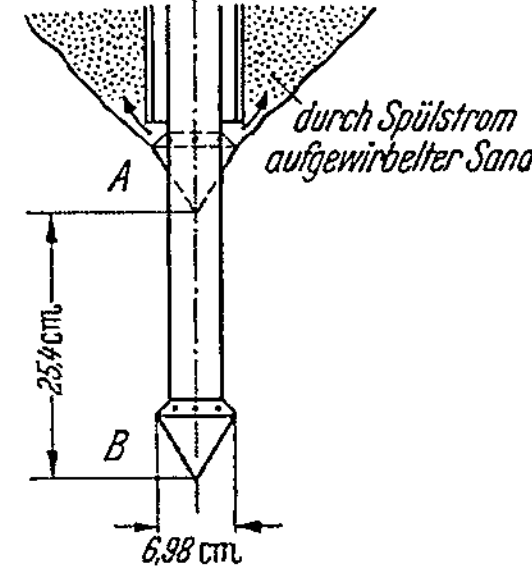

Abb. 40. Spitze der Spülsonde von Terzaghi. *A* Ausgangsstellung vor der Messung; *B* Stellung nach der Messung.

Konstruktiv interessant ist die Anfang des zweiten Weltkrieges entwickelte „Federdrucksonde" von Paproth (Abb. 41), die als Sonde den Künzelschen Prüfstab (s. S. 855) benutzt und die zum Eindrücken und Ziehen erforderliche Kraft mittels einer Winde erzeugt, während die Druck- und Zugkräfte mit zwei Federn gemessen werden (Paproth [30]). Ein besonderes Mantelrohr ist hier nicht vorhanden. Statt dessen wird die Sonde von Zeit zu Zeit etwas gezogen, die hierbei auftretende Kraft gemessen und der Anteil der Mantelreibung am Gesamtwiderstand beim Eindrücken hierdurch — unter der Voraussetzung, daß die Mantelreibung beim Eindrücken und Ziehen gleich groß ist — festgestellt.

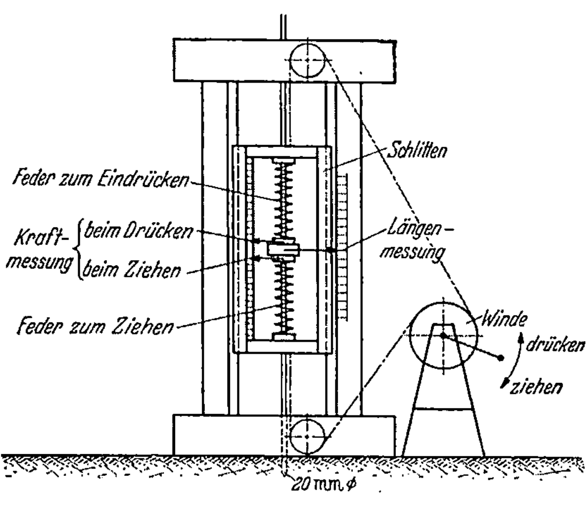

Abb. 41. Federdrucksonde von Paproth [30].

Eine besondere Förderung erfuhr die Entwicklung der Drucksondierungen durch Buisman in Holland, wo es wegen der zahlreichen dort auszuführenden

Pfahlgründungen wichtig war, die Festigkeit des Untergrunds in größerer Tiefe zur Bestimmung der notwendigen Pfahllänge zu kennen. Da es hierbei ganz besonders wichtig war, nicht nur den Gesamtwiderstand zu messen, sondern den Spitzenwiderstand allein zu kennen, wurde die Sonde wie die TERZAGHIsche Spülsonde mit einem Mantelrohr versehen, so daß sich Spitze

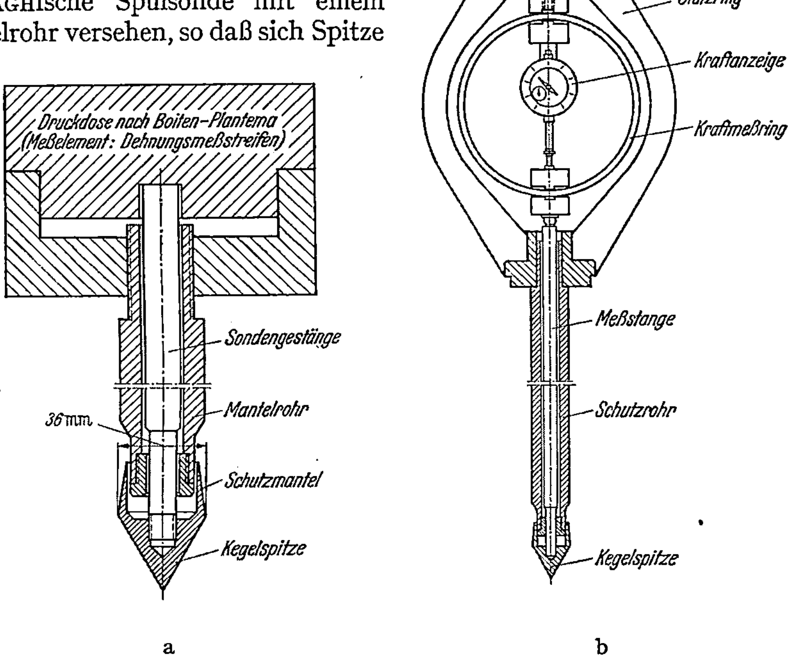

Abb. 42. Prinzip der verbesserten holländischen Tiefensonde. Messung des Spitzendrucks mit elektrischer Meßdose (a) oder mit Meßring (b) [41], [158].

und Mantel gesondert bewegen und die dazu erforderlichen Kräfte einzeln messen lassen (Laboratorium voor Grondmechanica Delft [40]). Das Anfang der 30er Jahre entwickelte Verfahren mit diesem sogenannten „Tiefensondier-Apparat" (Abbildung 42) ist inzwischen laufend verbessert (PLANTEMA [41], VERMEIDEN [42]) und für Untersuchungen bis in größere Tiefen voll mechanisiert worden (Abb. 43). Heute ist es meist üblich, Spitze und Mantel gemeinsam einzudrücken und den Spitzenwiderstand allein zu messen (s. Abb. 42).

Abb. 43. Schwere holländische Tiefensonde (Laboratorium voor Grondmechanica Delft).

Sondierungen mit einer für sich beweglichen Spitze haben den Nachteil, daß das Erdreich in lockeren Böden nach Vortreiben der verbreiterten Spitze zusammenfallen, sich auf der Oberfläche der kegelförmigen Spitze auflagern und sich beim Nachführen des Mantels zwischen Sondengestänge und Wandung verklemmen kann. Man hat diese Fehlerquelle durch besondere Formgebung der Spitze weitgehend ausgeschaltet (s. Abb. 42). Durch Anordnung einer besonderen „Reibungshülse" oberhalb der Kegelspitze wird ferner versucht, die Mantelreibung nicht längs der gesamten Tiefe, sondern lediglich über eine bestimmte, beschränkte Länge zu messen (z. B. Begemann [43]). Abb. 44 zeigt das Schema der vier verschiedenen Arbeitsstellungen des Geräts von Begemann zum Messen:

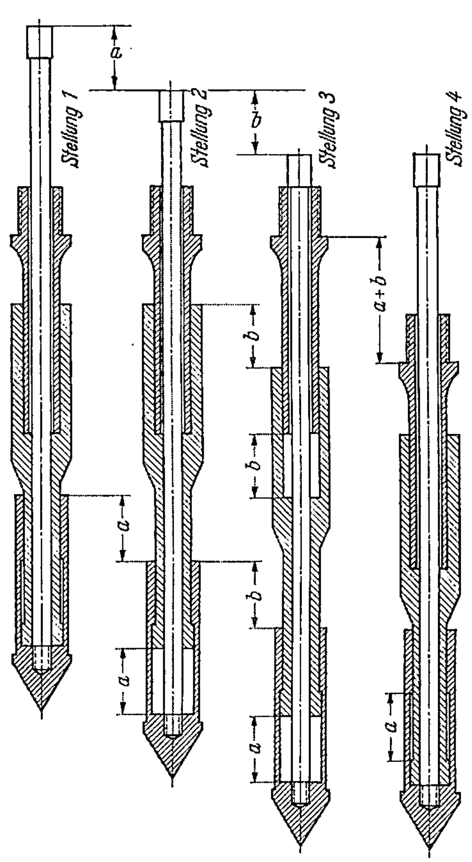

Abb. 44. Arbeitsstellungen der Tiefensonde von Begemann zur gesonderten Messung der Mantelreibung mit Hilfe einer Reibungshülse [43].

1. des Gesamtwiderstands von Spitze, Hülse und Mantelrohr durch Einpressen des Mantelrohrs (Stellung 1),

2. des Spitzenwiderstands durch Einpressen des Sondengestänges um das Maß a (Stellung 2),

3. des Spitzenwiderstands und der Mantelreibung längs der Hülse durch Einpressen des Sondengestänges um das Maß b (Stellung 3),

4. der Mantelreibung längs der Hülse und des Mantelrohrs durch Einpressen des Mantelrohrs um das Maß $a + b$ (Stellung 4).

Das gleiche Ziel versucht eine von der AG für Grundwasserbauten, Bern, konstruierte Sonde in allerdings weit einfacherer Weise zu erreichen (Haefeli und Fehlmann [34]). Sie vereint die Vorteile der Schlag- und Drucksondierungen. Die „Druck-Schlag-Sonde" (Abb. 45) (Querschnitt 25 cm²) kann in den nicht zu festen Schichten mit einer hydraulischen Presse eingedrückt (maximaler Spitzendruck = 70 kg/cm²) und in den zu festen Schichten mit einer Rammvorrichtung eingeschlagen werden (maximaler Spitzendruck nach der Sternschen Rammformel bei einem Wirkungsgrad $\eta = 1 : 800$ kg/cm²). Zur Messung der Mantelreibung wird die Sonde gezogen, wobei zunächst nur die Kraft zum Ziehen des Gestänges gemessen wird. Erst wenn der untere Rand des im Gestängefuß angeordneten Schlitzes den an der Hülse angebrachten Anschlagbolzen berührt, wird die Hülse mitgenommen und die Reibung an ihrer Mantelfläche gemessen.

Ein Druck- und Schlagsondierungen ermöglichendes Gerät ist auch in Frankreich gebaut worden (Buisson [44]).

Ein Gerät mit einer über dem Sondenkegel angeordneten Reibungshülse, jedoch zum Gebrauch an einem maschinellen Drehbohrgerät mit Spülung, ist von der US Waterways Experiment Station (Hvorslev [45]) entwickelt worden. Die eigentliche Sonde eilt hierbei dem Bohrer um 65 cm voraus.

Trotz der verbesserten Form der Sondenspitze birgt die getrennte Bewegung von Sondenspitze und Sondenmantel immer die Gefahr in sich, daß sich einzelne Bodenteilchen an Teilen des Geräts verklemmen und dadurch Fehler verursachen. Auch kann zwischen Mantel und Gestänge Reibung entstehen, die in die Meßwerte mit eingeht. Für die Auswertung der Sondenmessungen im Hinblick auf die Pfahlgründungen, d. h. die Ermittlung von Mantelreibung und Spitzenwiderstand, ist darüber hinaus aber nicht einmal sicher, ob die durch *getrennte* Bewegung des Mantels und der Spitze festgestellten Werte denen gleich sind, die bei einer *gleichzeitigen* Bewegung auftreten, d. h. bei einer Bewegung, wie sie beim Pfahl in Wirklichkeit vorkommt.

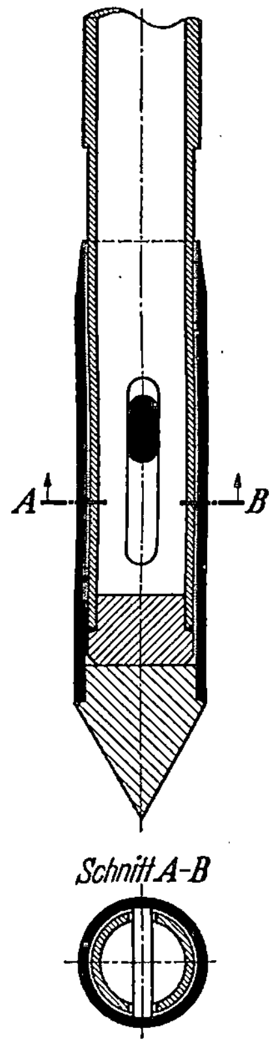

Von HOFFMANN (MUHS [*46*]) wurde deshalb während des zweiten Weltkriegs bei der Degebo eine sogenannte „*Spitzendrucksonde*" entwickelt, bei der diese Fehlerquellen dadurch vermieden werden, daß die Sonde nur aus einem einzigen Rohr besteht (DRP Nr. 891931). Zur Bestimmung des Spitzenwiderstands besitzt die Sondenspitze in ihrer heutigen Form (KAHL und MUHS [*47*]) einen Stahlzylinder, der als Meßfeder wirkt (Abb. 46). Er wird vom Spitzendruck mehr oder weniger zusammengedrückt. Seine dem Spitzendruck proportionale Zusammendrückung wird von dem in seiner neutralen Achse angebrachten elektrischen Dehnungsmesser (schwingfähig gespannte Meßsaite der Firma Maihak-AG, Hamburg) auf dem Wege des Frequenzvergleichs mit einer im Empfangsgerät gespannten Meßsaite in bekannter Weise gemessen (s. z.B. SCHULTZE und MUHS [*7*]).

Da der Eindringungswiderstand in der Tiefe gemessen wird und nicht mehr an der Erdoberfläche, ist die Messung unabhängig von der Mantelreibung und liefert selbst bei sehr tiefen Sondierungen mit großer Mantelreibung am Gestänge lediglich den Spitzenwiderstand. Bei zu großen Widerständen, die z. B. bei einem zufälligen Auftreffen auf einen Stein vorkommen können, ist eine Überbelastung der Meßsaite nicht möglich, da sie so angeordnet ist, daß sie durch den zu messenden Druck nicht belastet, sondern entlastet wird. Der Stahlzylinder des Meßelements ist dabei so dimensioniert, daß er selbst bei größerer Überbelastung (rd. 50%) noch innerhalb des elastischen Bereichs bleibt.

Die Sondenspitze (Durchmesser = 3,6 cm, Querschnitt ∼10 cm²) ist gegenüber dem Gestänge etwas verdickt, um die Mantelreibung nach Möglichkeit auszuschalten, damit Gesamtwiderstand und Arbeitsaufwand beim Eindrücken möglichst gering bleiben. Dort,

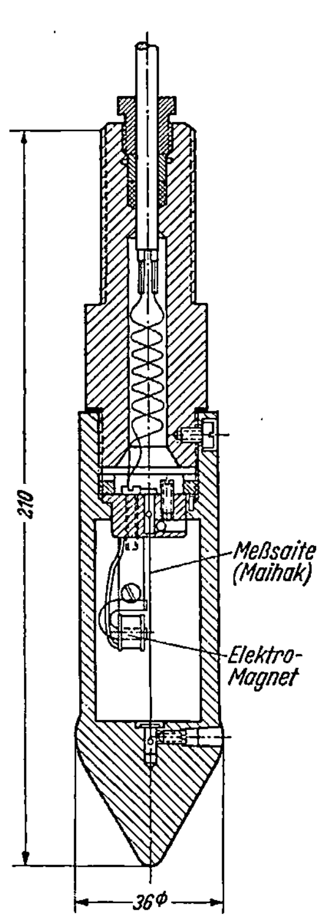

Abb. 46. Spitze der Spitzendrucksonde der Degebo (Hersteller Maihak A.G., Hamburg). Maße in mm.

Abb. 45. Spitze der Druck-Schlag-Sonde der A.G. für Grundwasserbauten, Bern, mit Reibungshülse zur Messung der Mantelreibung beim Ziehen [*34*].

wo die Sonde nicht vorwiegend als Spitzendrucksondiergerät, d. h. zur Feststellung der Lagerungsdichte der einzelnen Schichten, benutzt wird, sondern wo die Kenntnis des Gesamtwiderstands, und zwar getrennt nach Spitzenwiderstand und Mantelreibung, wichtig ist, kann — am besten nur auf 1 oder 2 m Länge über der Spitze — ein besonderes Gestänge mit gleichem Durchmesser wie die Sondenspitze verwendet werden. Zur Messung des Gesamtwiderstands ist dann noch ein zweites Meßgerät am Kopf des Gestänges (Meßring, Meßtopf, Meßfeder od. dgl.) notwendig. In standfesten Böden kann zur Probenahme auf der Kegelspitze auch ein Entnahmezylinder aufgesetzt werden.

Da die Eindringungswiderstände der verschiedenen Bodenarten sehr stark wechseln, ist es zweckmäßig, Spitzen mit verschiedenen Meßbereichen zu verwenden, die den jeweiligen Böden angepaßt sind. Zur Zeit ist für Sondierungen in geringerer Tiefe (Verdichtungsnachprüfungen) eine Spitze mit 2000 kg Höchstlast und für tiefere Sondierungen (etwa 10 m in Sandböden) eine Spitze mit 5000 kg Höchstlast in Gebrauch.

Abb. 47. Spitzendrucksonde der Degebo (Hersteller Gabor GmbH, Berlin).

Den Aufbau der Druckvorrichtung zeigt Abb. 47. Zur Verankerung dienen vier Erdanker; im Normalfall, d. h. bei nicht zu großen Sondiertiefen und mitteldicht gelagerten Böden, genügt es jedoch, nur zwei Erdanker zu benutzen. Das Eindrücken und Ziehen der Sonde geschieht mit Hilfe einer Zahnstangenwinde mit einem Hub von 1,25 m, einer Höchstlast von $7^1/_2$ t und einem Zweiganggetriebe. Der eine Gang (Schnellgang) kann in Böden mit geringem Eindringungswiderstand oder zum Absenken der Sonde in die gewünschte Tiefe verwendet werden; die Dauer-Vortriebsgeschwindigkeit bei einer Umdrehung

Abb. 48. Transport der Spitzendrucksonde der Degebo.

pro Sekunde der Kurbel beträgt dabei etwa $1^1/_4$ m/min. Der zweite Gang ist für höhere Eindringungswiderstände vorgesehen und so bemessen, daß der Höchstdruck von $7^1/_2$ t von zwei Mann auf längere Zeit erzeugt werden kann, wobei der Vortrieb etwa 30 cm/min beträgt. Hierbei kann die Anzeige für den Spitzendruck auf dem Leuchtschirm des Empfangsgeräts laufend verfolgt werden. Zum Messen des Gesamtwiderstands dient ein Preßtopf mit Feinmanometer, der durch einen Druckschlauch mit einer Öldruckpumpe verbunden ist. Mit Hilfe der Öldruckpumpe können — falls erwünscht — besonders langsame Belastungen der Sondenspitze wie bei Probebelastungen herbeigeführt werden.

Den Transport des Sondengestells zeigt Abb. 48. Für Arbeiten in Baugruben können alle seine Teile bis auf den Fußrahmen auseinandergenommen werden.

Der Vorteil der Drucksondierungen besteht darin, daß ihre modernen Bauformen eine kontinuierliche und sehr schnelle Messung erlauben und daß die

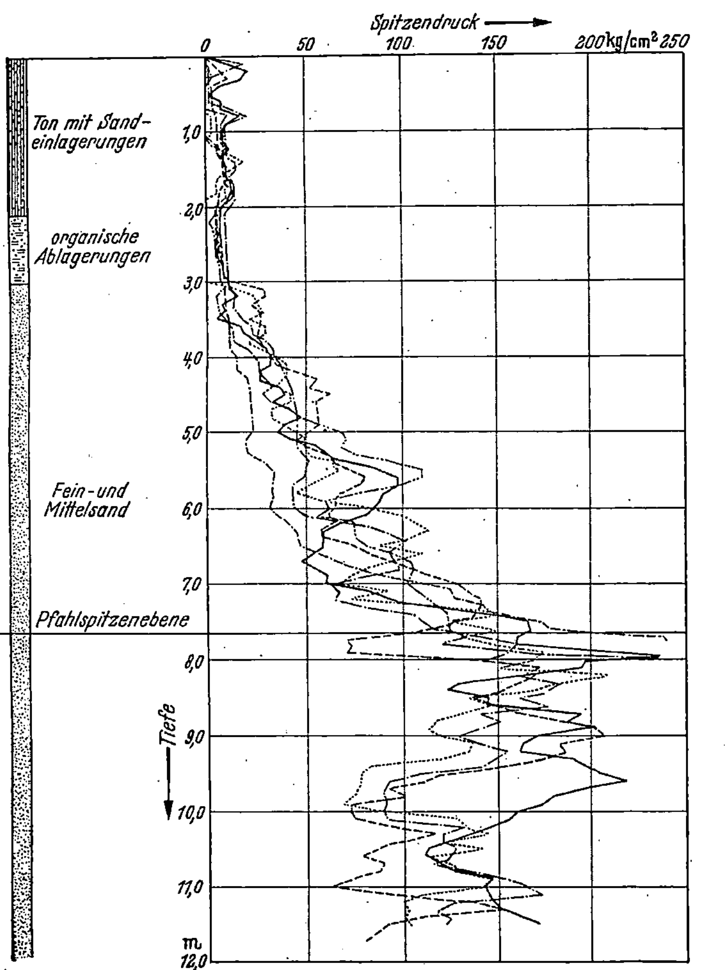

Abb. 49. Darstellung des Ergebnisses von Drucksondierungen [48].

Meßergebnisse, d. h. die ermittelten Spitzenwiderstände, auf die es in der Regel vor allem ankommt, als nahezu fehlerfrei anzusehen sind. Eine theoretische Deutung der Meßergebnisse ist zwar wegen der verwickelten Formänderungsvorgänge und Spannungskonzentrationen beim Eintreiben (KAHL und MUHS [47]) ebensowenig wie bei den Schlagsondierungen möglich. Jedoch beeinträchtigen diese Schwierigkeiten in keiner Weise den praktischen Wert des Drucksondierverfahrens, da die Auswertung der Meßergebnisse die theoretische Basis entbehren kann, solange sie sich auf die Bestimmung von Änderungen der Lagerungsdichte in den nichtbindigen Bodenschichten und der Plastizität in den bindigen Bodenschichten beschränkt.

Hierdurch ist das Drucksondierverfahren vor allem für Aufgaben geeignet, bei denen diese Punkte eine Rolle spielen, wie z. B. der Untersuchung der Gründungsschichten von Flach- und Pfahlgründungen sowie der Prüfung verdichteter Schüttungen, und zwar sowohl im Hinblick auf die Gleichmäßigkeit der Untergrundverhältnisse als auch im Hinblick auf deren absolute Beschaffenheit. Kritisch ist die Bestimmung der Mantelreibung zu betrachten, da sie in den bindigen Schichten im hohen Maße von etwaigen Porenwasserdruckerscheinungen längs der Gerätewandung beeinflußt wird (Buisson [44]) und in den nichtbindigen Schichten entscheidend durch die Verspannung des Bodens, die durch das Eintreiben des Geräts herbeigeführt wird und von dessen Volumen sowie der Lagerungsdichte abhängt (Kahl und Muhs [47]), bedingt ist. Die Übertragung der gemessenen Werte für die Mantelreibung auf die Wirklichkeit, d. h. auf Pfähle mit anderem Baustoff und wesentlich größerem Querschnitt, bleibt deshalb stets fragwürdig.

Nachteilig an den Drucksondierungen ist die notwendige Verankerung oder Belastung des Sondiergestells, die bei großen Sondiertiefen und sehr dichten und festen Böden Schwierigkeiten macht. Jedoch sind solche Fälle im Flachland ziemlich selten. In Sanden und Kiesen, wo die Drucksondierungen in erster

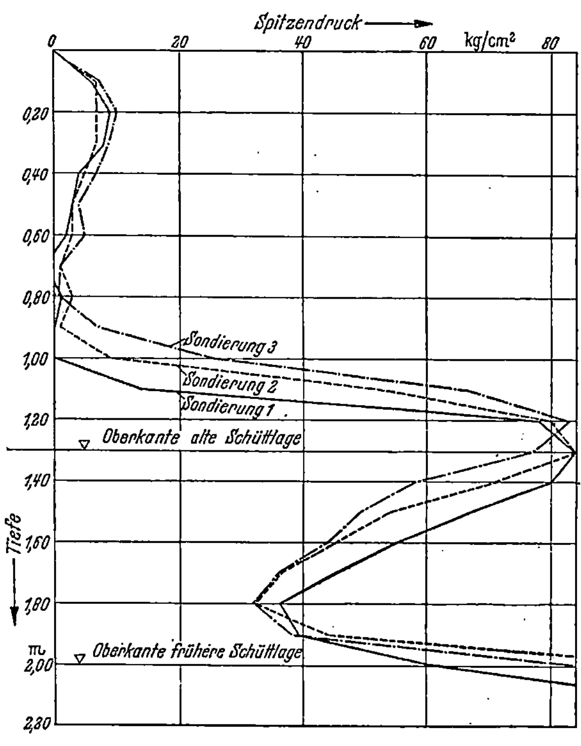

Abb. 50. Ergebnis von Spitzendrucksondierungen in einer unverdichteten Schüttung [48].

Linie zur Ermittlung der Lagerungsdichte angebracht sind, bleiben die Spitzendrücke meist unter 3 t, fast immer aber unter 5 t (s. Abb. 49 und 51); in den bindigen Böden sind sie gewöhnlich noch niedriger, die Gesamtwiderstände infolge der starken Mantelreibung jedoch oft größer. Im Gegensatz zu den Schlagsondierungen sind Drucksondierungen in sehr grobkörnigen, Geröllе enthaltenden Böden nicht möglich.

Die Ergebnisse der Drucksondierungen werden in der Form dargestellt, daß der auf die Querschnittsfläche der Sondenspitze umgerechnete Spitzendruck und gegebenenfalls auch der Gesamtwiderstand oder die auf die betroffene Mantelfläche verteilte Mantelreibung in kg/cm² neben den Meßtiefen aufgetragen werden (Abb. 49). Alle Änderungen des Eindringungswiderstands treten dabei sehr deutlich in Erscheinung, wie sehr klar Abb. 50 zeigt, die das Ergebnis einer Messung bis in 2 m Tiefe einer unverdichteten Schüttung wiedergibt. Schon die allein durch den Lastwagenverkehr auf Bohlenfahrten hervorgerufene Verdichtung in rd. 1,30 m und rd. 2,0 m Tiefe prägt sich in den Sondierkurven deutlich aus[1].

Über die Spitzenwiderstände in erdfeuchten Sanden von feiner bis mittlerer Korngröße können auf Grund von Nachprüfungen mit ungestörten Proben die folgenden Angaben[2] gemacht werden (KAHL [48]):

1. In 1,5 bis 2 m Tiefe bedeutet ein Spitzenwiderstand von (Abb. 51):

$$0 \text{ bis } 50 \text{ kg/cm}^2 \text{ eine sehr lockere bis lockere Lagerung,}$$
$$50 \text{ bis } 100 \text{ kg/cm}^2 \text{ eine lockere bis mitteldichte Lagerung,}$$
$$100 \text{ bis } 150 \text{ kg/cm}^2 \text{ eine mitteldichte Lagerung,}$$
$$> 150 \text{ kg/cm}^2 \text{ eine dichte bis sehr dichte Lagerung.}$$

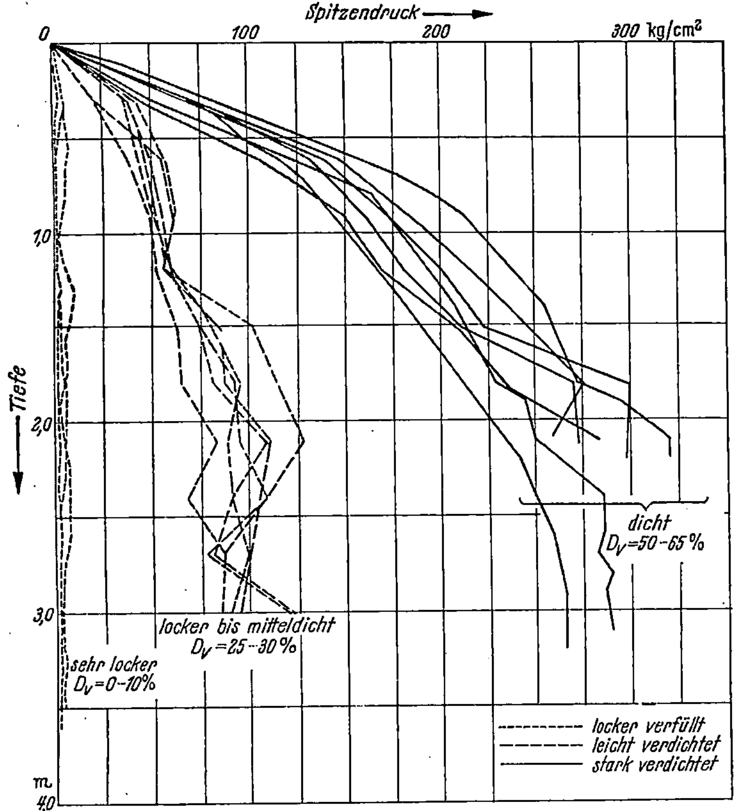

Abb. 51. Ergebnis von Spitzendrucksondierungen in Sandschüttungen verschiedener Lagerungsdichte [48].

2. In geringerer Tiefe nimmt der Spitzenwiderstand bei nicht sehr lockerer Lagerung ungefähr linear auf die von 1,5 bis 2 m Tiefe ab geltenden Werte zu (s. Abb. 51).

3. In 0,5 m Tiefe bedeutet hiernach ein Spitzenwiderstand von:

$$25 \text{ bis } 50 \text{ kg/cm}^2 \text{ eine lockere bis mitteldichte Lagerung,}$$
$$\text{etwa } 100 \text{ kg/cm}^2 \text{ oder mehr eine dichte bis sehr dichte Lagerung.}$$

---

[1] Infolge des der Sondenspitze vorauseilenden Verdichtungsbereichs (KAHL und MUHS [47]) werden Änderungen im Boden schon etwa 30 cm oberhalb des Wechsels angezeigt.

[2] Den Bezeichnungen „locker", „mitteldicht" usw. liegen die Definitionen gemäß Abb. 96 zugrunde.

Im Zusammenhang mit den Drucksondierungen müssen noch zwei Geräte erwähnt werden, die in den nordischen Ländern in den dortigen weichen Schluff- und Tonböden benutzt werden: der „Schwedische Sondbohrer" und der „Dänische Federwaagenkegel".

Der *Schwedische Sondbohrer* (HOFFMANN [49]) besteht aus einem konisch zugespitzten Spiralbohrer mit anschließendem Gestänge. Das Gestänge wird durch Auflegen von Gewichtsplatten belastet und sein Einsinken unter der langsam gesteigerten Last beobachtet. Erst wenn unter der Höchstlast keine Setzung mehr eintritt, wird das Gestänge gedreht und das dann wieder einsetzende Einsinken weiterverfolgt. Unterschiede im Eindringungswiderstand des Sondbohrers, d. h. Wechsel in der Bodenfestigkeit, können auf diese Weise gut und in kurzer Zeit mit einfachen Mitteln festgestellt werden. ·

Der *Dänische Federwaagenkegel* (GODSKESEN [50]) stellt ein kleines Abtastgerät, das in der Aktentasche mitgeführt werden kann, zur Prüfung bindiger Böden in der freigelegten Baugrubensohle oder direkt nach der Entnahme im Entnahmegerät dar. Zur Prüfung wird ein 60°-Kegel 1 cm tief in den Boden gedrückt und die notwendige Kraft in kg mittels einer Druckfeder gemessen. Nach den in fast 20jährigem Einsatz gesammelten Erfahrungen soll diese Kraft innerhalb bestimmter Grenzen etwa doppelt so groß wie die für ein normales Gebäude erlaubte Bodenbelastung sein (GODSKESEN [51]), selbstverständlich unter der Voraussetzung, daß durch andere Untersuchungen, z. B. mit dem Schwedischen Sondbohrer, nachgewiesen ist, daß sich in größerer Tiefe keine weicheren Ablagerungen befinden.

c) Drehsondierung.

Bei der „Drehsondierung" wird das horizontale Drehmoment zum Abscheren des Bodens durch das in den Untergrund bereits eingetriebene Prüfgerät ermittelt. Hierzu wird die Sondenspitze mit vier um je 90° zueinander versetzten Flügeln versehen, die bei einer Drehung der Sonde ein Abscheren des Bodens längs des Umfangs und durch die Ober- und Unterfläche der betroffenen Bodensäule herbeiführen. Die Geräte werden deshalb „*Flügelsonden*" genannt („Vane Apparatus").

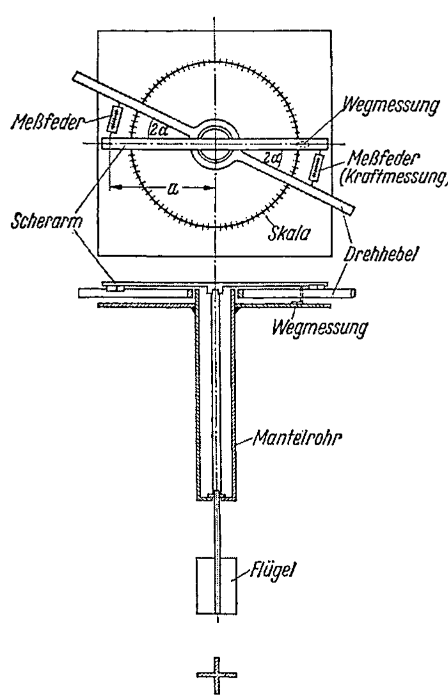

Abb. 52. Prinzip der Flügelsonden [53].

Die ersten derartigen Versuche sind bereits Mitte der 20er Jahre in Schweden ausgeführt worden. In Deutschland wurde der Degebo auf ein ähnliches Gerät im Jahre 1929 ein Patent erteilt [52]. Doch sind diese Versuche zunächst weder in Schweden noch in Deutschland systematisch weitergeführt und ausgebaut worden. Erst nach dem zweiten Weltkrieg wurde die Flügelsonde gleichsam neu entdeckt und zu einem heute für bestimmte Aufgaben unentbehrlichen Prüfgerät entwickelt, und zwar anscheinend ungefähr gleichzeitig und unabhängig voneinander in Schweden, England und Neuseeland (CADLING und ODENSTAD [53], CARLSON [54], SKEMPTON [55], MURPHY [56]).

Im einfachsten Fall, d. h. zum Gebrauch in standfesten Böden, kann die Flügelsonde aus einem einfachen, an der Spitze mit vier Flügeln versehenen Gestänge bestehen. Zur Ausschaltung der Reibung auf das Gestänge ist aber gewöhnlich ein besonderes Mantelrohr vorhanden (Abb. 52), das unten verschlossen ist, um ein Eindringen von Boden in den Raum zwischen Gestänge und Mantelrohr beim Einpressen oder Einrammen des Geräts, eventuell von der Sohle eines Bohrlochs aus, zu verhindern.

Da das Abscheren außerhalb des durch das Niederbringen des Geräts gestörten Bodenbereichs stattfinden muß, wird das Gestänge mit den Flügeln nach Erreichen der Solltiefe von der Ausgangslage an der Fußplatte des Mantelrohrs aus weiter vorgetrieben. Nach den Ergebnissen der ausgedehnten Versuche des Königlichen Schwedischen Geotechnischen Instituts [53] genügt hierfür ein lichter Abstand zwischen den Flügeln und dem Mantelrohr vom fünffachen Durchmesser des Mantelrohrs. Um die Kopf- und Fußfläche des abgescherten Bodenzylinders, wo noch geringe Störungen des Bodens erwartet werden müssen, möglichst klein im Verhältnis zu seiner Mantelfläche zu halten, soll außerdem die Höhe der Flügel H im Verhältnis zum Durchmesser D der Flügelsonde groß sein. Für die Schwedischen Flügelsonden ist ein Verhältnis $H/D = 2$ eingeführt worden. Die Drehgeschwindigkeit wird mit $1/10^\circ$ je sek gewählt.

Die Messung des Drehmoments geschieht sehr einfach durch einen auf dem Gestänge beweglich angebrachten Drehhebel (s. Abb. 52), der über zwei Dynamometer oder Meßfedern mit einem auf dem Gestänge fest angebrachten Scherarm verbunden ist (s. a. Abb. 36b). Die Größe der Drehbewegungen der Sonde kann auf einer auf dem Mantelrohr befestigten Ablesetafel durch einen an dem Scherarm befindlichen Zeiger gemessen werden. In Schweden ist auch ein verbessertes, selbstregistrierendes Gerät gebaut worden [53]. Außerdem wird dort ein Laborgerät zu Untersuchungen an ungestört entnommenen Proben benutzt (JAKOBSON [19]).

Das einem Abscheren widerstehende Moment wird unter der Annahme, daß die maßgebende Scherfläche die durch die Flügel begrenzte Zylinderfläche ist und daß die auf diese Fläche wirkenden Schubspannungen gleichmäßig verteilt sind:

$$M_{\text{max}} = \pi \, \frac{D^2}{2} \, H \, \tau_{\text{max}} + \pi \, \frac{D^3}{6} \, \tau_{\text{max}} \, . \tag{9}$$

Hierin ist τ_{max} der Schubwiderstand des Bodens beim Abscheren durch das am Drehhebel mit dem Hebelarm a erzeugte Drehmoment (s. Abb. 52):

$$M = (P_1 + P_2) \, a \cos\alpha \, . \tag{10}$$

Aus $M = M_{\text{max}}$ kann die Schubfestigkeit des Bodens berechnet werden. Mit $H = 2\,D$ wird:

$$\tau_{\text{max}} = \frac{6}{7} \, \frac{1}{\pi \, D^3} \, (P_1 + P_2) \, a \cos\alpha \, . \tag{11}$$

Mit $\cos\alpha \cong 1$ ergibt sich dann:

$$\tau_{\text{max}} = C \, (P_1 + P_2) \, . \tag{12}$$

Die Bestimmung der Schubfestigkeit des Bodens in verschiedener Tiefe mit Hilfe der Flügelsonde ist hiernach sehr einfach und nimmt wenig Zeit in Anspruch. Da der Boden auch verhältnismäßig wenig gestört wird und da die Spannungsverhältnisse der Wirklichkeit entsprechend erhalten bleiben, ist die Bestimmung der Schubfestigkeit durch Drehsondierungen auch recht genau. Abb. 53 zeigt das Ergebnis von Messungen in vier Bohrlöchern, die untereinander einen Abstand von 1,7 m besaßen.

Der Flügelversuch ist jedoch nicht in der Lage, den gemessenen Schubwiderstand in den Reibungs- und Haftfestigkeitsanteil zu zerlegen. Hierzu müßten die auf die Zylinderflächen wirkenden Normalkräfte bekannt sein. Da dies nur unter recht vagen Annahmen der Fall ist, liefert die Flügelsonde allein dort ein in bezug auf die Schubfestigkeit eindeutiges Ergebnis, wo es sich um einen bei „schneller Belastung" nahezu reibungslosen Boden („$\varrho = 0$-Boden") handelt, wo also die Normalkräfte und die diese beeinflussenden Porenwasserspannungen (s. S. 934) keine Bedeutung haben und die Schubfestigkeit mehr oder weniger allein auf der Haftfestigkeit beruht (s. S. 956). Wenn darüber

hinaus allein die Schubfestigkeit bei schneller Belastung gebraucht wird, wie
z. B. bei Dammschüttungen oder bei der Belastung von Behältern auf alluvialen
wassergesättigten Tonböden, liefert die Flügelsonde alle Werte zur unmittel-
baren Anwendung der sehr einfachen Stabilitätsberechnung gemäß der

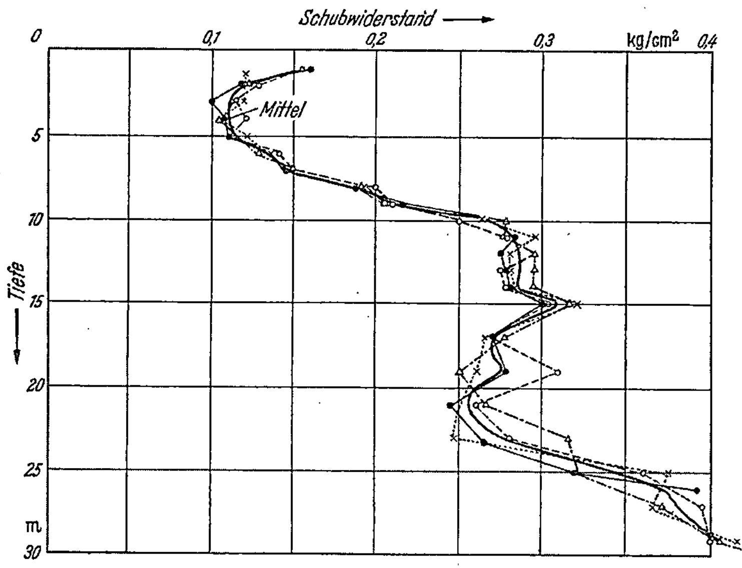

Abb. 53. Ergebnis von Drehsondierungen im Ton [53].

„$\varrho = 0$-Analyse" (Skempton [57]). Die in Schweden durchgeführten Ver-
gleichsversuche [19] und vor allem Stabilitätsberechnungen an aufgetretenen
Rutschungen in weichen Schluff- und Tonböden haben gezeigt, daß die mit
der Flügelsonde bestimmten Schubfestigkeiten in solchen Fällen zutreffend
sind und mit denen, die gemäß den Rutschungen vorhanden gewesen sein
müssen, gut übereinstimmen [53].

6. Untersuchung der Bodenbeschaffenheit durch Probebelastungen.

Das Verfahren, den Baugrund durch Belasten einer Versuchsplatte auf seine
Tragfähigkeit zu prüfen, ist schon recht alt. Jedoch begnügte man sich in
früheren Jahren — etwa bis nach dem ersten Weltkrieg — meist damit, die
Setzung einer kleinen Platte unter der gewünschten Gebrauchslast festzustellen
und glaubte, diese Setzung auch unter dem künftigen Bauwerk erwarten zu
dürfen, sofern nur die Bodenbelastung die gleiche sei. Die Mißerfolge, die bei
dieser optimistischen Auslegung des Versuchsergebnisses natürlich nicht aus-
blieben, haben die Probebelastungen in der Folgezeit etwas in Verruf kommen
lassen. Erst seitdem durch die Bodenmechanik die bei der Durchführung und
Auswertung von Probebelastungen zu beachtenden Gesichtspunkte klar heraus-
gestellt wurden (z. B. Kögler und Scheidig [58]), gelten sie wieder als ein für
bestimmte Aufgaben durchaus geeignetes Prüfverfahren.

Je nach der speziellen Aufgabe, die durch den Probebelastungsversuch im
Einzelfall gelöst werden soll, kann man heute drei Gruppen von Probebelastungen
unterscheiden:

die Probebelastung des Baugrunds, den Plattenversuch, den CBR-Versuch.

Die Probebelastung des Baugrunds dient der Lösung von Fragen, die mit der Gründung von Bauwerken zusammenhängen, während der Platten- und der CBR-Versuch zur Prüfung des Unterbaus von Straßen und von Rollfeldern für Flugplätze üblich sind.

a) Probebelastung des Baugrunds.

Zum Verständnis der für die Durchführung einer Probebelastung des Baugrunds zu beachtenden Zusammenhänge und des Werts des zu erwartenden Ergebnisses muß zunächst auf die Spannungsverhältnisse bei der Belastung eines starren Probebelastungskörpers, wie er gewöhnlich vorkommt, eingegangen werden. Sie sind für den meist verwendeten kreisförmigen Grundriß der Lastplatte in Abb. 54 dargestellt (aus SCHULTZE und MUHS [7]).

Bei unendlich tiefer gleichmäßiger Bodenschicht mit der konstanten Steifeziffer E ist die Sohldruckverteilung nach BOUSSINESQ eingezeichnet (2). Die senkrechte Druckspannung σ_y (3) für die Mittelachse beginnt mit einer Ordinate gleich dem Bodengegendruck σ_{y_0} an dieser Stelle ($0{,}5\,p$) und erreicht in einer Tiefe $4\,d$ etwa 5% der mittleren Bodenpressung p, so daß der tieferliegende Baugrund praktisch ohne Einfluß auf die Setzung ist. Die senkrechte Druckspannung σ_y an der Peripherie des Kreises, die nicht eingetragen ist, würde mit dem theoretischen Rand-Sohldruck ∞ beginnen, aber schneller abklingen als in der Mittelachse, da sie der Fläche (3) wegen der Gleichheit der Setzungen unter dem starren Körper etwa inhaltsgleich sein muß. Das Ersatzrechteck (4) weist ebenfalls denselben Inhalt auf und besitzt die waagerechte Ordinate p. Aus diesen Bedingungen ergibt sich dann die Ersatzhöhe t_m der gleichmäßig mit p belasteten Bodensäule.

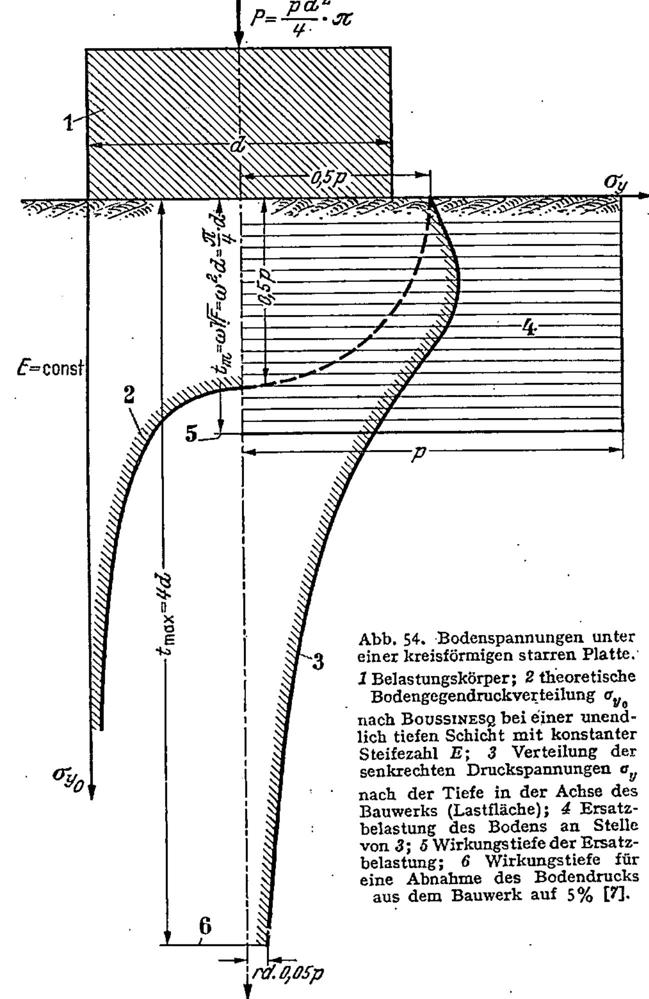

Abb. 54. Bodenspannungen unter einer kreisförmigen starren Platte. 1 Belastungskörper; 2 theoretische Bodengegendruckverteilung σ_{y_0} nach BOUSSINESQ bei einer unendlich tiefen Schicht mit konstanter Steifezahl E; 3 Verteilung der senkrechten Druckspannungen σ_y nach der Tiefe in der Achse des Bauwerks (Lastfläche); 4 Ersatzbelastung des Bodens an Stelle von 3; 5 Wirkungstiefe der Ersatzbelastung; 6 Wirkungstiefe für eine Abnahme des Bodendrucks aus dem Bauwerk auf 5% [7].

Bei der Probebelastung setzt sich also der Boden so, als ob er gleichmäßig mit p belastet und von der Tiefe t_m ab eine unnachgiebige Schicht, z. B. Fels, vorhanden wäre.

Aus Abb. 54 folgt, daß alle Schichten bis in eine Tiefe vom Vierfachen des Durchmessers spannungsmäßig von der Probebelastung noch mit mehr als 5% der mittleren Sohlspannung betroffen werden. Abb. 55 zeigt für die gleiche Lastplatte, in welchem Verhältnis die in verschiedener Tiefe ausgelösten Setzungen zur Gesamtsetzung beitragen; unterhalb einer Tiefe $4d$ tritt z. B. noch eine Setzung von rd. 10% auf. Um also eine Bodenkennziffer einer Schicht durch eine Probebelastung ermitteln zu können, muß diese Schicht möglichst viermal, mindestens aber zweimal[1] so mächtig sein wie der Lastplattendurchmesser, wenn die Bodenkennziffer unverfälscht durch die Beschaffenheit der darunterliegenden Schicht sein soll. Auf der anderen Seite ist es unmöglich, durch eine Probebelastung eine größere Tiefe zu prüfen als die, die etwa dem Zwei- bis Vierfachen des Lastplattendurchmessers entspricht. Insbesondere sind die gemessenen Setzungen kein Charakteristikum für die zu erwartenden Setzungen einer anderen, verschieden großen Lastplatte mit gleicher Bodenpressung, sondern allein ein Charakteristikum für die Zusammendrückbarkeit des oberhalb der Tiefe 2 bis $4d$ liegenden Bodens.

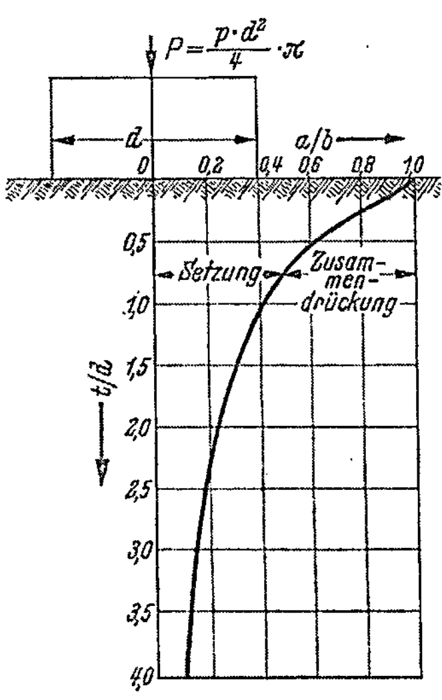

Abb. 55. Verhältnis von Setzung (unterhalb t/d) und Zusammendrückung (Setzung oberhalb t/d) unter einer kreisförmigen starren Platte (nach Neuber). *a* Setzung unterhalb t/d; *b* Gesamtsetzung bei $t/d = 0$; *t* Tiefe.

Aus diesen Erkenntnissen ergeben sich die für Probebelastungen im Einzelfall zweckmäßigen Abmessungen der Lastplatte. Zu beachten ist aber, daß bei zu kleinen Lastplatten — insbesondere in nichtbindigem Boden — schon bei ziemlich niedrigen Belastungen ein Ausweichen der Bodenkörner am Plattenrand auftritt, das mit der wirklichen Zusammendrückung des Baugrunds nichts zu tun hat und das Ergebnis ungünstig beeinflußt. Je kleiner die Lastplatte gewählt wird, desto geringer ist der Belastungsbereich, in dem ein einwandfreies, der tatsächlichen *Zusammendrückung* entsprechendes Verhalten des Bodens erwartet werden kann. Zu kleine Lastplatten ($d < 0,5$ m) sollen deshalb vermieden werden. Auch die manchmal gegebene Empfehlung, verschiedene, z. B. drei, kleinere Belastungsversuche vorzunehmen, um daraus ein Modellgesetz abzuleiten, das durch Extrapolation die Übertragung des Meßergebnisses auf das tatsächliche Fundament gestattet, führt meist nicht zu dem gewünschten Aufschluß. Viel wertvoller ist die Durchführung eines einzigen, aber entsprechend größeren Versuchs. Als Maximum für normale Fälle kann eine Lastplatte von 1 m² Größe angesehen werden.

Probebelastungen sind im übrigen nur in solchen Böden angebracht, wo die Entnahme von ungestörten Bodenproben und die einwandfreie Durchführung von Kompressionsversuchen zur Prüfung der Zusammendrückbarkeit (s. S. 933) nicht möglich ist. Dies ist bei allen grobkörnigen oder grobkörnige Anteile besitzenden Böden der Fall, in gewissem Umfang auch im Sand, wo der normale Kompressionsversuch ein zu ungünstiges Ergebnis liefert (Muhs und Kany [59]). Ist in solchen Böden die Kenntnis der Zusammendrückbarkeit zur Bestimmung der Steifezahl oder der Bettungsziffer oder zur Ermittlung der späteren Bauwerkssetzungen notwendig, so kann man sich diese Kenntnis nur durch eine Probebelastung verschaffen. Die Kosten sind allerdings meist recht hoch.

Der Versuch soll nach Möglichkeit so vorgesehen werden, daß in den Belastungsvorgang eine mehrmalige Entlastung zur Prüfung der Elastizität eingeschaltet werden kann. Dies ist am einfachsten möglich, wenn der Belastungskörper nicht direkt belastet wird, sondern über eine Druckpresse, die sich gegen

---

[1] Die unterhalb der Tiefe $t = 2d$ noch auftretende Setzung ist $\cong 20\%$.

eine Totlast abstützt (Abb. 56). Die Lasten sind in möglichst kleinen Stufen —
entsprechend der vorgesehenen Höchstlast — aufzubringen. Jede neue Last
soll erst aufgebracht werden, nachdem die Setzung infolge der schon vorhandenen
Belastung abgeklungen ist. Diese For-
derung läßt sich nicht immer einhalten,
da dann Probebelastungen in bindigen
Böden zu lange Zeit in Anspruch
nehmen würden. Nach Aufbringung der
letzten Laststufe ist es aber unbedingt
notwendig, die Belastung bis zur Konsolidierung des Bodens, d. h. in Tonböden gegebenenfalls mehrere Wochen
lang, wirken zu lassen.

Die zu den einzelnen Laststufen
gehörigen Setzungen der Lastplatte
werden, wenn möglich durch zwei voneinander unabhängige Ablesevorrich-
tungen, unmittelbar nach dem Aufbringen der neuen Last und mindestens
noch unmittelbar vor dem Aufbringen
der nächsten Last gemessen, besser
aber so oft, wie es zum Auftragen einer
eindeutigen Zeit-Setzungslinie notwendig ist. In wichtigen Fällen, ins-

Abb. 56. Anordnung einer Probebelastung mit einer Lastplatte von 1 m × 1 m. Belastung durch einen sich gegen eine vorhandene Bauwerkslast abstützenden Drucktopf. Neben Messung der Setzung der vier Ecken der Lastplatte Messung der Bodenbewegungen seitwärts der Lastplatte [60], [171].

besondere wenn die Bruchlast des Baugrunds bei der Untersuchung eine Rolle
spielt, ist es wichtig, auch die Bewegungen des Geländes neben dem Probekörper

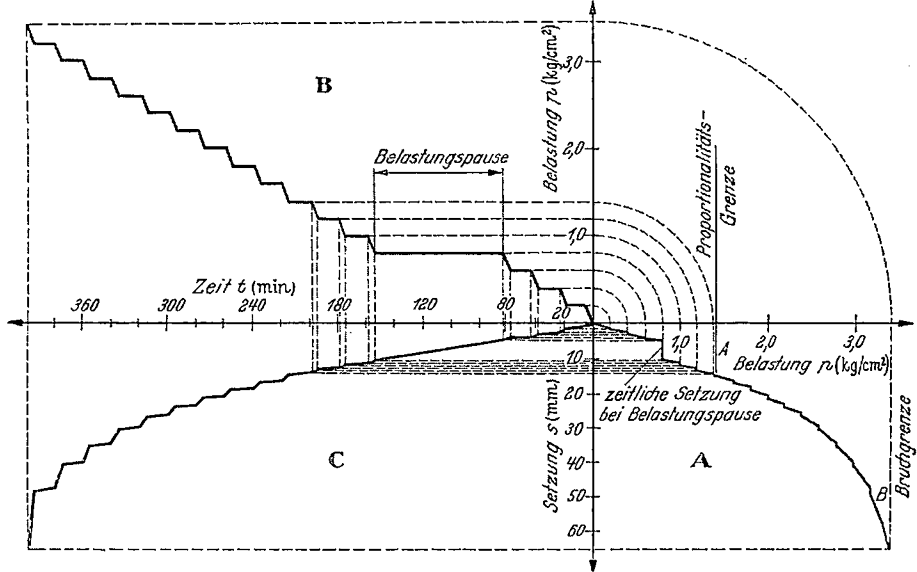

Abb. 57. Darstellung des Ergebnisses von Probebelastungen. Belastungsintervall 15 min, Belastungszeit 5 min, Belastungssteigerung 0,2 kg/cm². *A* Last-Setzungsdiagramm; *B* Zeit-Lastdiagramm; *C* Zeit-Setzungsdiagramm.

zu verfolgen (s. Abb. 56), da sie anzeigen, bei welcher Last sich die anfänglichen
Setzungen in Hebungen der Geländeoberfläche umkehren (Muhs und Kahl [60],
[171]). Von erheblicher Bedeutung für das Ergebnis ist ferner, ob der Versuch

mit oder ohne seitliche Bodenauflast ausgeführt wird. Schon eine kleine Einbindetiefe der Lastplatte in den Boden, z. B. 50 cm, verbessert den Setzungsverlauf u. U. bedeutend [60].

Die gemessenen Bewegungen werden am umfassendsten in einem vierachsigen Koordinatensystem dargestellt, das den Zusammenhang zwischen Bewegung, Last und Zeit festhält (Abb. 57). Die wichtigste der drei so gewonnenen Linien ist die „Last-Setzungslinie". Sie hat bei Probebelastungen nach anfänglich — bis zur „Proportionalitätsgrenze" — linearem Verlauf immer eine nach unten hohle, d. h. konvexe, Form. Nach Überschreiten der Proportionalitätsgrenze nehmen die Setzungen also stärker als die Belastungen zu, der Boden wird also allmählich immer weicher. Die bei höheren Lasten schließlich sehr schnell ansteigenden Setzungen, die den „Bruch" des Bodens einleiten, führen allmählich zu einer immer steileren Last-Setzungslinie. Der eigentliche Bruch (Abb. 58) wird jedoch bei nicht zu kleinen Lastflächen fast nie ganz erreicht.

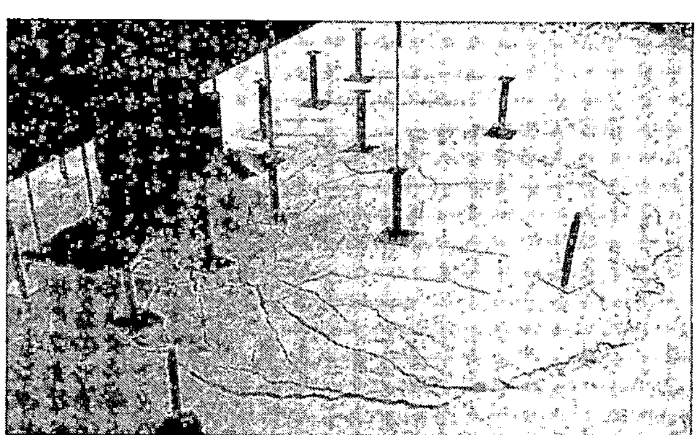

Abb. 58. Durch Probebelastung erzwungener Grundbruch [60], [171].

Die wichtigste Aufgabe einer Probebelastung besteht darin, aus dem Last-Setzungsdiagramm eine der Elastizitätsziffer der festen Stoffe entsprechende Größe zu bestimmen. Sie wird „Steifezahl" genannt. Man hat in der Bodenmechanik drei Steifezahlen zu unterscheiden:

1. Die „Steifezahl des Baugrunds" $E_{\text{Baugr.}}$, ermittelt durch die Probebelastung des Baugrunds; sie ist in theoretischer Hinsicht identisch mit einer in der Elastizitätslehre vorkommenden Größe, die den Druck zweier sich berührender Körper charakterisiert (z. B. Lager und Lagerschale);

2. die „Steifezahl bei unbehinderter Seitendehnung" $E_{\text{unbeh.}}$, ermittelt durch den Zylinderdruckversuch mit einer ungestörten Probe (s. S. 982); sie ist mit der eigentlichen Elastizitätsziffer identisch;

3. die „Steifezahl bei behinderter Seitendehnung" $E_{\text{beh.}}$, ermittelt durch den Kompressionsversuch mit einer ungestörten Probe (s. S. 944).

Die Beziehungen der drei Steifezahlen sind durch die folgenden Gleichungen gegeben:

$$E_{\text{Baugr.}} = \frac{1}{1 - \mu^2}\, E_{\text{unbeh.}}\,, \tag{13}$$

$$E_{\text{unbeh.}} = \frac{1 - \mu - 2\mu^2}{1 - \mu}\, E_{\text{beh.}}\,, \tag{14}$$

$$E_{\text{Baugr.}} = \frac{1 - \mu - 2\mu^2}{(1 - \mu)(1 - \mu^2)}\, E_{\text{beh.}}\,, \tag{15}$$

$$\mu = \frac{1}{m}\,, \tag{16}$$

worin

μ = Querdehnungszahl, m = Poissonsche Zahl.

In Abb. 59 sind die Abhängigkeiten zwischen $E_\text{Baugr.}$, $E_\text{beh.}$ und $E_\text{unbeh.}$ für μ zwischen 0,5 ($m = 2$; raumbeständiges Material) und $\mu = 0$ ($m = \infty$; ohne Seitendehnung) dargestellt. Hiernach ist $E_\text{unbeh.} < E_\text{Baugr.} < E_\text{beh.}$.

Zum Vergleich der aus der Probebelastung ermittelten Steifezahl mit der aus dem Kompressionsversuch ermittelten Steifezahl wäre also an sich eine Korrektur entsprechend einer zu wählenden POISSONschen Zahl notwendig (z. B. mit einem Wert $\eta_3 = 0,75$ für $m = 3$ bzw. $\mu = 0,33$). Diese Korrektur wird aber meist vernachlässigt und $E_\text{Baugr.} = E_\text{beh.}$ gesetzt.

Bei starrer Lastplatte, d. h. gleicher Setzung aller Teile, und *homogenem Untergrund* gilt für die Steifezahl des Baugrunds nach SCHLEICHER [61]:

$$E = \omega \frac{p}{s} \sqrt{F}, \qquad (17)$$

worin

   p Sohldruck unter dem Probebelastungskörper in kg/cm²,

   s Setzung des Probekörpers unter der Last p in cm,

   F Grundfläche des Probekörpers in cm²,

   ω Beiwert von SCHLEICHER.

Da $\omega \sqrt{F}$ die Dimension und Bedeutung einer Länge hat (s. Abb. 54), ist Gl. (17) in der Schreibweise $E = \dfrac{p}{\left(\dfrac{s}{\omega \sqrt{F}}\right)}$

mit dem HOOKEschen Gesetz für die Elastizitätsziffer der festen Stoffe:

$$E = \frac{p}{\left(\dfrac{\Delta l}{l}\right)}$$

identisch.

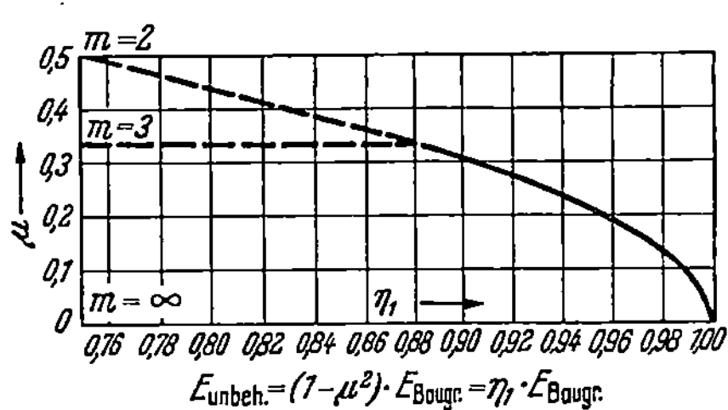

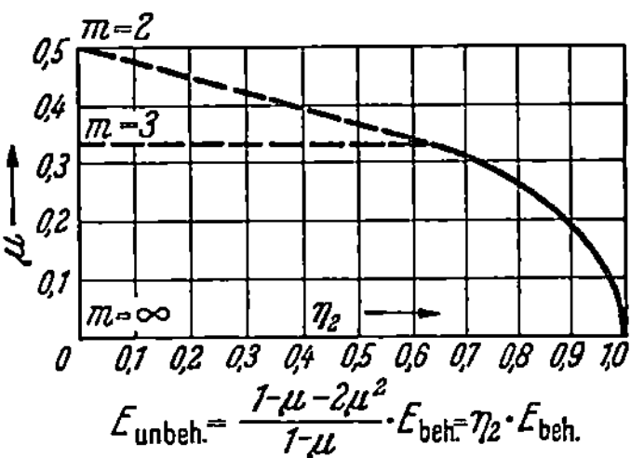

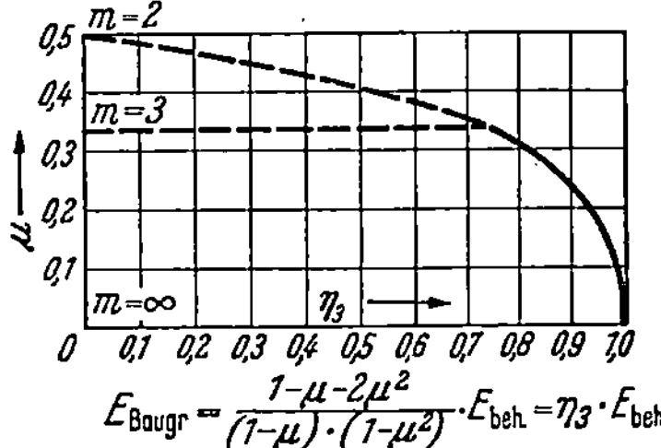

Abb. 59. Abhängigkeit der Steifezahl des Baugrunds, der Steifezahl bei behinderter Seitendehnung und der Steifezahl bei unbehinderter Seitendehnung.

Die Größe von ω hängt von der Form der Grundfläche des Belastungskörpers und in geringerem Maße von dessen Steifigkeit ab. Für Probebelastungen werden immer starre Betonblöcke mit kreisförmigem oder quadratischem bzw. nahezu quadratischem Grundriß verwendet. Für den Kreis ist $\omega = \frac{1}{2}\sqrt{\pi} = 0,89$. Dieser Wert kann auch für das flächengleiche Quadrat und für nahezu gleichseitige Rechtecke eingesetzt werden.

Für kreisförmige und allgemein für gedrungene Lastplatten wird dann:

$$E = \frac{\pi}{4} \frac{p}{s} d, \qquad (18)$$

$$E = \frac{P}{s\,d}, \qquad (19)$$

worin

   P Last auf dem Probekörper.

Mit $\pi/4 \sim 1$ ergibt sich die oft gebrauchte Näherungsformel:

$$E \cong \frac{p}{s} d. \qquad (20)$$

Die Steifezahl E ist der Bedeutung nach eine Bodenkonstante. Sie ist aber, da im Baugrund der Proportionalitätsbereich stets nur sehr klein und manchmal überhaupt nicht festzustellen ist, praktisch nicht konstant, sondern vom Druck p abhängig und durch die Neigung p/s der Last-Setzungslinie bestimmt. Steifezahlen von Böden lassen sich deshalb nur bei Zugrundelegung eines gleichen Belastungsbereichs vergleichen.

Wie auf S. 947 näher ausgeführt, kann die Druckabhängigkeit der Steifezahl beim Kompressionsversuch nach Terzaghi oder nach Ohde durch Gl. (89) und (91)

$$E = A\,(1 + \varepsilon_0)\,(p + p_0) \quad \text{bzw.} \quad E = v\,p^w$$

ausgedrückt werden. Nach den Ausführungen auf S. 875 werden andrerseits die beim Kompressionsversuch gewonnenen Steifezahlen des Bodens bei behinderter Seitendehnung gewöhnlich den Steifezahlen des Baugrunds gleichgesetzt. Da aber die Steifezahl des Bodens bei behinderter Seitendehnung mit dem Druck zunimmt, die Last-Setzungslinie der Probebelastungen dagegen eine konvexe Form besitzt, die Steifezahl hier also mit dem Druck abnimmt, ist die Übertragung der Gl. (89) und (91) auf die Ergebnisse der Probebelastungen nur beschränkt zulässig, und zwar allein so lange, wie die Last-Setzungslinie noch wenig konvex gekrümmt ist, d. h. bei kleinen Belastungen.

Zur Auswertung der Ergebnisse der Probebelastungen ist die Ohdesche Formulierung bequemer, zumal A, ε_0 und p_0 im Baugrund nicht mehr die Bedeutung wie beim Kompressionsversuch besitzen. Nimmt man näherungsweise $w = 1$ an, so kann v ohne weiteres aus $E = v\,p$ bestimmt werden, wenn für p das geometrische oder arithmetische Mittel des zu der Setzung s gehörigen Belastungsanstiegs eingesetzt wird. Im Sand, d. h. dort, wo Probebelastungen gewöhnlich ausgeführt werden, ist aber $w \neq 1$.

Die Steifezahl des Baugrunds ist außerdem für die verschiedenen Äste der Last-Setzungslinie verschieden, d. h. größenmäßig abhängig davon, ob sie aus der Erstbelastungslinie, einer Wiederbelastungslinie oder einer Entlastungslinie berechnet wird.

Der Ausdruck $p/s = C$ wird als „*Bettungsziffer*" bezeichnet. Sie ist die Belastung, die eine Setzung von 1 cm hervorruft. Ihre Dimension ist also kg/cm³. Für Kreisflächen bzw. gedrungene Lastplattenformen ist gemäß Gl. (18):

$$C = \frac{4}{\pi}\,E\,\frac{1}{d} = \frac{2}{\sqrt{\pi}}\,E\,\frac{1}{\sqrt{F}} = 1{,}13\,E\,\frac{1}{\sqrt{F}}\,. \tag{21}$$

Während E nur innerhalb des Proportionalitätsbereichs wirklich konstant ist, aber stets, d. h. auch außerhalb des Proportionalitätsbereichs, die Bedeutung einer Bodenkonstanten besitzt, hängt die Bettungsziffer auch bei gleichen Bodenverhältnissen immer von der Fläche der Lastplatte ab, ist also dem Sinn nach *nie* eine Bodenkonstante. Sie ist ferner nur innerhalb des Proportionalitätsbereichs vom Druck unabhängig; außerhalb des Proportionalitätsbereichs besteht die gleiche Abhängigkeit vom Druck wie bei der Steifezahl.

Gl. (17) bis (21) für E und C können leicht in Modellgesetze zur Übertragung der bei Probebelastungen gemessenen oder gewonnenen Werte auf andere Verhältnisse umgewandelt werden. Das Modellgesetz für eine gleiche Setzung verschieden großer Lastplatten bei gleichen Bodenverhältnissen (E = konst.) lautet:

$$\frac{p_1}{p_2} = \frac{d_2}{d_1} = \sqrt{\frac{F_2}{F_1}}\,. \tag{22}$$

Dieses Gesetz gilt auch für die Bettungsziffern verschieden großer Lastplatten in Böden mit gleicher Steifezahl. Die Bettungsziffern verschieden großer Fundamentkörper verhalten sich also umgekehrt proportional wie die Wurzel aus den Grundflächen. Bei sehr großen Körpern erhält man demnach auch bei gleichen Boden- und Belastungsverhältnissen immer eine kleine Bettungsziffer und umgekehrt. Dies ist durch Setzungsbeobachtungen an großen Fundamentplatten bestätigt worden (Muhs [*62*]).

Der elastisch-isotrope Halbraum mit konstanter Steifezahl, den Gl. (17) bis (22) voraussetzen, ist in Wirklichkeit nicht vorhanden. Insbesondere nimmt in nichtbindigem Baugrund die Steifezahl mit der Tiefe infolge des Eigengewichts des Bodens zu. Die Anwendung eines Modellgesetzes gemäß Gl. (22) ist dann nur in dem Maße möglich, in dem angenommen werden kann, daß die für das Verhalten des Untergrunds unter dem Bauwerk verantwortliche Steifezahl der aus der Probebelastung noch einigermaßen gleich ist. Dies ist z. B. der Fall, wenn man die Ergebnisse einer Probebelastung mit einer Lastplatte von 1 m × 1 m auf ein Fundament von 3 m × 3 m oder auf ein Bankett von 3 m Breite überträgt, da der Einfluß des Bodeneigengewichts in den verhältnismäßig geringen Tiefen, die durch derartige Fundamentkörper betroffen werden, recht klein ist und die Steifezahl nicht sehr beeinflußt. Es wäre aber nicht möglich, die Ergebnisse einer solchen Probebelastung auf Gründungsplatten von z. B. 80 m × 80 m zu übertragen. Steifezahl und Bettungsziffer betragen z. B. (im gleichen Belastungsbereich von 2 bis 3 kg/cm²) bei dem Probekörper von 1 m × 1 m 270 bis 950 kg/cm² bzw. 3 bis 11 kg/cm³, bei der Platte 2345 kg/cm² bzw. 0,32 kg/cm³ (MUHS [62]).

Über Möglichkeiten, die mit kleinen Lastflächen ermittelten Bettungsziffern auf Einzel-, Streifen- oder Plattenfundamente zu übertragen und über die Bettungsziffer bei horizontalen Belastungen (Spundwände, Dalben) s. TERZAGHI [168].

Werden durch die Probebelastung verschiedene Schichten erfaßt, ist also die Mächtigkeit der unmittelbar belasteten Schicht kleiner als 2 bis 4d, so kann die Steifezahl nur durch Messen der Zusammendrückung dieser Schicht, d.h. nicht aus der Gesamtsetzung allein, berechnet werden (MUHS und DAVIDENKOFF [63]).

Bei der Degebo im Berliner Sand durchgeführte Probebelastungen mit Lastplatten von 1 m × 1 m und 0,5 m × 2 m und mit 0,5 m Einbindetiefe (MUHS und KAHL [60], [171], [172]) haben bei einer Laststeigerung von 0 auf 3 kg/cm² zu folgenden Steifezahlen und Bettungsziffern geführt:

Lastplattenabmessungen	Steifezahl (kg/cm²)		Bettungsziffer (kg/cm³)	
	1 m × 1 m	0,5 m × 2 m	1 m × 1 m	0,5 m × 2 m
Lockerer bis mitteldichter Sand, erdfeucht[1]	525	675	6	9
Dichter Sand, erdfeucht[1]	1250	· 1175	14	15
Mitteldichter Sand, im Grundwasser[1] .	425	225	5	3

Bei einer Laststeigerung von 0 auf 5 kg/cm² waren die Steifezahlen um 10 bis 20% kleiner.

b) Plattenversuch.

Eine fast genormte Anwendung der Probebelastungen stellt der sogenannte „Plattenversuch" („Plate-Bearing-Test") dar, der zur Voruntersuchung des Planums von vorwiegend *starren* Straßendecken und Rollfeldern im Ausland etwa seit Beginn des zweiten Weltkriegs benutzt wird (American Society for Testing Materials [6] und PALMER [64]) und neuerdings auch in Deutschland Anwendung findet (Forschungsgesellschaft für das Straßenwesen [159], SIEDEK und Voss [160]). Bei ihm werden Probebelastungen auf vier oder fünf starren Stahlplatten, deren Durchmesser zwischen 30,5 cm (12 in.) und 76,2 cm (30 in.) liegen, auf dem freigelegten Planum durchgeführt, wobei gewöhnlich besonderer Wert darauf gelegt wird, recht viele Lastwechsel vorzunehmen. Die Platten werden dabei, um die Steifigkeit der jeweils untersten Platte zu erhöhen, pyramidenförmig übereinandergesetzt und mit einer sich im allgemeinen gegen den Unterbau eines LKW abstützenden Öldruckpresse stufenweise und langsam, d. h. nach Abklingen der jeweils vorhergehenden Setzung, belastet (Abb. 60).

---

[1] Verdichtete Schüttung; Mittel- und Feinsand.

Da die Aufstandsfläche von Straßenfahrzeugen und Flugzeugen den Abmessungen der Platten ähnlich ist, wird angenommen, daß auch die Beanspruchungen des Untergrunds einander entsprechen. Die bei bestimmten Setzungen sich ergebenden Belastungen, d. h. die Bettungsziffern des Baugrunds (s. S. 876), werden deshalb benutzt, um die für eine gegebene Radlast bei der

Abb. 60. Plattenversuch zur Untersuchung des Straßenplanums. (Aus Road Research. Notes on the work of the Road Research Laboratory, London.)

jeweils vorhandenen Bettungsziffer erforderliche Dicke einer starren Decke gemäß der Elastizitätstheorie und in Anlehnung an ein zuerst (1922) von WESTERGAARD [65] angegebenes Verfahren zu ermitteln (TELLER und SUTHERLAND [66], JELINEK [67]). Auch für nachgiebige Decken sind entsprechende Kurventafeln aufgestellt worden (McLEOD [68], [173]).

Als Kriterium der Bodenbeschaffenheit wird bei starren Decken i. a. die Bettungsziffer, die sich bei der geringen Setzung von 1,27 mm ($^1/_{20}$ in.) ergibt, angesehen, wobei für Rollbahnen stets die Bettungsziffer der 76,2 cm-Platte, für Straßen oft auch die Bettungsziffer der 45,7 cm-Platte (18 in.) zugrunde gelegt wird. Die mit der größeren Platte bestimmten Bettungsziffern sind erfahrungsgemäß ungefähr ein Drittel kleiner als die mit der kleineren Platte bestimmten, was dem Modellgesetz [Gl. (22)] entspricht. Über den Einfluß der Plattengröße beim Plattenversuch s. BREBNER und WRIGHT [169].

Die mit einer Platte von 76,2 cm $\varnothing$ ermittelten Bettungsziffern liegen i. a. zwischen rd. 3 und 15 kg/cm³ (s. Abb. 64 u. 65). Umfangreiche Untersuchungen sind durchgeführt worden, um den Zusammenhang zwischen Bettungsziffer, Lagerungsdichte und Wassergehalt zu ermitteln, damit die in die Rechnung eingeführte Bettungsziffer den zu erwartenden Veränderungen des Untergrunds unter der Decke angepaßt werden kann (McLEOD [68], PALMER [69]).

Das WESTERGAARDsche Verfahren bezieht die für die Betondecke wichtigen Nebeneinflüsse, wie die Temperatur- und Kapillarspannungen, Zahl der Belastungen, Auswirkungen der Fugen, Folgen von Schwinden und Kriechen, nicht in die Betrachtungen mit ein. Hierüber können nur ziemlich vage Annahmen getroffen werden. Hierdurch wird die Bemessung starrer Decken mit Hilfe der durch den Plattenversuch bestimmten Bettungsziffer des Bodens trotz der mathematisch-theoretischen Grundlage doch zu einem mehr oder weniger halbempirischen Verfahren, das aber durch Belastungsversuche auf der fertigen Decke bestätigt wird (VAN DER VEEN [174].

c) CBR-Versuch (California Bearing Ratio).

Ein ebenso wie der Plattenversuch (s. S. 877) allein für die Dimensionierung von Straßendecken und Rollfeldern maßgebender Versuch ist der sogenannte „CBR-Versuch", der im Zusammenhang mit systematischen Beobachtungen und Untersuchungen an Straßen mit offensichtlich zu schwachem Unterbau und solchen mit ausreichendem Unterbau vom California State Highways Department ab 1929 entwickelt [70] und später vom US Corps of Engineers für die Bemessung von Rollfeldern übernommen und verbessert wurde. So wie der Plattenversuch als genormter Sonderfall der allgemeinen Probebelastung angesehen werden kann, kann der CBR-Versuch als genormter Sonderfall des Plattenversuchs angesehen werden. Auch beim CBR-Versuch spielt die Tragfähigkeit einer genormten Lastplatte die entscheidende Rolle, die jedoch nicht wie dort über den Weg der bei einer geringen Zusammendrückung vorhandenen Bettungsziffer verwendet wird. Beim CBR-Verfahren wird vielmehr die sich bei einer etwas größeren Formänderung ergebende Belastung auf die bei gleicher Formänderung in einem ideal festen Material auftretende Belastung bezogen. Hierdurch findet auch der Name „Californisches Tragfähigkeitsverhältnis" (California Bearing Ratio) seine Erklärung.

Der Grund, im einen Fall nur eine kleine, im anderen Fall eine größere Formänderung für die richtige Einschätzung der Bodenbeschaffenheit bei der Dimensionierung der Straßenstärke auszuwählen, liegt darin, daß der Plattenversuch vorwiegend für die Bemessung von starren Betondecken, die nur eine geringe Nachgiebigkeit des Untergrunds vertragen, angewendet wird. Demgegenüber ist der CBR-Versuch für die Bemessung von Schwarzdecken entwickelt worden, bei denen eine größere Nachgiebigkeit des Untergrunds unter den Radlasten der Fahrzeuge zugelassen werden kann.

Der CBR-Versuch besteht darin, einen Stempel mit einem Querschnitt von 19,35 cm² (3 in.²) in eine Bodenprobe, die in einem Zylinder mit einem Durchmesser von 15,24 cm (6 in.) und einer Höhe von 17,78 cm (7 in.) eingeschlossen ist, 1,27 cm (0,5 in.) tief mit einer konstanten Geschwindigkeit von 0,13 cm/min (0,05 in./min) einzudrücken und dabei die Setzungen zu verfolgen. Die Oberfläche der Probe ist hierbei stets mit einer oder einigen Belastungsplatten so abzudecken, daß die Belastung der unter der Last der Straßendecke ungefähr gleichkommt. Der Versuch kann im Feld und im Laboratorium ausgeführt werden. Der Feldversuch wiederum ist mit ungestörten Proben oder auf dem Planum möglich (American Society for Testing Materials [6], Forschungsgesellschaft für das Straßenwesen [159]).

Für den *Versuch mit ungestörten Proben* werden die Proben mit Entnahmezylindern gemäß Abb. 20, jedoch möglichst mit Abmessungen, die dem CBR-Zylinder ähneln, ausgestochen, an ihren Enden geglättet und zur Bestimmung ihres Raumgewichts gewogen. Es wird dann ein Teil der Probe zum Auflegen der Belastungsplatten entfernt und die Probe u. U. sofort an Ort und Stelle in einen Belastungsrahmen (Abb. 61) eingebaut und belastet. Nach dem Versuch wird der Wassergehalt einer Teilprobe aus der Nähe des Belastungsstempels bestimmt.

Bei dem *Versuch im Straßenplanum*, der gewöhnlich nur dann angewandt wird, wenn das Material zu körnig ist, um eine ungestörte Probe ausstechen

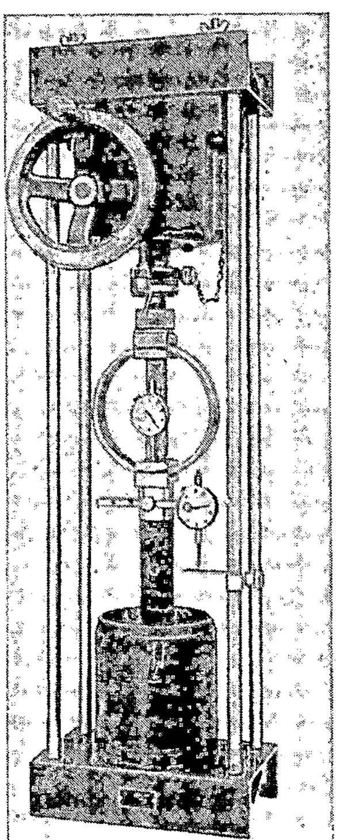

Abb. 61. Belastungsapparat für CBR-Versuche im Feld (Hersteller Wykeham Farrance Engineering Ltd.; Slough, England).

zu können, wird ein Schürfloch ausgehoben, eingeebnet und mit Belastungsplatten belegt. Der Stempel wird dann mit Hilfe eines hydraulischen Wagenhebers, der sich gegen die Unterfläche eines Lastwagens (ähnlich Abb. 60) abstützt, in den Boden eingedrückt. Anschließend wird eine Probe zur Bestimmung des Wassergehalts entnommen und nach Entfernen des durch den Versuch gestörten Bodens in dem so entstandenen Loch (mindestens 15 cm tief und 15 cm breit) das Raumgewicht gemäß S. 883 ermittelt.

Bei dem überwiegend angewandten *Laboratoriumsversuch* wird in der Regel mit gestörtem Probenmaterial ($< \sim$ 20 mm Korndurchmesser) gearbeitet, das nach einem Standardverfahren bei optimalem Wassergehalt (s. S. 920) künstlich so hoch verdichtet wird, wie es später durch die im Straßen- und Rollfeldbau üblichen Verdichtungsgeräte erwartet werden darf.

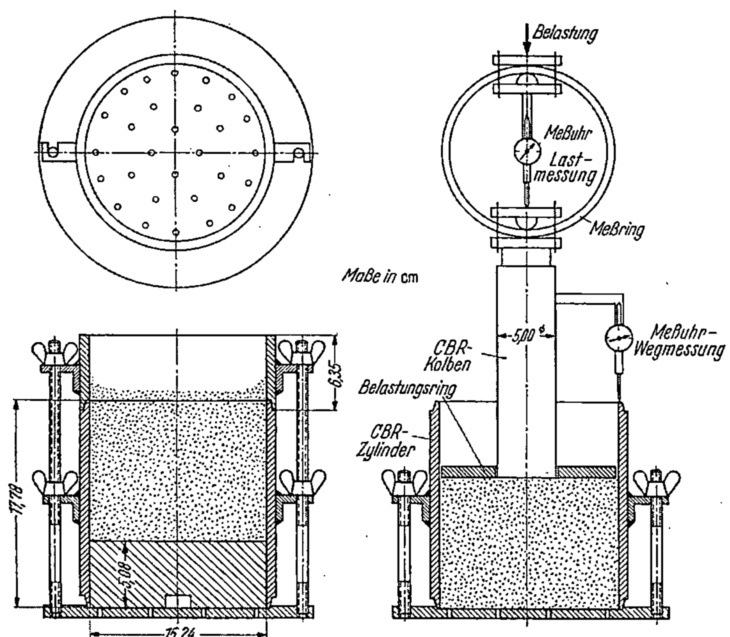

Abb. 62. Zylinder des CBR-Versuchs. Links: beim Füllen; rechts: beim Versuch.

Für den Versuch wird der CBR-Zylinder mittels der Zugschrauben mit der Grundplatte und dem Aufsatzstück verbunden (Abb. 62), in den Zylinder eine 5,08 cm (2 in.) hohe Einsatzplatte eingesetzt und der mit dem optimalen Wassergehalt vorbereitete Boden in fünf Lagen zu je 2,54 cm (1 in.) eingebaut und verdichtet. Die für jede Lage bei dem gewünschten Raumgewicht erforderliche Probenmenge kann vorher ausgewogen werden, so daß nach Einfüllen der Gesamtprobenmenge der CBR-Zylinder genau gefüllt ist und das Aufsatzstück entfernt werden kann. Man kann aber auch jede Lage nach einer bestimmten Verdichtungsvorschrift verdichten, den überflüssigen Boden nach Abnehmen des Aufsatzstücks abschneiden und die Probenmenge nach dem Versuch wiegen. Nach Glätten und Abdecken der Oberfläche mit Filterpapier wird eine zweite, durchlöcherte Fußplatte auf dem Zylinder angebracht, die untere Fußplatte gelöst, der Zylinder gewendet, die Einsatzplatte entfernt und die die Erdauflast nachahmende Plattenbelastung aufgebracht. Der CBR-Zylinder kann dann in die Belastungsmaschine (Abb. 63) eingesetzt und der eigentliche Versuch begonnen werden. Der Versuch kann mit der umgekehrten Probe wiederholt werden, wenn wegen der durch den ersten Versuch verursachten Störung der Probe keine Bedenken hiergegen bestehen.

Das Ergebnis des Versuchs würde den Boden bei der untersuchten Dichte und dem untersuchten Wassergehalt, d. h. also für sehr günstige Bedingungen, kennzeichnen. Diese Bedingungen können durch geeignete Verdichtungsverfahren herbeigeführt werden; doch ist es zweifelhaft, ob sie unter der Straße auch in alle Zukunft erhalten bleiben werden. In feuchten, vielleicht sogar in allen nicht ausgesprochen trockenen Ländern muß meist damit gerechnet werden, daß der Wassergehalt des Bodens erheblich zunimmt. Es ist deshalb üblich, den CBR-Versuch mit wassergesättigtem Boden zu wiederholen. Zu diesem Zweck wird die fertig vorbereitete, mit einer besonderen gelochten Einsatzplatte und ringförmigen Belastungsplatten abgedeckte Probe unter Wasser gesetzt, so daß sie von oben und unten Wasser aufnehmen kann. Ihre Oberfläche wird auf etwaige Schwellbewegungen hin nachgemessen. Nach etwa vier Tagen wird das freie Wasser entfernt und die Probe nach etwa 15 min, währenddessen sie noch weiter Wasser abgeben kann, in die Belastungsmaschine eingebaut, nachdem vorher die gelochte Platte auf der Probe entfernt worden ist.

Die gemessenen Eindringungen des Stempels werden in Abhängigkeit von der Last aufgetragen, um etwaige Störungen während des Versuchs an dem dann unregel-

Abb. 63. Belastungsmaschine für CBR-Versuche und dreiaxiale Druckversuche im Laboratorium
(Hersteller Leonhard Farnell & Co., Ltd., Hatfield, England).

mäßigen Kurvenverlauf erkennen und ausgleichen zu können. Oft wird auf das Auftragen der Kurven verzichtet und aus dem Meßprotokoll nur die Belastung bei einer Setzung von 0,254 cm ($^1/_{10}$ in.) entnommen.

Aus der Setzung von $\sim {}^1/_4$ cm wird der sogenannte „*CBR-Wert*" berechnet, und zwar dadurch, daß man die zugehörige Belastung in Beziehung zu der Belastung setzt, die bei den amerikanischen Eichversuchen in einem sehr festen Material (gebrochener Fels) bei gleicher Versuchsanordnung und gleicher Setzung ermittelt wurde. Der CBR-Wert (in %) ist also folgendermaßen definiert:

$$\mathrm{CBR} = \frac{\text{Versuchsbelastung}}{\text{Standardbelastung}} \, 100. \tag{23}$$

Die Standardbelastung beträgt 1000 lbs/in.² (70,3 kg/cm²), wodurch sich für den CBR-Wert (mit $F = 3$ in.²) die sehr einfache Gleichung ergibt:

$$\mathrm{CBR} = \frac{p}{1000} \, 100 = \frac{P}{F \, 10} = \frac{P}{30} \quad (\%) \; (P \text{ in lbs}) \tag{24}$$

bzw.

$$\mathrm{CBR} = \frac{p}{70,3} \, 100 = \frac{P}{19,35 \cdot 0,703} = \frac{P}{13,6} \quad (\%) \; (P \text{ in kg}). \tag{25}$$

Der durch die Setzung von $^1/_4$ cm gegebene CBR-Wert ist i. a. der größte. Ist jedoch der aus der Setzung von $^1/_2$ cm berechnete CBR-Wert größer, so wird dieser als maßgeblich angesehen. Die Standardbelastung für eine Setzung von $^1/_2$ cm beträgt 105,5 kg/cm² (1500 lbs/in.²).

Wie für den Plattenversuch, so sind auch für den CBR-Versuch Nomogramme aufgestellt worden, die für verschiedene Radlasten, Verkehrsdichten und Niederschlagsverhältnisse die erforderliche Dicke der Straßendecke in Abhängigkeit vom CBR-Wert angeben (Abb. 64). Sie sind im Gegensatz zu den Nomogrammen zur Auswertung des Plattenversuchs im Hinblick auf die Dimensionierung starrer Decken rein empirischer Natur, gewonnen aus Nachprüfungen mit Hilfe des CBR-Versuchs an einer großen Zahl von Straßen und Rollfeldern, die sich bewährt oder nicht bewährt haben.

Im großen und ganzen wird das CBR-Verfahren heute als das geeignetste Bemessungsverfahren für nachgiebige Decken angesehen (McFadden und Pringle [71]). Jedoch ist es für seine erfolgreiche und wirtschaftliche Anwendung notwendig, die CBR-Werte für den wirklich unter der künftigen Decke herrschenden Wassergehalt und für die bei der Ausführung durch die Erdbaugeräte herbeigeführte Lagerungsdichte zu ermitteln. Da der CBR-Wert von diesen beiden Faktoren stark abhängt, sind umfangreiche Untersuchungen über ihre Einflüsse und über die Möglichkeit der Wassergehaltsveränderung des Bodens unter der Decke notwendig, um den im Zusammenwirken mit der gewählten Verdichtung wirklich zutreffenden CBR-Wert zu finden (Loxton, McNicholl und Bickerstaff [72], Cochrane [73], Croney [175]). Abgelehnt wird heute vielfach die Bewertung des in bindigen Böden oft sehr schlechten Ergebnisses des CBR-Versuchs mit wassergesättigtem Boden. Ganz allgemein gilt die Bemessung gemäß dem CBR-Verfahren als sicher, doch wird es auch von manchen Stellen

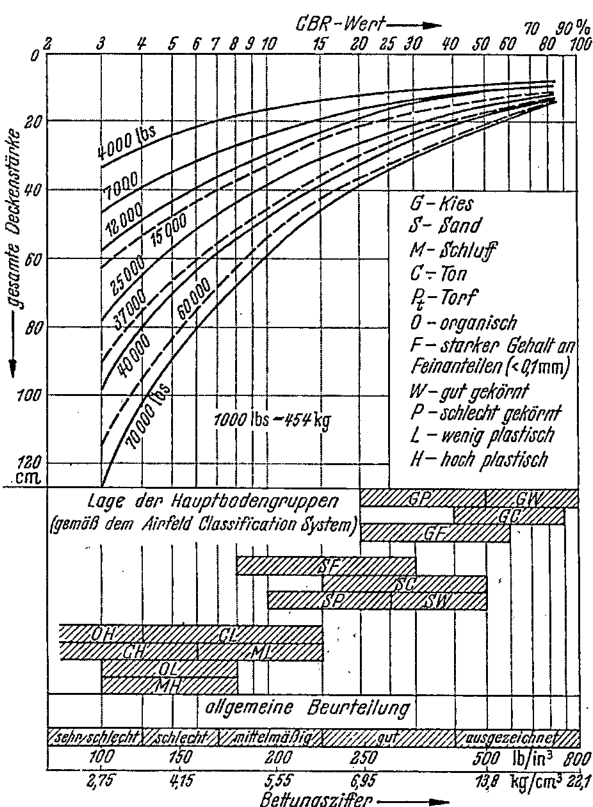

Abb. 64. Beziehung zwischen CBR-Wert und der Stärke von nachgiebigen Straßenbefestigungen gemäß dem Vorschlag des US Corps of Engineers (oben). Diagramme zum Schätzen des CBR-Werts (unten) [4].

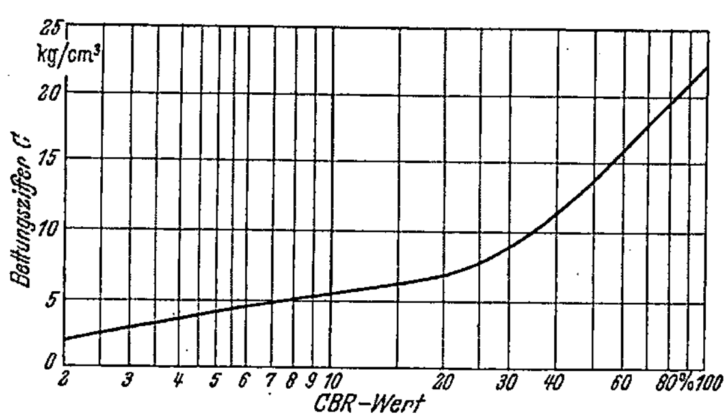

Abb. 65. Beziehung zwischen CBR-Wert und Bettungsziffer auf Grund von Versuchen [73].

(US Navy Department, Canadian Department of Transport) als zu sicher und deshalb unwirtschaftlich angesehen (Palmer [69], McLeod [68]). Diese Stellen ziehen die Bemessung gemäß dem Plattenversuch vor.

Die Grenzen, in denen die CBR-Werte in den Hauptbodenklassen des Airfield Classification System (s. S. 849) zu erwarten sind, gehen aus Abb. 64

hervor. Die ungefähre Beziehung der CBR-Werte zu den durch den Plattenversuch ermittelten Bettungsziffern zeigen Abb. 64 und 65. Zum Schätzen des CBR-Werts aus dem Kornaufbau und der Plastizitätszahl (s. S. 915) wird die folgende Gleichung angegeben (ROBERTS und HOSKING [74]):

$$\log_{10}(\text{CBR}) = 1{,}89 - 0{,}014\,a - 0{,}0045\,b + 0{,}0052\,\frac{c}{b}$$
$$- 0{,}000046\left(\frac{c}{b}\right)^2 - 0{,}0037\,d, \tag{26}$$

worin

    a Plastizitätszahl,
    b Kornanteil $<0{,}42$ mm (Brit. Sieb No. 36),
    c Kornanteil $<0{,}076$ mm (Brit. Sieb No. 200),
    d Kornanteil $<2{,}41$ mm (Brit. Sieb No. 7).

7. Bestimmung der Lagerungsdichte.

Die Bestimmung der Lagerungsdichte im Feld ist entweder als selbständiger Versuch zur Beurteilung des Hohlraumgehalts im Boden oder als Ergänzung zu anderen Versuchen zur Klärung des bei diesen gewonnenen Ergebnisses fast bei jeder Bodenprüfung von größter Bedeutung und seit langem in allen Ländern üblich. Jedoch stimmen die Begriffe über das, was unter „Lagerungsdichte" gemeint ist, nicht überein. In Deutschland versteht man hierunter die allein vom Hohlraumgehalt abhängenden Bodenkennziffern des „Porenvolumens" oder der „Porenziffer" (s. S. 908), im englisch sprechenden Ausland dagegen das Raumgewicht des völlig trockenen Bodens („dry density"), das außer vom Hohlraumgehalt auch noch vom spezifischen Gewicht abhängt und die Dimension t/m³ bzw. lbs/in.³ besitzt. Man hat hierfür in wörtlicher Übersetzung den Ausdruck „Trockendichte" geprägt. In Anpassung an den bei uns üblichen Ausdruck „Raumgewicht" (r), worunter das Einheitsgewicht des natürlichen, also feuchten Bodens verstanden wird, sollte aber besser die freie Übersetzung „Trockenraumgewicht" (r_0) benutzt werden, ein Ausdruck, der stellenweise auch bereits eingeführt ist.

Die Verwendung des Begriffs Trockenraumgewicht an Stelle der Begriffe Porenvolumen oder Porenziffer hat den Vorteil, daß man bei der versuchsmäßigen Ermittlung die Kenntnis des spezifischen Gewichts nicht benötigt, was vor allem im Felde die Arbeit erleichtert. Für den nicht mit bodenmechanischen Fragen vertrauten Bauingenieur ist ferner die Vorstellung der Dichte eines Materials in t/m³ einfacher als die, die in Prozent Porenvolumen angegeben ist. (Über die Umrechnung des Raumgewichts bzw. des Trockenraumgewichts in Porenvolumen bzw. Porenziffer s. S. 907.)

Zur Bestimmung des Trockenraumgewichts r_0 geht man bei Feldarbeiten stets von der Bestimmung des Raumgewichts des naturfeuchten Bodens r_n und des natürlichen Wassergehalts w_n aus und berechnet das Trockenraumgewicht aus der Gleichung (s. S. 907):

$$r_0 = \frac{r_n}{1 + \dfrac{w_n}{100}}. \tag{27}$$

Dies hat den Vorteil, daß man nicht die gesamte, bei Feldarbeiten immer verhältnismäßig große Probenmenge zu trocknen, d. h. mit in das Laboratorium oder Feldlaboratorium zu nehmen braucht, sondern lediglich eine kleine Probe zur Bestimmung des natürlichen Wassergehalts (s. S. 910).

Die Ermittlung des Raumgewichts r_n im Felde stützt sich gewöhnlich auf die Entnahme ungestörter Proben aus Schürfgruben (s. S. 838). Sind die Proben mit einem Zylinder ausgestochen (s. Abb. 20 u. 21) oder als Würfel aus dem Boden ausgeschnitten (s. Abb. 22), so brauchen nur das Feuchtgewicht (G_n) und das Volumen der Probe (V) gemessen zu werden, um das Raumgewicht nach der Gleichung:

$$\gamma_n = \frac{G_n}{V} \tag{28}$$

zu bestimmen. Da die Ausstechzylinder ein festgelegtes Volumen besitzen, beschränkt sich bei ihnen die Untersuchung auf das Wiegen der feuchten Probe.

Ist die Entnahme ungestörter Proben nicht möglich, fällt aber der Boden in einzelnen unregelmäßigen, etwa faustgroßen Klumpen an, so kommen zur Volumenmessung alle auf S. 906 beschriebenen Verfahren in Frage.

Die vorgenannten Untersuchungen können sinngemäß auch mit ungestörten Proben aus Bohrlöchern durchgeführt werden.

Enthält der Boden viel grobe Bestandteile, so ist es meist nicht möglich, eine wirklich ungestörte Probe zu entnehmen. Man bestimmt dann das Volumen, das eine in einer Schürfgrube entnommene gestörte Probenmenge im Baugrund eingenommen hat, dadurch, daß man völlig trockenen Normsand in das durch die Probenahme entstandene Loch einlaufen läßt (*Sandersatzmethode*). Das Volumen, das der Sand dabei einnimmt, kann aus dem Gewicht des Sandes berechnet werden, wenn vorher durch Eichversuche das Trockenraumgewicht $(\gamma_{0_{\text{Normsand}}})$ des Sandes beim Einlaufen in einen Behälter bestimmt worden ist.

Nach dem British Standard 1377 ,,Methods of test for Soil Classification and Compaction" benutzt man dabei das Gerät nach Abb. 66. Für die Untersuchung wird die Versuchsstelle gut eingeebnet und ein etwa 10 bis 15 cm tiefes Loch mit einem Durchmesser von ungefähr 10 cm ausgehoben, einschließlich alles an der Wandung noch anhaftenden und auf der Sohle liegenden losen Bodens. Die gesamte ausgehobene Menge wird gewogen (G_n). Dann wird der mit völlig trockenem, ausgesiebtem Sand (Korngröße etwa 0,5 mm) gefüllte Einlaufzylinder gewogen (G_1) und auf das ausgehobene Probenloch gestellt.

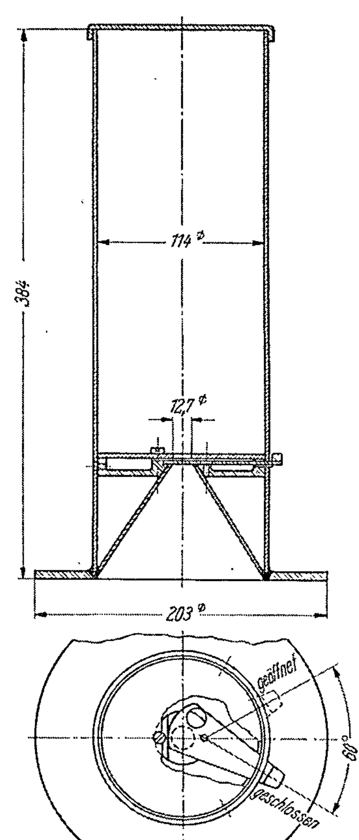

Abb. 66. Englisches Standardgerät zur Bestimmung des Raumgewichts im Feld. (Aus British Standard 1377.) Maße in mm.

Durch Öffnen des Verschlusses läßt man den Sand in das Loch und in den im Boden des Zylinders befindlichen Trichter laufen, von dem durch Eichversuche bekannt ist, welches Volumen er besitzt und welche Gewichtsmenge (G_0) er beim Aufliegen auf einer ebenen Platte aufnimmt[1]. Wenn keine Sandbewegung im Zylinder mehr festzustellen ist, wird die Auslaßöffnung geschlossen und der Zylinder mit der noch vorhandenen Sand-

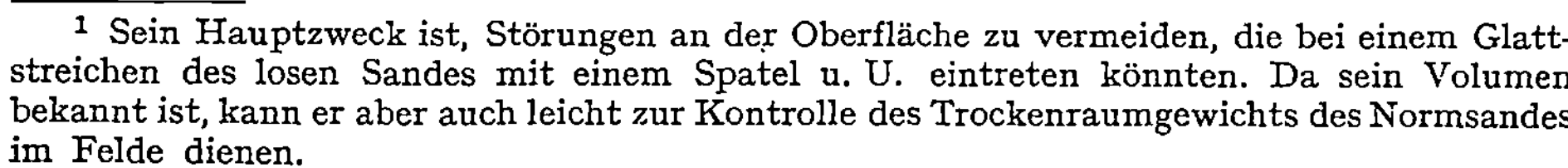

---

[1] Sein Hauptzweck ist, Störungen an der Oberfläche zu vermeiden, die bei einem Glattstreichen des losen Sandes mit einem Spatel u. U. eintreten könnten. Da sein Volumen bekannt ist, kann er aber auch leicht zur Kontrolle des Trockenraumgewichts des Normsandes im Felde dienen.

menge erneut (G_2) gewogen. Das der ausgehobenen Probenmenge G_n entsprechende Volumen ist:

$$V = (G_1 - G_2 - G_0)\,\frac{1}{r_{0\mathrm{Normsand}}}\,. \tag{29}$$

Raumgewicht und Trockenraumgewicht erhält man dann mit Hilfe von Gl. (28) und (27).

Diese Berechnung versagt, wenn die Probe ein Gemisch von Steinen und Boden darstellt, da man dann lediglich eine Zahl für das mittlere Raumgewicht erhält, während die tatsächliche Dichte des *Erd*materials interessiert. In derartigen Fällen muß man nach Entnahme und Wägen der Gesamtprobe die Steine vom Erdmaterial durch Sieben auf einem 5- oder 10-mm-Sieb trennen und für sich wiegen (G_Steine). Nach Bestimmung ihres spezifischen Gewichts nach einer der auf S. 906 beschriebenen Methoden kann ihr Volumen (V_Steine) und aus der Differenz gegenüber dem Gesamtvolumen (V) das Volumen des Erdmaterials (V_Erde) berechnet werden. So ergibt sich dann:

$$r_{n_\mathrm{Erde}} = \frac{G_n - G_\mathrm{Steine}}{V - V_\mathrm{Steine}}\,. \tag{30}$$

Eine Durchrechnung zeigt Tab. 3.

In derartigen Fällen, d. h. in sehr ungleichförmigen, Steine enthaltenden Böden, genügt auch das Gerät nach Abb. 66 nicht mehr, da die Störungen am Rand, wo der Normsand in die Poren zwischen den dort verbliebenen Steinen einrieselt, zu groß werden. Man hat dann die Probelöcher erheblich breiter und tiefer

Abb. 67. Bestimmung des Raumgewichts von verdichtetem Trümmerschutt. Links: Trennen von Fein- und Grobmaterial; rechts: Füllen des Probelochs mit Normsand.

zu machen und einen entsprechend größeren Einlaufzylinder zu verwenden, um den Einfluß der Randstörungen klein zu halten. Abb. 67 zeigt ein bei der Degebo benutztes Gerät zur laufenden Ermittlung des Raumgewichts einer

Tabelle 3. *Raumgewichtsbestimmung von Trümmerschutt.*

Zeile		Loch		Dimension	Rechnungsgang
		1	2		
1	Gesamtgewicht des Aushubs	48,7	181,35	kg	Wägung
2	Gewicht des Anteils >10 mm . . .	23,4	73,35	kg	Wägung
3	Gewicht des Anteils <10 mm . . .	25,3	108,00	kg	1 — 2
4	Gehalt des Anteils <10 mm . . .	51,9	59,6	%	3/1
5	Gewicht des verbrauchten Normsandes	37,9	141,00	kg	Wägung
6	Raumgewicht des Normsandes . . .	1430	1430	kg/m³	Eichung
7	Volumen des verbrauchten Normsandes	0,0265	0,0986	m³	5/6
8	Raumgewicht des Gesamtmaterials .	1,84	1,84	t/m³	1/7
9	Raumgewicht des Ziegelsteinmaterials.	2050	2050	kg/m³	Sonderbestimmg.
10	Volumen des Anteils >10 mm . . .	0,0114	0,0358	m³	2/9
11	Volumen des Anteils <10 mm . . .	0,0151	0,0628	m³	7 — 10
12	Raumgewicht des Anteils <10 mm .	1,68	1,72	t/m³	3/11
13	Wassergehalt des Anteils <10 mm .	10,0	10,6	%	Sonderbestimmg.
14	Trockenraumgewicht des Anteils <10 mm.	1,53	1,56	t/m³	Gl. (27)

rd. 7 m hohen Schüttung von äußerst unregelmäßigem Trümmerschutt, der in Lagen von 1,2 m eingebracht, mit ca. 30 cm Sand abgedeckt und eingeschlämmt und dann mit einer Rammplatte verdichtet wurde. Das Gerät wurde auf eine Dezimalwaage gestellt und vor und nach dem Füllen der bis zu 1,20 m tiefen Probelöcher mit dem Normsand mit Hilfe eines Schlauchs, der stets so geführt wurde, daß er die Oberfläche des eingefüllten Sandes ungefähr gerade berührte, gewogen. Das Meßprotokoll der Tab. 3 bezieht sich auf diese Untersuchung, die in ähnlicher Form beim Erddamm- und Erdstraßenbau häufig vorkommt.

In verhältnismäßig undurchlässigen Böden kann an Stelle des Normsandes auch eine Flüssigkeit, die vom Boden aber nicht kapillar aufgesogen werden darf, wie z. B. Motoröl, verwendet werden. Auch Wasser wird benutzt, nachdem in das Loch ein dünner Gummisack, der sich beim Füllen der Wandung anpaßt, eingelegt ist. Die Volumenmessung wird hierdurch bequemer und u. U. auch genauer, da ein ungleiches Ablagern der Sandkörner, das bei fehlerhaftem Arbeiten mit dem Einlaufzylinder nicht ausgeschlossen ist, nicht eintreten kann.

Sind die Untersuchungen in einer Tiefe notwendig, die durch eine Schürfgrube nur schwer oder überhaupt nicht erreicht werden kann, so müssen entweder ungestörte Proben entnommen (s. S. 839) oder Sondierungen durchgeführt werden. Die letzte Untersuchung (s. S. 854 und 860), die zwar nicht zur zahlenmäßigen Feststellung des Raumgewichts führt, jedoch zu einer für die Praxis oft genügenden begrifflichen Einstufung („locker", „mitteldicht" usw.; s. S. 860 und 867 sowie Abb. 51), ist in den nichtbindigen Böden angebracht, während in den bindigen Böden die Entnahme ungestörter Proben vorzuziehen ist.

In den letzten Jahren sind mit gutem Erfolg Versuche angestellt worden, die Lagerungsdichte von Böden an Ort und Stelle ohne Entnahme von Proben mit Hilfe der *Messung des Durchgangs von γ-Strahlen* zu bestimmen[1] (BELCHER [75], WENDT [76], LORENZ [77], NEUBER [78]). Allerdings wird auch bei diesen Untersuchungen nicht die Lagerungsdichte direkt gemessen, sondern es wird das Raumgewicht im naturfeuchten Zustand r_n und der Wassergehalt w_n wie bei den oben beschriebenen Verfahren getrennt festgestellt. Für Quarzböden wurden eingehende Versuche durchgeführt, die ergaben, daß mit γ-Strahlen r_n gemessen wird, gleichgültig, mit welchen Anteilen Quarz und Wasser am Raumgewicht beteiligt sind.

Als Strahlenquelle ist das Cobalt-Isotop Co^{60} besonders geeignet, da seine Intensität, die nach einer e-Funktion abnimmt, sich erst nach 5,3 Jahren auf die Hälfte vermindert und da ein für derartige Raumgewichtsbestimmungen geeignetes Präparat nur wenige Mark kostet. Dabei sollte man Co^{60} aus Gründen der Sicherheit und der bequemen Handhabung nur in metallischer Form und nicht in flüssigen Verbindungen verwenden. Die Stärke des verwendeten Präparats ist so zu wählen, daß bei der Messung die Leistungsfähigkeit der Zählapparatur nicht überschritten, aber doch möglichst weitgehend ausgenutzt wird. Die nach dieser Maßgabe benötigten Präparatstärken in der Größenordnung von 0,1 bis 10 m C ($^1/_{1000}$ Curie) sind so gering, daß bei nicht grob fahrlässiger Handhabung keinerlei Strahlenschäden für den Messenden zu befürchten sind. Zur Messung der Strahlungsintensität wird eine handelsübliche Zähleinrichtung (Geigerrohr) verwendet. Die Meßzeit sollte stets so gewählt werden, daß dabei mindestens etwa 30000 Impulse gezählt werden.

Zur Messung des Wassergehalts w_n kann eine Neutronenquelle zusammen mit der entsprechenden Zähleinrichtung verwendet werden. Allerdings sind

---

[1] Die nachfolgenden Ausführungen wurden freundlicherweise von Herrn Dr. NEUBER, Berlin, zur Verfügung gestellt.

solche Messungen etwas schwieriger und teurer als die mit γ-Strahlen. Falls der Boden, dessen Lagerungsdichte bestimmt werden soll, unter dem Grundwasserspiegel liegt, erübrigt sich die Bestimmung des Wassergehalts, da der Porenraum dann wassergesättigt ist und der Wassergehalt bei Schätzung des spezifischen Gewichts nach Gl. (43) berechnet werden kann. Bei einer Messung über dem Grundwasserspiegel kann der Wassergehalt in der hergebrachten Weise durch Trocknen von kleinen Proben (s. S. 910) bestimmt werden.

Die Auswertung der Messungen wird dadurch erleichtert, daß zwischen den gemessenen Impulszahlen und den feuchten Raumgewichten ein linearer Zusammenhang für eine gegebene Meßanordnung besteht. Diese Linearität, die bei der Eichung des Geräts in Schüttungen mit bekanntem Raumgewicht bestimmt werden muß, ist wie auch die mit einfachen Mitteln erreichbare Genauigkeit aus Abb. 68 zu ersehen. Die Neigung einer solchen Geraden hängt ab von der Art (Wellenlänge) und Menge des verwendeten Isotops sowie auch sehr stark von der gegenseitigen Anordnung von Strahlenquelle und Empfangsgerät in der „Isotopensonde".

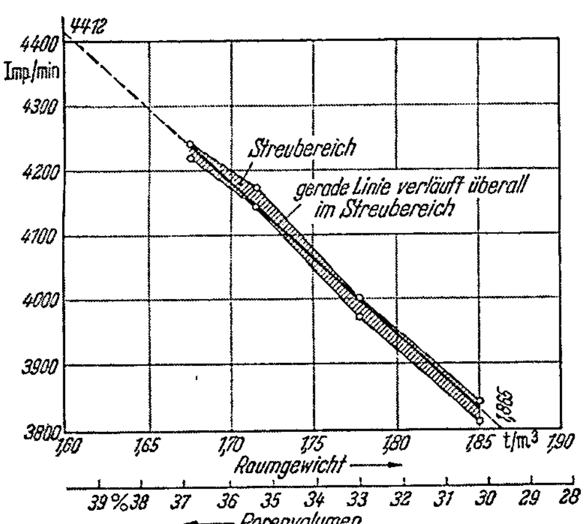

Abb. 68. Eichkurve zur Bestimmung des Raumgewichts mit Hilfe von γ-Strahlen [77].

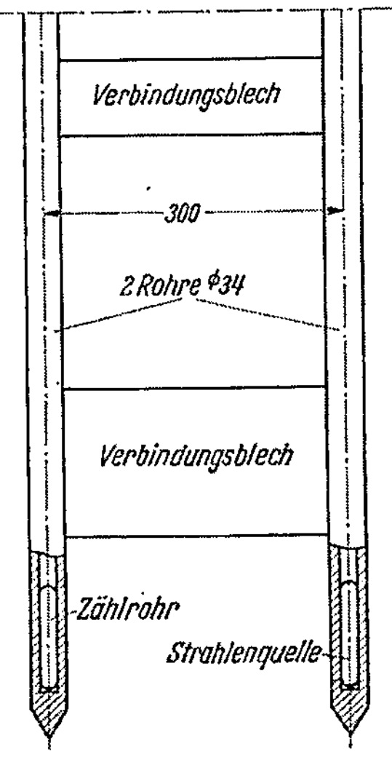

Abb. 69. Doppelsonde nach NEUBER zur Bestimmung des Raumgewichts mit Hilfe von γ-Strahlen [78]. Maße in mm.

Diese gegenseitige Anordnung wurde von den verschiedenen Verfassern in unterschiedlicher Weise gewählt. BELCHER [75] bringt Strahlenquelle und Zählrohr dicht übereinander in dem Rohr einer einfachen Sonde unter, während NEUBER [78] Strahlenquelle und Zählrohr in den beiden unteren Enden der Rohre einer Doppelsonde anordnet. Bei der NEUBERschen Meßanordnung hat man zwischen den beiden Sondenspitzen eine ihrer Lage und Ausdehnung nach bekannte Meßstrecke, längs der die Strahlung mit dem Boden in Wechselwirkung tritt. Außerdem ist bei dieser Anordnung die Neigung der Eichgeraden größer als bei einer einfachen Sonde (größere Meßgenauigkeit). Abb. 69 zeigt eine solche Doppelsonde, die zur Nachprüfung der Verdichtung von Schüttungen gedacht ist. Nach den gleichen Grundsätzen wurde eine Doppelsonde entworfen, die für Messungen in Bohrlöchern mit 150 mm lichter Rohrweite verwendet wurde. Dabei wurden die Sondenspitzen jeweils von der Bohrlochsohle aus bis in den von der Bohrung noch nicht gestörten Bereich eingerammt.

WENDT [76] benutzt γ-Strahlen zur Nachprüfung der Verdichtung von an ihrer Oberfläche sorgfältig glattgestrichenen Schüttungen. Dazu führt er das benutzte Isotop einige Dezimeter tief mit einer Nadel in die Schüttung ein, stellt das Empfangsgerät aber auf die Oberfläche. Diese Anordnung hat den Vorteil, daß an Stelle von Zählrohren die leistungsfähigeren Szintillationszähler verwendet werden können und die Dauer einer Einzelmessung abgekürzt werden kann. Das Verfahren mißt den Mittelwert des Raumgewichts der oberen Zone der untersuchten Schüttung.

8. Messung des Porenwasserdrucks.

Die Erscheinung und die Bedeutung des Porenwasserdrucks sind im Zusammenhang mit der Zusammendrückbarkeit (s. S. 933) und der Schubfestigkeit (s. S. 951) des Bodens behandelt. Dort ist auch auf seine Messung im Laboratorium beim dreiaxialen Druckversuch eingegangen.

Auch die Messung des Porenwasserdrucks im Felde besitzt eine große praktische Bedeutung, da sie beim Hochführen eines Bauwerks, wie z. B. eines Damms, auf nachgiebigem Untergrund ermöglicht festzustellen, in welchem Umfange sich im jeweiligen Baustadium Porenwasserdrücke ausgebildet haben und wie groß demnach der wirkliche Schubwiderstand im Boden und damit die Standsicherheit des Bauwerks ist. Hiernach kann dann die weitere Schüttgeschwindigkeit des Damms gewählt oder beim Füllen eines Tanks oder Speichers, wo die Nutzlast groß im Verhältnis zum Eigengewicht des Bauwerks ist, die Füllgeschwindigkeit von der Größe des Porenwasserdrucks abhängig gemacht werden (Siedek [79], Pacheco Silva [176]). Eine ganz besondere Bedeutung besitzt die Porenwasserdruckmessung beim Erddammbau, da die undurchlässigen Böden, die hier wegen der notwendigen Dichtung verwendet werden müssen, die Bildung hoher Porenwasserdrücke fördern und damit die Standsicherheitsverhältnisse verschlechtern (Breth und Kückelmann [80], Muhs [81]). Es ist deshalb verständlich, daß die Messung des Porenwasserdrucks im Felde eine zunehmende Wichtigkeit erlangt hat, zumal sie erst die Handhabe gibt, die Laboratoriumsmessungen auf ihre Richtigkeit hin zu überprüfen.

Die ersten Messungen, die bewußt zur Feststellung von Porenwasserdrücken und nicht etwa allein von Grundwasserspiegellinien oder des Auftriebs ausgeführt wurden, sind Anfang der 30er Jahre in Holland vorgenommen worden. Man benutzte „offene Standrohre" von 3,81 cm (1 ½ in.) ⌀, die an der Spitze auf eine Länge von ½ m perforiert, mit Filtergaze umhüllt und auf eine Länge von 1½ m in grobem Sand eingebettet waren (Biemond [82]).

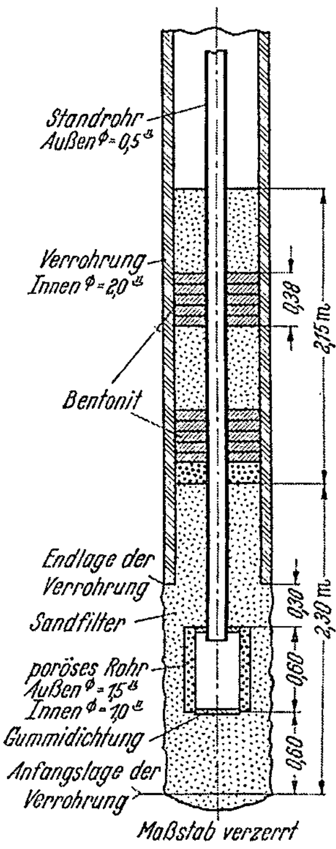

Abb. 70. Offenes Standrohr für Porenwasserdruckmessungen nach A. Casagrande [83].

Nach diesem einfachen Meßprinzip ist nach dem zweiten Weltkrieg von A. Casagrande nach ausgedehnten Versuchen das Gerät nach Abb. 70 entwickelt worden (A. Casagrande [83]), das sich bei mehrjährigem Gebrauch gut bewährt hat. Sein einwandfreies Arbeiten beruht auf der richtigen Abstimmung der Abmessungen.

Das Gerät unterscheidet sich von einem einfachen Standrohr dadurch, daß es an seiner Spitze eine besonders verbreiterte Kammer besitzt, die aus einer porösen keramischen Masse hergestellt und oben und unten mit einer Gummischeibe abgeschlossen ist. Die Verwendung von Keramik-Filtern hat sich in organischen Böden als notwendig erwiesen, da bei Verwendung von ungeeigneten Metallen bisweilen die Entwicklung von Gas beobachtet wurde, das die einwandfreie Messung ·des Porenwasserdrucks beeinträchtigt. Der Wasserspiegel im Standrohr, der sich entsprechend dem Wasserdruck an seiner Spitze einstellt, wird durch Herablassen eines elektrischen Kontaktkabels gemessen.

Offene Standrohre, wie die vorstehend geschilderten, können natürlich nur in wassergesättigten Böden mit verhältnismäßig großer Durchlässigkeit benutzt werden. Die Durchlässigkeit muß groß genug sein, um einerseits ein schnelles Mitgehen des Wasserspiegels im Standrohr bei Änderung des Porenwasserdrucks zu gewährleisten; andererseits darf der mit dem Anstieg im Standrohr verbundene Wasserverlust nicht so groß sein, daß durch ihn eine Abminderung des Porenwasserdrucks selbst eintritt.

Bereits Anfang der 30er Jahre wurden — wiederum in Holland — die Messungen deshalb bereits auch mit einem „*geschlossenen Standrohr*" durchgeführt, das mit Wasser gefüllt und mit einem Quecksilbermanometer verbunden werden konnte (RINGELING [*84*]) (Abb. 71). Der Porenwasserdruck wird hierbei also durch eine Wassersäule zur eigentlichen Meßstation übertragen; die zu einer Messung notwendige Wassermenge ist deshalb und wegen des im Verhältnis zum Standrohr sehr kleinen Durchmessers des mit Quecksilber gefüllten Kapillarrohrs kleiner als im Fall eines offenen Standrohrs. Jedoch können kleine Porenwasserdrücke nicht gemessen werden, da bei Drücken, die kleiner sind als die Wassersäule über dem Meßpunkt, am Quecksilbermanometer keine Anzeige stattfindet.

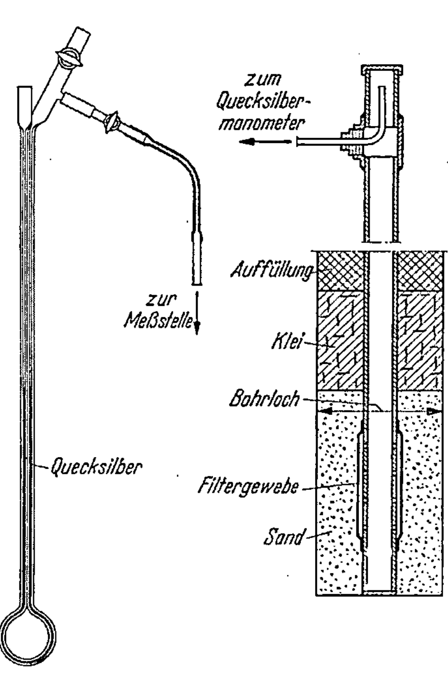

Abb. 71. Geschlossenes Standrohr für Porenwasserdruckmessungen mit Quecksilbermanometer [*84*].

In Deutschland hat wohl erstmals EHRENBERG — etwa 1940 — eine Porenwasserdruckmessung in ähnlicher Weise vorgenommen, und zwar in einem Erddamm (EHRENBERG [*85*]). Da der Erddamm mit einer Kernmauer aus Beton ausgestattet war, konnten die eigentlichen Standrohre entfallen und die Ablesegeräte — an Stelle der Quecksilbermanometer wurden normale Druckmanometer benutzt — tief, im Kontrollgang an der Sohle des Damms, angeordnet werden, so daß auch die Messung kleiner Porenwasserdrücke möglich war (Abb. 72).

In jüngerer Zeit hat SIEDEK ein ähnliches Gerät mit Erfolg benutzt, um den Porenwasser-

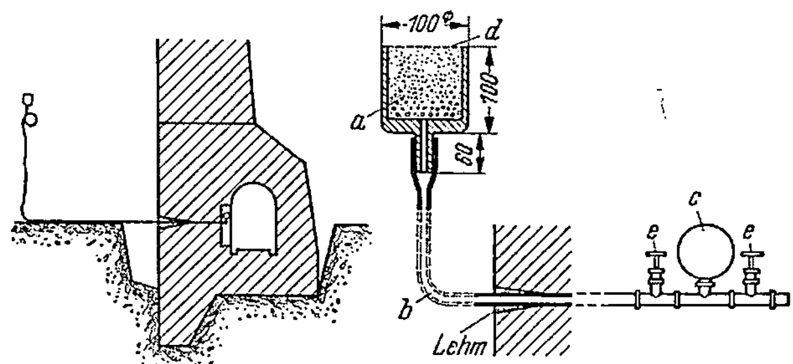

Abb. 72. Ausbildung eines Porenwasserdruck-Meßpunkts für einen Staudamm; *a* Metallgefäß mit Kies- und Sandfüllung; *b* Rohrleitung; *c* Druckmesser; *d* Abschlußdrahtgewebe; *e* Absperrventile [*85*].

druck in organischem Ton beim Füllen von zwei großen Öltanks mit je 10 000 t Fassungsvermögen zu verfolgen und zu große Porenwasserdrücke infolge eines zu schnellen Füllens der Tanks zu vermeiden (SIEDEK [*79*]). Die hier verwendeten Standrohre wurden in den Untergrund eingerammt. Einen ähnlichen Porenwasserdruckmesser verwendet auch das Norwegische Geotechnische Institut.

In den USA, wo Porenwasserdruckmessungen vor allem in Erddämmen zur Ausführung kamen, wurden ab 1937 in einer Reihe von Erddämmen zur Messung des Porenwasserdrucks verbesserte bzw. für diesen Zweck umgebaute *Druckdosen* verwendet (Abb. 73). In ihnen wird der von außen durch ein Filter wirkende Wasserdruck auf eine Meßmembrane durch künstlichen Luftdruck im Innern der Dose ausgeglichen. Der vorsichtig gesteigerte Luftdruck verformt schließlich die Membrane gegen den Widerstand des Wasserdrucks, was durch das Unterbrechen eines elektrischen Kontakts und Erlöschen einer Glühlampe angezeigt wird. Der hierzu notwendige Luftdruck wird gleich dem Porenwasserdruck gesetzt. Obwohl eine Reihe erfolgreicher Messungen nach dieser Methode ausgeführt worden ist (Speedie [86]), wurde sie schließlich aufgegeben. Sie wird vom US Bureau of Reclamation, wo sie entwickelt wurde, für Messungen im Feld nicht mehr angewendet. Dagegen wird der Porenwasserdruck im Laboratorium nach diesem Prinzip bei dem Dreiaxialversuch (s. S. 971) noch heute gemessen.

Bei dem Königlich Schwedischen Geotechnischen Institut ist ein nach dem gleichen Prinzip arbeitendes Gerät in Gebrauch, das in die in Schweden wichtigen weichen Tonböden zunächst ohne die eigentliche Meßapparatur eingerammt wird. Letztere wird erst für die Messung in die verschiedenen, hohlen Standrohre eingesetzt [184].

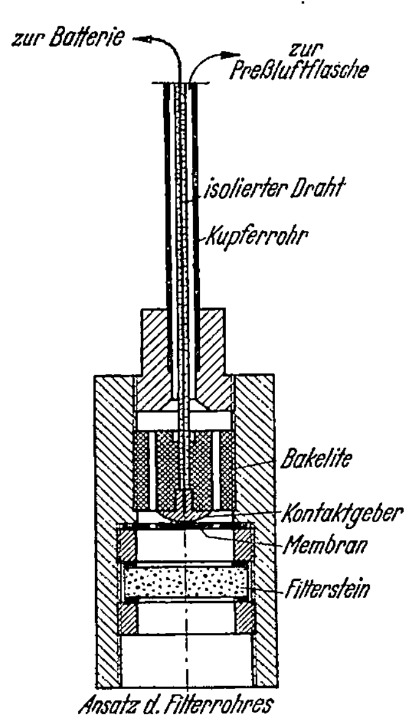

Abb. 73. Altes Gerät des US Bureau of Reclamation zum Messen des Porenwasserdrucks mit Hilfe einer Membran [86].

An Stelle der Druckdosen traten in den USA für Messungen in Staudämmen seit 1939 die sogenannten „*Piezometer-Messungen*", die im Grunde nichts anderes als Messungen mit geschlossenem Standrohr darstellen. Die Methode wurde ebenfalls vom US Bureau of Reclamation entwickelt und gilt heute in den außereuropäischen Ländern mehr oder weniger als Standardmethode (Walker und Daehn [87]).

Das Meßsystem besteht in seiner jetzigen Ausführung (US Bureau of Reclamation [5]) im Prinzip aus einem kleinen Eintrittsventil aus Kunstharz für das Porenwasser (Abb. 74) und zwei anschließenden Rohrleitungen aus Kupfer oder Kunststoff, die zur Meßstation führen, wo der Druck in dem mit Wasser gefüllten Leitungssystem durch ein Manometer gemessen wird. Die zweite Leitung stellte sich nach den Erfahrungen, die man zunächst mit nur einer Leitung machte, als notwendig heraus, da es sonst nicht möglich ist, das Rohrnetz luftfrei mit Wasser zu füllen, was zur Erzielung von guten Meßergebnissen unbedingt erforderlich ist.

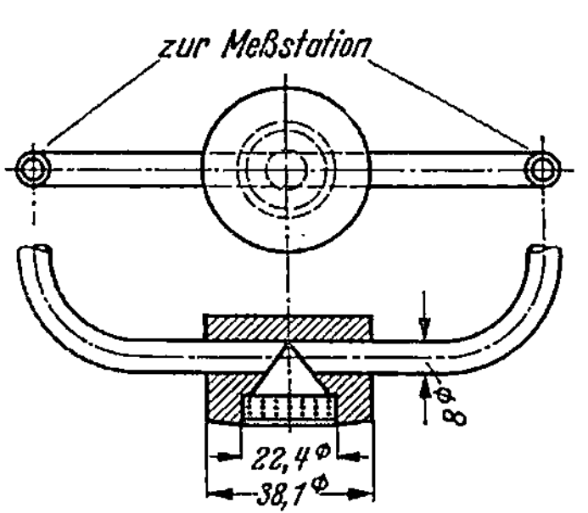

Abb. 74. Meßspitze der Piezometer-Meßmethode des US Bureau of Reclamation [5].

Dieses an sich einfache Meßsystem wird durch die Notwendigkeit, das Rohrnetz zu entlüften, auf Dichtigkeit prüfen, entleeren und füllen zu können, und durch den Wunsch, in der Meßstation alle Einzelleitungen vereinigt an die hierfür notwendigen Einrichtungen anzuschließen, ziemlich kompliziert. Abb. 75 zeigt das Prinzip der Meßanordnung; die dünne Linie gibt das Rohrnetz jeder einzelnen Meßstelle, die dick ausgezogene Linie die Einrichtungen der Sammelleitungen in der Meßstation wieder. Zur Kontrolle ist jede der zwei Leitungen jeder Meßstelle mit einem Manometer versehen; eine Messung wird nur dann als einwandfrei angesehen, wenn sich an beiden Manometern der gleiche Druck ergibt.

Obwohl die Meßmethode mit diesen Piezometern seit 1939 in vielen Erddämmen mit befriedigendem Erfolg benutzt worden ist [87], kann sie nicht in jeder Hinsicht als vollkommen angesehen werden. Das luftfreie Füllen des ganzen Systems, das in hohen Erddämmen Längen von 300 m und mehr besitzen kann, einschließlich aller Ventile und Manometer, ist sehr schwierig, im Erfolg stets zweifelhaft und bei dem rauhen Baubetrieb auf einer Erddammbaustelle hindernd. Die Rohrverlegung selbst ist recht umständlich. Eine einzige Undichtigkeit des ausgedehnten Rohrnetzes macht die ganze Meßstelle wertlos. (Über weitere Nachteile bei Erddämmen s. Muhs [81].)

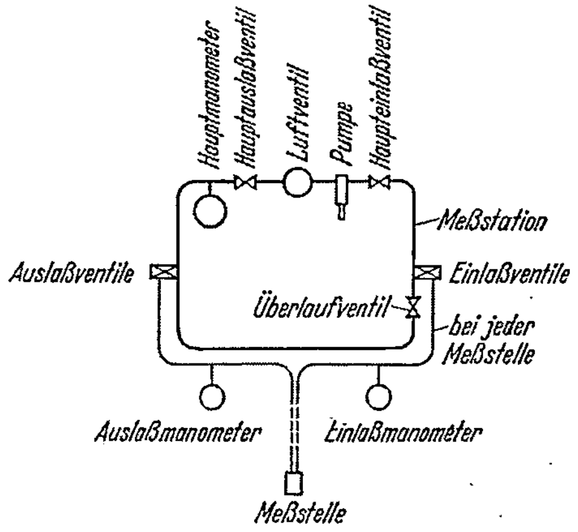

Abb. 75. Meßprinzip der Piezometermethode des US Bureau of Reclamation [5].

Nach dem zweiten Weltkrieg sind unter Anwendung der Fortschritte in der Meßtechnik verschiedene elektrisch arbeitende Geräte zur Messung des Porenwasserdrucks entwickelt worden, bei denen elektrische Dehnungsmesser zur Bestimmung der Verformung einer Meßmembrane durch den Porenwasserdruck dienen (Muhs [81]). Als das vervollkommnetste Verfahren muß das der Maihak A.G., Hamburg, angesehen werden, da es nicht wie die anderen Verfahren, von denen vor allem die Meßspitze von Plantema und Boiten (Plantema [88]) und die Meßdose der US Waterways Experiment Station [89] zu nennen sind, Dehnungsmeßstreifen benutzt, die für Dauermessungen wegen ihrer Feuchtigkeitsempfindlichkeit und Alterungserscheinungen nicht zweckmäßig sind. Außerdem beruht die Messung mit dem Maihak-Gerät nicht auf der Widerstandsmessung und ist dadurch von den Einflüssen der Kabellänge und der Temperatur unabhängig, was bei Untersuchungen mit großen Kabellängen von erheblichem Vorteil für die Messung ist (Muhs [81]).

Bei dem 1951 auf den Markt gebrachten *Maihak-Porenwasserdruckgeber* (Abb. 76) ist die durch den Porenwasserdruck belastete Meßmembrane mit einer vorgespannten Stahlsaite verbunden, die bei einer Belastung der Membrane entlastet wird. Wie aus Abb. 76 hervorgeht, ist die Verankerung der Saite derart, daß äußere lotrechte oder waagerechte Kräfte des Erdreichs keinen Einfluß auf die Spannung der Saite ausüben können, sondern allein der durch die poröse Spitze auf die Membrane einwirkende Druck des Porenwassers.

Die poröse Spitze des Geräts besteht aus einem speziellen Filtermetall von hoher Kapillarität, die im Werk unter Vakuum mit Öl gesättigt worden ist. Die Spitze wird mit dem Meßgerät erst unmittelbar vor dessen Einbau verbunden. Hierbei wird der Raum unter bzw. über der Membrane ebenfalls mit Öl gefüllt und dann die Spitze langsam aufgeschraubt, wobei das überschüssige Öl durch die Spitze entweicht. Diese Maßnahmen sollen zweierlei sicherstellen: einmal das völlige Fehlen von Luftblasen unter der Membrane, zum anderen das möglichst sofortige Ansprechen des Geräts, d. h. ohne daß zunächst eine größere Wasserbewegung notwendig ist, um die Anzeige eines Wasserdrucks zu ermöglichen.

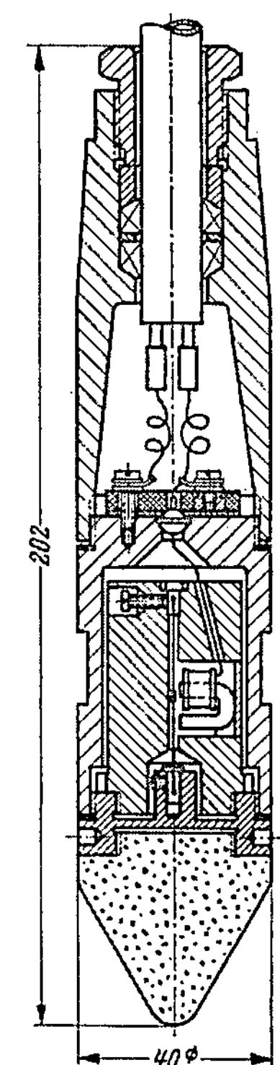

Abb. 76. Elektrisches Porenwasserdruck-Meßgerät der Maihak A. G., Hamburg. Maße in mm.

Die eigentliche Messung des Maihak-Gebers geschieht durch Anzupfen der Meßsaite mittels eines Elektromagneten und Messung der Frequenz der entstehenden Eigenschwingung, die sich mit der Spannung der Saite ändert, im Empfangsgerät (Näheres s. z. B. Schultze und Muhs [7]). Da die elektrische Frequenzmessung unabhängig von der Länge der Kabel ist, kann der Maihak-Porenwasserdruckgeber auch ohne Einschränkung der Meßgenauigkeit in den Fällen angewendet werden, wo große Leitungslängen vorkommen, d. h. vor allem im Erddammbau.

Bei Untersuchungen von Gründungen auf weichen, nachgiebigen Alluvialböden kann der Maihak-Porenwasserdruckgeber in ähnlicher Weise wie die Spitzendrucksonde (s. S. 864) an einem Gestänge in den Untergrund gedrückt werden. Bei Messungen in Schüttungen, d. h. z. B. beim Erddammbau, geschieht der Einbau der Meßspitze durch Einschlagen eines Dorns oder eines offenen Entnahmezylinders — beide von gleichem Durchmesser wie die Meßspitze — in die Sohle einer kleinen Grube der Schüttung, Ziehen dieser Teile und Einführen der Meßspitze in die entstandenen Löcher. Um eine etwaige Sickerströmung längs der Wandung und der anschließenden Kabel und einen damit verbundenen Druckabfall am Filter zu verhindern, wird der obere Teil des Geräts mit einer undurchlässigen und schnell erhärtenden Masse (Magnesium-Chlorid- und Magnesium-Oxyd-Lösung oder eine Mischung von 4 Teilen Resin und 3 Teilen Paraffinöl) vergossen.

Ein Anpassen des Geräts an die zu erwartenden Porenwasserdrücke ist durch Variieren der Dicke der Membrane ebenfalls ohne Schwierigkeiten möglich. Als Standard-Typen werden Geräte mit einem Meßbereich von 0 bis 3,5 kg/cm², 0 bis 5 kg/cm², 0 bis 7 kg/cm² und 0 bis 10 kg/cm² hergestellt, so daß also Wasserdrücke entsprechend einer Wassersäule von max. 35 m bis max. 100 m gemessen werden können. Die Meßgenauigkeit hierbei ist nach Versuchen mit einem Gerät mit einem Meßbereich von 0 bis 5 kg/cm², d. h. 0 bis 50 m Wassersäule, derart, daß noch Wasserdruckänderungen von weniger als 10 cm nachgewiesen werden können (Muhs und Campbell-Allen [161]). Über die ersten Messungen mit dem Gerät im Großeinsatz bei einem Erddammbau s. Breth [90].

C. Prüfungen von Bodenproben (Laboratoriumsversuche).

Auf S. 828 ist darauf hingewiesen, daß in den letzten 15 Jahren die Felduntersuchungen eine immer größere Bedeutung erlangt haben. Trotzdem werden sie nach wie vor stets durch Untersuchungen an gestörten oder ungestörten Bodenproben im Laboratorium ergänzt. Das ist vor allem in den bindigen Böden der Fall, wo diese Eigenschaften weit mehr wechseln als in den nichtbindigen Böden und wo durch die Spannungserscheinungen im Porenwasser die Durchführung der meisten Feldversuche erheblich erschwert oder unmöglich gemacht wird. Die Notwendigkeit, hier durch eingehende Untersuchungen im Laboratorium zu der gewünschten Auskunft über die Bodenbeschaffenheit zu kommen, wird dadurch begünstigt, daß die Entnahme ungestörter Proben in den bindigen Bodenschichten im allgemeinen ziemlich einfach ist (s. S. 845). So erstrecken sich die Versuche an ungestörten Proben im Laboratorium fast ausschließlich auf die bindigen Böden. Aus den nichtbindigen Böden werden dagegen meist gestörte Proben untersucht, allerdings mit dem Bestreben, durch Variieren der Lagerungsdichte dem ungestörten Zustand des Bodens im Baugrund möglichst nahezukommen. Das gleiche gilt in besonderem Maße bei der Prüfung von Böden, die als Baustoff verwendet werden sollen. Auch hier werden künstlich — gleichsam ungestörte — Proben hergestellt, die hinsichtlich Porenraum und Wassergehalt den künftigen Bedingungen im Erdkörper gleichen.

Die Auswahl des Probenmaterials für den Einzelversuch ist in den Fällen, wo die Proben aus Bohrlöchern stammen und gestört in Weckgläsern von der Baustelle angeliefert werden, ziemlich einfach, da hier die Probenmenge klein ist und schon deshalb meist nicht sehr unterschiedlich sein wird. Hier hat die wesentliche Arbeit, d. h. die Auswahl charakteristischen Materials, bereits der Bohrmeister geleistet (über die dabei möglichen Fehler s. S. 837). Bei der Anlieferung größerer Probenmengen aus Schürflöchern, wie sie bei der Prüfung von Erdbaustoffen die Regel ist, muß dagegen die für den Einzelversuch dienende Probenmenge sorgfältig durch systematisches Vierteln eines Bodenkegels oder besser durch Benutzen eines Geräts nach Abb. 19 ausgewählt werden. Ganz besondere Sorgfalt ist u. U. bei der Zerlegung von ungestörten Proben zur Gewinnung der Teilproben für die Einzelversuche aufzuwenden, da über die Länge der Proben von 25 cm oder mehr die Eigenschaften des Bodens verschieden sein können. Vor der Auswahl wichtiger Teilproben ist dann die Bestimmung des natürlichen Wassergehalts, der Porenziffer und der Plastizitätsgrenzen angebracht, um die Zone mit den wirklich charakteristischen Eigenschaften zu finden (CASAGRANDE und FADUM [91]).

DIN-Bestimmungen über die Versuche zur Bestimmung bodenmechanischer Kennziffern im Laboratorium werden zur Zeit durch die Deutsche Gesellschaft für Erd- und Grundbau vorbereitet[1], liegen aber noch nicht vor. Einen kurz gefaßten Überblick enthält DIN 4020 „Bautechnische Bodenuntersuchungen, Richtlinien" aus dem Jahre 1953. Eine ausführliche Beschreibung der einfacheren Versuche bringt ein 1955 neu bearbeitetes Merkblatt der Forschungsgesellschaft für das Straßenwesen [159]. In der gesamten englisch sprechenden Welt werden die bautechnischen Bodenuntersuchungen an gestörten Proben nach den Bestimmungen der amerikanischen ASTM[2] und AASHO[3]-Standards ([6] bzw. [92]) und des British Standard 1377 „Methods of test for Soil Classification and Compaction" durchgeführt. Daneben gibt es — abgesehen von den „Manuals" der großen Baubehörden (z. B. US Bureau of Reclamation [5]) — eine ganze Reihe von Büchern, in denen die Laboratoriumsversuche einschließlich der an ungestörten Proben bis in alle Einzelheiten genau behandelt sind (z. B. LAMBE [93], CASAGRANDE und FADUM [91]). Über die in Rußland üblichen Versuchsverfahren unterrichtet ausführlich das jetzt in deutscher Übersetzung erschienene Buch von LOMTADSE [162].

In den nachstehenden Abschnitten werden die Versuche so beschrieben, wie sie in Deutschland i. a. üblich sind, von dem Verfasser in der Degebo durchgeführt werden und in den zur Zeit vorbereiteten „Richtlinien" im großen und ganzen erwartet werden können. Es ist Wert darauf gelegt, auch die mehr oder weniger übereinstimmenden englisch-amerikanischen Praktiken, wie sie der Verfasser während seiner mehrjährigen Tätigkeit in Australien kennengelernt hat, mit zu berücksichtigen. Eine verbindliche Form für die Durchführung der Normversuche stellen die nachstehenden Versuchsbeschreibungen jedoch nicht dar, auch wenn die bei ihnen leider notwendige Ausdrucksweise diese Auffassung manchmal vielleicht nahelegt.

Die Laboratoriumsversuche können in zwei Hauptgruppen unterteilt werden. Die erste Gruppe umfaßt die Versuche, die dazu dienen, den einmal vorhandenen Zustand eines Bodens gemäß den drei Hauptbestandteilen: Bodenfestmasse, Wasser und Luft durch die Bestimmung von Bodenkennziffern zu analysieren. Diese Versuche sind in Abschn. C 1 bis 9 beschrieben. Die zweite Gruppe (Abschn.

---

[1] „Richtlinien für bodenmechanische Versuche."
[2] American Society for Testing Materials.
[3] American Association of State Highway Officials.

C 10 bis 12) befaßt sich mit der Ermittlung der Bodeneigenschaften, die sich bei einer Änderung der Belastung verändern, die also das Verhalten des Bodens als Baugrund oder als Baustoff bei einer Belastungsänderung charakterisieren und bei der bautechnischen Untersuchung den jeweils vorhandenen Belastungszuständen entsprechend betrachtet werden müssen.

1. Bestimmung des Kornaufbaus.

Die Kenntnis des genauen Kornaufbaus eines Bodens erlaubt dem Fachmann ohne Durchführung weiterer Versuche zur Feststellung anderer Bodenkennziffern Aussagen über eine Reihe bautechnisch wichtiger Bodeneigenschaften. Sie ermöglicht eine einwandfreie Beschreibung und Klassifizierung (s. S. 825 und 848) und ist ferner die Voraussetzung, um einmal festgestellte Bodenkennziffern statistisch erfassen und einwandfrei auf andere Bodenproben übertragen zu können.

Die Ermittlung des Kornaufbaus der nichtbindigen Böden geschieht durch die „Siebanalyse", die der bindigen Böden durch die „Schlämmanalyse". Schwach bindige Böden mit mehr als 10% Schluff und Ton oder bindige Böden mit einem nennenswerten Anteil ($>$ 10%) an Korngrößen $>$ 0,06 mm müssen durch eine Schlämm- und Siebanalyse („Kombinierte Analyse") untersucht werden. In der englisch-amerikanischen Literatur werden diese drei Versuche durch den Ausdruck „Mechanical Analysis" zusammengefaßt.

a) Siebanalyse.

Bei der Siebanalyse wird das trockene Korngemisch auf übereinandergestellten Sieben verschiedenen Durchgangs in seine Einzelfraktionen zerlegt.

Enthält die Probe einen erheblichen Anteil an Korngrößen $>$ 2 mm, wie es bei den für den Erddamm- oder Erdstraßenbau geeigneten Materialien meist der Fall ist, so ist es notwendig, die Anteile $>$ 2 mm (Kies und Steine) und $<$ 2 mm (Sand) zu trennen und jeden dieser Anteile getrennt zu untersuchen, da die Siebung der Grobanteile eine größere Probenmenge als die der Feinanteile erfordert.

Zur *Siebung der Grobanteile* soll möglichst die gesamte Probenmenge, d. h. u. U. eine Menge von mehreren kg, benutzt werden, mindestens aber eine Menge von 400 bis 500 g. In Anlehnung an den British Standard 1377 ist es zweckmäßig, Siebe mit 40 mm, 20 mm, 10 mm und 6 mm Maschenweite zu benutzen.

Maschensiebe (maximale Maschenweite 6 mm) sind bisher in Deutschland nach den geltenden DIN-Bestimmungen als *Prüf*siebe zwar nur für Siebungen von Feinmaterialien vorgesehen (DIN 1171 „Drahtgewebe für Prüfsiebe" aus dem Jahre 1934[1]), für Siebungen von Grobmaterialien dagegen Rundlochsiebe (minimaler Lochdurchmesser 1 mm; DIN 1170 „Rundlochbleche für Prüfsiebe" aus dem Jahre 1933[2]). Bei Benutzung von teils Maschensieben (lichter Maschenabstand l), teils Rundlochsieben (Lochdurchmesser d) für ein und dasselbe Material ist jedoch eine Korrektur notwendig, um die Äquivalenz der beiden Siebarten herzustellen. Mit für die Praxis ausreichender Genauigkeit ist:

$$l = 0,8\, d. \tag{31}$$

(Das heißt z. B.: Das auf einem Rundlochsieb mit $d = 1$ mm ermittelte Fraktionsgewicht ist dem auf einem Maschensieb mit $l = 0,8$ mm ermittelten Fraktionsgewicht gleichwertig.)

Einfacher und praktischer ist es deshalb, für die Korngrößen $>$6 mm statt der *Prüf*siebe *Nutz*siebe zu verwenden, und zwar entweder gemäß DIN 4189 „Drahtgewebe" aus dem Jahre 1953 (maximale Maschenweite 25 mm) oder gemäß DIN 24042 „Lochbleche" aus dem Jahre 1954 (maximale Weite der Quadratloche 160 mm).

---

[1] Neufassung erscheint 1957 als DIN 4188; hierin sind Maschenweiten von 0,04 mm bis 25 mm angegeben.
[2] Neufassung z. Zt. in Bearbeitung.

Bei großen Maschenweiten ist auch der Gebrauch der sonst für Maschinensiebungen üblichen Rundsiebe mit 150 mm oder 200 mm ⌀ nicht mehr einwandfrei, da dann auf der Siebfläche keine genügend große Maschenzahl mehr vorhanden ist. Für die Korngrößen > 20 mm ist deshalb die Verwendung von Kastensieben (Seitenlänge 50 cm) angebracht.

Zur *Siebung der Feinanteile* eines nichtbindigen Bodens mit einem nur geringen Kiesgehalt genügt eine Menge von 100 bis 200 g und ein Siebsatz mit den Maschenweiten 0,06 mm, 0,1 mm, 0,2 mm, 0,6 mm, 1 mm und 2 mm, notfalls auch noch 6 mm.

Zur Untersuchung wird die Gesamtprobe oder die ausgewählte Teilprobenmenge im Trockenschrank (105° C) getrocknet und ihr Gewicht auf 0,1 g genau bestimmt. Das Probenmaterial wird dann — gegebenenfalls mit Trennung in den Anteil > 2 mm und < 2 mm und Wägung dieser Anteile (s. o.) — im Siebsatz 10 min (Maschinensiebung) oder 15 min (Handsiebung) lang gesiebt. Die Rückstände auf den einzelnen Sieben werden auf 0,1 g gewogen und ihr Anteil an der Ausgangsmenge in Gewichtsprozenten ermittelt.

Enthält die Probe offensichtlich Spuren von bindigen Bestandteilen, von denen angenommen werden muß, daß sie beim Trocknen an den Grobbestandteilen festkleben und sich während der Siebung nicht von ihnen trennen, so muß die getrocknete und gewogene Probe vor dem Sieben auf dem 0,06 mm-Sieb sorgfältig gewaschen und alles bindige Feinmaterial ausgespült werden. Ist die Probenmenge hierfür zu groß, so ist ein größeres Sieb von geeigneter Maschenweite vorzuschalten. Nach erneutem Trocknen der Probe ist der Gewichtsverlust infolge des Waschens festzustellen und dann die Siebung durchzuführen.

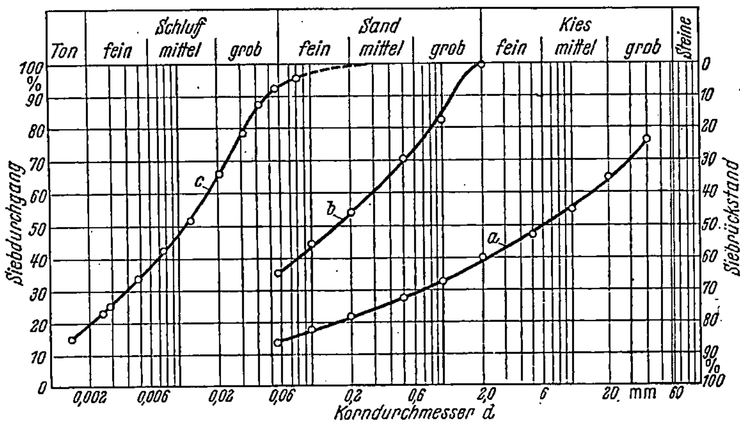

Abb. 77. Kornverteilungskurve eines schwachbindigen Sand-Kies-Gemisches (a) und eines tonigen Schluffs (c); Kurve *b* gibt den Anteil < 2 mm des Bodens nach Kurve *a* wieder (Versuchsprotokolle zu den Kurven s. Tab. 4 und 6).

Die Auftragung der addierten Siebrückstände in Abhängigkeit von den zugehörigen Korndurchmessern liefert als Summenlinie die „*Kornverteilungskurve*". Um den Kurvenverlauf, der sich häufig zwischen 0,001 und 10 mm erstreckt und für die kleinen Korngrößen besonders wichtig ist, auch für diese Korngrößen deutlich werden zu lassen, wird der Korndurchmesser *d* auf der Abszisse in logarithmischer Teilung aufgetragen (Abb. 77). Entgegen dem früheren Brauch werden die Kurven heute — wie es auch im Ausland meist üblich ist und in Deutschland auch für die Körnungskurven der Betonzuschlagstoffe stets üblich war — von links nach rechts aufgetragen, d. h. die kleinen Korngrößen liegen links.

Tabelle 4. *Bestimmung der Kornverteilungskurve eines schwachbindigen Sand-Kies-Gemisches durch Siebanalyse.*

Gesamtmenge: 40 kg. (Grobsiebung)

Maschenweite (mm)	Siebrückstände		
	(kg)	in % der Gesamtmenge	Summe in % der Gesamtmenge
40	9,52	23,8	23,8
20	4,20	10,5	34,3
10	4,04	10,1	44,4
5	3,04	7,6	52,0
2	3,20	8,0	60,0
>2	24,00	60,0	
<2	16,00	40,0 = P	

Teilmenge: 400 g. (Feinsiebung)

Maschenweite (mm)	Siebrückstände				
	(g)	in % der Teilmenge	Summe in % der Teilmenge	% Einzelrückstände × $P/100$	Summe in % der Gesamtmenge
5	—	—	—	—	—
2	—	—	—	—	—
1	70,8	17,7	17,7	7,1	67,1
0,5	46,8	11,7	29,4	4,7	71,8
0,2	64,0	16,0	45,4	6,4	78,2
0,1	38,0	9,5	54,9	3,8	82,0
0,06	35,2	8,8	63,7	3,5	85,5
Schale	145,2	36,3	100,0	14,5	100,0
Σ	400,0	100,0		40,0 ≡ P	

Hat man den Grob- und Feinanteil getrennt gesiebt, so kann sofort nur der zu dem Grobanteil gehörende Ast der Kornverteilungskurve als Summenkurve der Siebrückstände, bezogen auf die Gesamtprobenmenge G, aufgetragen werden. Zur Auftragung des zu dem Feinanteil gehörenden Teils der Kornverteilungskurve ist zunächst der Durchgang P der Gesamtprobe durch das 2,0 mm-Sieb in Prozent der Gesamtmenge G festzustellen. Dann berechnet man die Siebrückstände des Feinanteils in Prozent der zur Siebung des Feinanteils dienenden Probenmenge G', multipliziert die erhaltenen Werte mit dem Prozentanteil P und vervollständigt mit den so berechneten Werten die Kornverteilungskurve. Die Summenkurve der Siebrückstände des Feinanteils kann außerdem als besondere Kurve aufgetragen werden.

Eine Durchrechnung zeigt Tab. 4. Die zugehörigen Kurven für das Gesamtmaterial (Kurve a) und den Feinanteil (Kurve b) sind in Abb. 77 eingetragen.

Für manche Zwecke ist die *Darstellung des Kornaufbaus eines Bodens in einem Dreiecksnetz* angebracht (Abb. 78). Man betrachtet den Boden dann als ein Dreistoffgemisch, entweder als Kies-Sand, Schluff und Ton oder als Kies, Sand und Schluff-Ton. Diese Darstellung ist besonders geeignet, um aus diesen drei Einzelfraktionen geeignete Mischungen, z. B. für den Erdstraßenbau, aufzubauen (Forschungsgesellschaft für das Straßenwesen [94]). Außerdem dient sie zur bequemen Einstufung eines seinem Kornaufbau nach bekannten Bodens in bestimmte Bodengruppen (Bodenklassifizierung, s. S. 849). Die Grenzen dieser Bodengruppen sind hierzu in das Dreiecksnetz eingetragen (s. Abb. 78).

Jeder Punkt des Netzes entspricht einer Mischung der drei benutzten Einzelfraktionen. Ihre Zusammensetzung wird dadurch abgelesen, daß man durch den Punkt Parallelen zu den Dreiecksseiten zieht. Auf jeder Skala sind die Parallelen zu der durch den jeweiligen Nullpunkt laufenden Dreiecksseite maßgebend. Zum Beispiel stellt in Abb. 78 der Punkt P_1 eine Mischung von 40% Ton, 30% Schluff und 30% Sand dar. Die Kornverteilungskurve c in Abb. 77 entspricht dem Punkt P_2.

Die Unterteilung der Korngrößen zur Festlegung der Hauptbodenarten und die sich aus den vorhandenen Gewichtsprozenten ergebende Beschreibung der Böden ist bereits auf S. 825 behandelt, ebenso der die Neigung der Kornverteilungskurve kennzeichnende „Ungleichförmigkeitsgrad" [s. Gl. (2)]. Über die Beziehungen der Kornverteilungskurve zur Bodenklassifizierung, d. h. zur Einteilung in bestimmte, bautechnisch wichtige Bodenklassen, s. S. 849, insbes. Tab. 1.

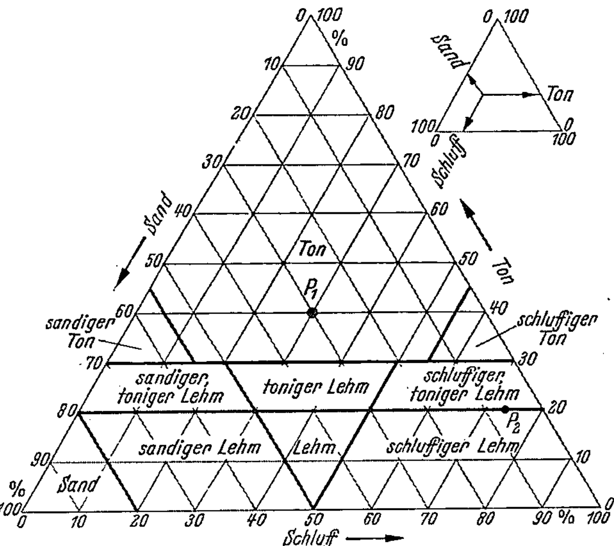

Abb. 78. Darstellung des Kornaufbaus im Dreiecksnetz. Die eingetragenen Grenzen entsprechen einer Klassifikation des US Bureau of Public Roads unter Zugrundelegung der ASTM-Korngrößeneinteilung.

Aus der Kornverteilung kann man auch Schlüsse auf die „*Frostgefährlichkeit*" eines Bodens ziehen. Frostgefährliche Böden neigen — neben der bei allen Böden infolge der Verwandlung des Porenwassers in Eis vorhandenen Volumenausdehnung beim Gefrieren um $^1/_{11}$ ihres Volumens — zu einer zusätzlichen Volumenausdehnung infolge Eislinsenbildung und einen dadurch ausgelösten kapillaren Wassernachschub. Es gibt eine ganze Reihe von Frostkriterien, bei denen aus der Kornverteilung auf die Frostgefährlichkeit geschlossen wird. Das bekannteste ist das in Deutschland seit 1934 bekannte Frostkriterium von A. CASAGRANDE (DÜCKER [166]). Hiernach sind ungleichförmige Böden frostgefährlich, wenn im Gesamtmaterial mehr als 3 % an Korngrößen < 0,02 mm enthalten sind, während gleichförmige Böden (Ungleichförmigkeitsgrad $U < 5$) erst bei einem Gehalt von mehr als 10 % an Korngröße < 0,02 mm frostgefährlich sind. Gegen dieses Frostkriterium wird neuerdings der Einwand erhoben (SCHAIBLE [167], [185]), daß es oft zu vorsichtig sei und dann zu unwirtschaftlichen Lösungen führt.

b) Schlämmanalyse.

Bei der Schlämmanalyse wird die Kornverteilung bindiger Böden innerhalb der Grenzen von etwa 0,1 bis 0,001 mm mit Hilfe der Sinkgeschwindigkeit der Bodenkörner im Wasser bestimmt, die gemäß dem 1850 von STOKES für den Fall von kugelförmigen Körnern in einer Flüssigkeit aufgestellten Gesetz untersucht werden kann. Die für die Schlämmanalyse entwickelten Verfahren (GESSNER [95]) unterscheiden sich im wesentlichen dadurch, daß die Bodenteilchen entweder in einem mit verschiedener Geschwindigkeit aufsteigenden Wasserstrom nach ihren Korngrößen zerlegt werden („Spülverfahren") oder daß ihre Korngröße nach der Zeit ermittelt wird, die sie benötigen, um sich an der Sohle des Gefäßes abzusetzen („Absetzverfahren"). Für bautechnische Bodenuntersuchungen werden heute die Absetzverfahren bevorzugt, von denen die „Aräometer-Methode" am meisten angewandt wird. In den Geologischen Anstalten wird auch die „Pipette-Methode" oft benutzt, die auch im British Standard 1377 an erster Stelle behandelt wird.

Im folgenden wird die *Aräometer-Methode* beschrieben, die gerätemäßig einfacher und in der Durchführung bequemer ist und sich seit ihrer Einführung vor etwa 30 Jahren (Bouyoucos [96], A. Casagrande [97]) für Baugrund-prüfungen gut bewährt hat. Das Verfahren beruht auf der Messung der sich mit der Zeit infolge des Absetzvorgangs ändernden Dichte eines Boden-Wassergemischs (Suspension) mit einem Dichtemesser (Aräometer), dessen Schwimmtiefe verfolgt wird.

Die Abmessungen des für Bodenuntersuchungen geeigneten Aräometers zeigt Abb. 79. Die Spitze ist mit Schrotkörnern so beschwert, daß sich in destilliertem Wasser bei einer Temperatur von 20° C an der von 0,995 bis 1,030 g/ml reichenden Skala die Ablesung 1,000 g/ml ergibt.

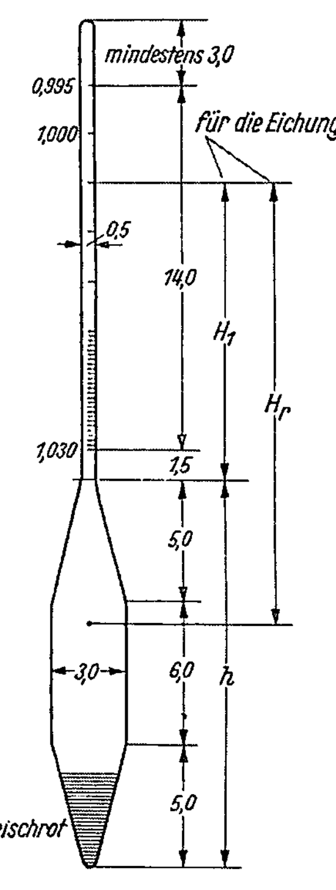

Abb. 79. Aräometer zur Dichte-bestimmung von Suspensionen. Maße in cm.

Ist dies nicht der Fall, so ist eine entsprechende Korrektur c_s vorzusehen. Ferner muß beachtet werden, daß sich die Ablesung am Aräometer durch das der Bodensuspension zugesetzte Antikoagulationsmittel (s. u.) ändern kann. Die entsprechende Korrektur c_a erhält man durch Ablesen der Eintauchtiefe des Aräometers in destilliertem Wasser von 20° C vor und nach Zufügen des Antikoagulationsmittels. Eine weitere Korrektur, die Meniskuskorrektion c_m, wird dadurch notwendig, daß man die Eintauchtiefe zur Verbesserung der Ablesegenauigkeit nicht in Höhe des wirklichen Wasserspiegels, sondern in Höhe des Meniskusrandes abliest. Vor allem aber ist der Einfluß der Temperaturänderungen auf die Dichte des Wassers in den Schlämmzylindern zu berücksichtigen. Als Bezugstemperatur wird die Temperatur von 20° C gewählt. Die Temperaturkorrektionen c_t sind in Tab. 5 zusammengestellt. Sie werden nicht benötigt, wenn man die Schlämmzylinder in ein Wasserbad mit 20° C stellt und die Schlämmanalysen dort durchführt.

Schließlich ist noch das Aräometer selbst zu eichen. Die Eichung besteht in der Festlegung der wahren Tiefe des Teils der Suspension, der die Eintauchtiefe und damit die Ablesung r des Aräometers bedingt. Der Abstand dieses Teils der Suspension von der Oberfläche wird durch das Einführen des Aräometers verändert, und zwar um so mehr, je größer das Volumen der Aräometerbirne und je kleiner der Querschnitt des Schlämmzylinders ist. Die Eichung geschieht durch Messen des Volumens V der Aräometerbirne, der Querschnittsfläche F des Schlämmzylinders und des Abstands h zwischen der oberen (Schaft-

Tabelle 5. *Temperaturkorrektion c_t für eine Schlämm-Menge von 1000 ml; bezogen auf 20° C.*
(Nach A. Casagrande.)

| | — | | | | | + | | | | | | | |
	15°	16°	17°	18°	19°	20°	21°	22°	23°	24°	25°	26°	27°
,0	0,77	0,64	0,50	0,36	0,18	0	0,18	0,38	0,58	0,79	1,02	1,27	1,52
,1	0,76	0,63	0,48	0,34	0,16	0,02	0,20	0,40	0,60	0,81	1,05	1,29	1,54
,2	0,75	0,61	0,47	0,32	0,14	0,04	0,22	0,42	0,63	0,83	1,08	1,32	1,56
,3	0,74	0,60	0,46	0,30	0,12	0,06	0,24	0,44	0,65	0,86	1,10	1,35	1,58
,4	0,73	0,58	0,44	0,28	0,10	0,07	0,26	0,46	0,67	0,89	1,13	1,37	1,61
,5	0,71	0,57	0,43	0,27	0,09	0,09	0,28	0,48	0,69	0,91	1,16	1,39	1,63
,6	0,70	0,56	0,41	0,25	0,07	0,10	0,30	0,50	0,71	0,93	1,18	1,41	1,66
,7	0,68	0,55	0,40	0,23	0,06	0,12	0,32	0,52	0,73	0,95	1,20	1,44	1,69
,8	0,67	0,53	0,39	0,21	0,04	0,14	0,34	0,54	0,75	0,98	1,22	1,47	1,72
,9	0,65	0,51	0,37	0,20	0,02	0,16	0,36	0,56	0,77	1,00	1,25	1,50	1,75

ansatz) und der unteren Spitze der Aräometerbirne sowie der Abstände H_1 zwischen dem Schaftansatz und den Teilungen auf der Ableseskala (s. Abb. 79). Die wahren Tiefen H_r, die den Ablesungen r entsprechen, sind:

$$H_r = H_1 + \frac{1}{2}\left(h - \frac{V}{F}\right). \tag{32}$$

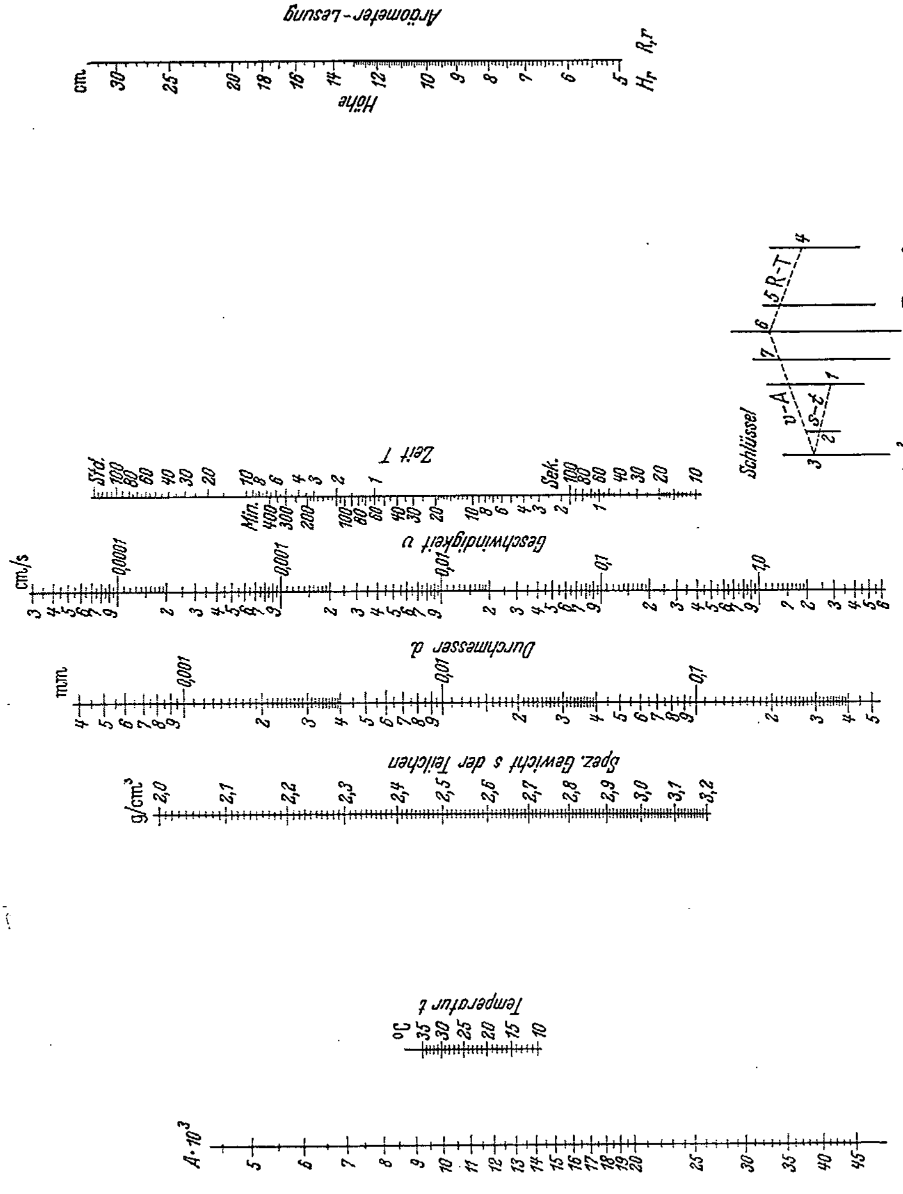

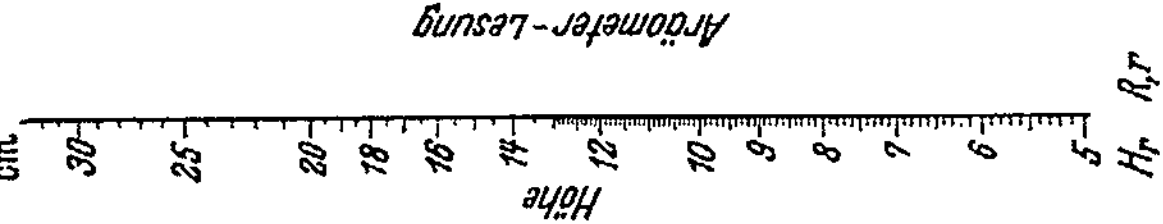

Abb. 80. Nomogramm nach A. CASAGRANDE zur Bestimmung des Korndurchmessers feinkörniger Böden mit Hilfe der Aräometermethode.

Zur Lösung des STOKESschen Gesetzes ist von A. CASAGRANDE [97] ein Nomogramm entworfen worden (Abb. 80). Zur Benutzung des Nomogramms für ein bestimmtes Aräometer sind auf der rechten Seite der H_r-Skala die den verschiedenen H_r-Werten zugrundeliegenden Ablesewerte r bzw. $R = (r - 1) \cdot 1000$ (s. u.) einzutragen.

Für die Untersuchung von bindigen Böden mit nur geringen ($<10\%$) Sandanteilen wird eine Bodenmenge, die unter Berücksichtigung des Wassergehalts einem Trockengewicht von etwa 30 bis 50 g entspricht, auf 0,1 g genau gewogen und mit etwa 100 ml destilliertem Wasser etwa 16 bis 24 h lang stehengelassen. Eine zweite, gleich schwere Probe wird im Trockenschrank (105° C) getrocknet und dient zur Ermittlung des Trockengewichts der eigentlichen Probe, die vor dem Versuch nicht getrocknet werden soll, da dadurch das spätere Trennen der Bodenkörner erschwert wird. Sieht man von der Verwendung einer zweiten Probe zur Bestimmung des Trockengewichts ab, so muß dieses nach Abschluß der Schlämmanalyse durch Eindampfen des Boden-Wassergemischs und Wiegen des Rückstands ermittelt werden, was sehr zeitraubend ist. Um die zu verdampfende Wassermenge herabzusetzen, kann man hierbei durch Zufügen einiger Tropfen Salzsäure eine Flockenbildung und ein schnelleres Absetzen des Bodens herbeiführen und dann die bodenfreie Flüssigkeit abhebern.

Organisch verunreinigte Böden werden vor dem Einweichen mit etwa 100 g Wasserstoffsuperoxyd behandelt und leicht erwärmt ($\leq 60°$ C), um die flüchtigen Bestandteile zu vertreiben. Das überschüssige Superoxyd wird durch kurzes Kochen bei 100° C beseitigt.

Die aufgeweichte Probe wird durchgearbeitet und dann mit Hilfe einer Spritzflasche in den Becher eines Rührgefäßes gespült (Abb. 81). Zur Verhinderung einer Flockenbildung während des Absetzvorgangs wird das Boden-Wassergemisch mit einem Antikoagulationsmittel versetzt (z. B. 5 bis 10 ml einer 6%igen Wasserglaslösung oder 100 ml einer Lösung von 8 g Sodiumoxalat/l oder 0,2 g Lithiumkarbonat/l) und dann 10 bis 20 min lang gerührt. An-

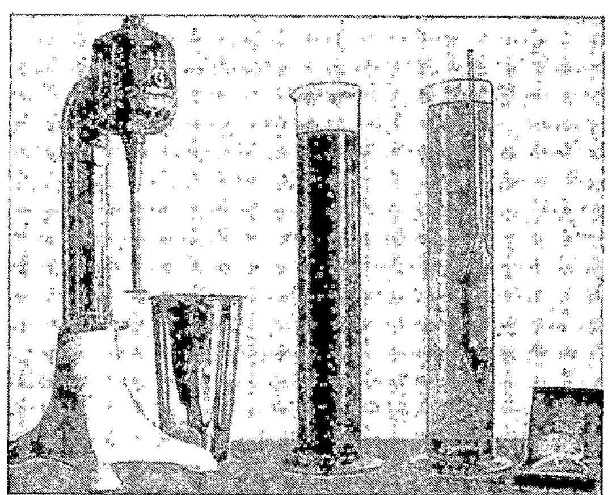
Abb. 81. Gerät für die Schlämmanalyse nach der Aräometermethode.

schließend wird die Suspension in den Schlämmzylinder (1000 ml, 6 cm $\varnothing$) gegossen, dieser bis zur Meßmarke mit destilliertem Wasser aufgefüllt und der Inhalt des Gefäßes durch Schütteln und zum Schluß durch Wenden, wobei der offene Teil mit der Handfläche geschlossen wird, noch einmal gut durchmischt. Dann setzt man den Glaszylinder auf dem Versuchstisch auf, löst die Stoppuhr aus, taucht das Aräometer vorsichtig in die Flüssigkeit ein und läßt es frei schwimmen. Nach $^1/_4$, $^1/_2$, 1 und 2 min wird die jeweilige Eintauchtiefe r in Höhe des Meniskusrandes an der Skala abgelesen, danach das Aräometer herausgenommen, abgespült und abgetrocknet. Nach 5, 15, 45 min, 2, 5, 8 und 24 h wird erneut eingetaucht und abgelesen. Gleichzeitig mißt man dann auch die Temperatur durch Einhängen eines Thermometers.

Da sich bei der ersten möglichen Ablesung nach 15 sek die Korngrößen über 0,1 mm bereits abgesetzt haben, können sie durch die Schlämmanalyse nicht erfaßt werden. Um ihren Anteil festzustellen, gießt man die wieder aufgespülte Suspension durch ein 0,06 mm-Sieb und wiegt den getrockneten Rückstand.

Aus den Ablesungen r zu den Zeiten T wird der Korndurchmesser d mit Hilfe der nomographischen Lösung des Stokesschen Gesetzes (Abb. 80) bestimmt. Hierzu werden schon bei der Messung die Ablesungen r durch einfache Kopfrechnung in $R = (r - 1) \cdot 10^3$ verwandelt. Liest man z. B. am Aräometer

$r = 1{,}0205$ ab, so wird in das Versuchsprotokoll sofort der Wert $R = 20{,}5$ übernommen; er wird gleichzeitig um die Meniskuskorrektion c_m und eine etwaige Korrektion c_a verbessert (s. Beispiel, Tab. 6)[1]. Bei der Benutzung des Nomogramms geht man von dem spezifischen Gewicht s der Bodenteilchen, das bekannt sein muß, aus und erhält mit Hilfe der gemessenen Temperatur t einen Hilfswert A. Aus der Aräometerablesung R und der Zeit T gewinnt man die Sinkgeschwindigkeit v. Durch eine Verbindung des Hilfswerts A mit der Geschwindigkeit v ergibt sich der Korndurchmesser d.

Den Prozentanteil derjenigen Korndurchmesser, welche zu den betrachteten Zeiten T noch nicht zum Absatz gekommen sind, d. h. kleiner sind als die zu den betreffenden Zeitpunkten mit dem Nomogramm ermittelten Korndurchmesser, berechnet man nach der Gleichung:

$$G = \frac{s}{s-1}\,\frac{R'}{G_t}\,100,\qquad(33\,\text{a})$$

worin

    s spezifisches Gewicht der Bodenteilchen,
    G_t Trockengewicht der Bodenprobe,
    R' Ablesung am Aräometer, verbessert durch die Korrektionen c_s, c_a, c_m und c_t.

Eine erhebliche Vereinfachung des Versuchsvorgangs ergibt sich, wenn man das Gewicht G_u der Probe unter Wasser (*Tauchwägung;* SPOEREL [98]) bestimmt (s. a. S. 904 und 906). Mit Hilfe der Beziehung:

$$G_u = \frac{s-1}{s}\,G_t\qquad(34)$$

nimmt Gl. (33a) die einfache Form an:

$$G = \frac{R'}{G_u}\,100\,.\qquad(33\,\text{b})$$

Die so berechneten Gewichtsprozente entsprechen einem Siebdurchgang und sind entsprechend in das Kornverteilungsdiagramm einzutragen.

Die Durchrechnung eines Beispiels enthält Tab. 6. Die zugehörige Kurve ist in Abb. 77 dargestellt (Kurve c).

Tabelle 6.
Bestimmung der Kornverteilungskurve eines tonigen Schluffs durch Schlämmanalyse.

Korrektur $c_m - c_a$: $+0{,}6$.   Aräometerkorrektion c_s: $+0{,}8$ s: 2,67 g/ml G_t: 55,3 g.

Datum	Stunde	Verfloss. Zeit T	Aräometer-Lesung R + Korrektur $(c_m - c_a)$	Korndurch-messer d (mm)	Tempe-ratur t (°C)	Tempe-ratur-Korrektur c_t	Korrektur $(\pm c_t \pm c_s)$	Verbesserte Lesung R'	Gesamt-menge $G_x < d$ (%)
15. 11.	9^{24}	15″	32,7	0,079				33,20	96,0
		30″	31,7	0,056				32,20	93,0
		1′	29,9	0,041		−0,30	+0,50	30,40	87,9
		2′	26,9	0,031				27,40	79,2
	9^{29}	5′	22,6	0,020 5	18,3			23,10	66,8
	9^{39}	15′	17,4	0,012 5	18,3			17,90	51,7
	10^{09}	45′	14,4	0,007 5	18,2	−0,32	+0,48	14,88	43,0
	11^{24}	2 h	11,3	0,004 75	18,4	−0,28	+0,52	11,82	34,2
	14^{45}	5h 21′	8,3	0,002 9	17,8	−0,39	+0,41	8,71	25,2
	16^{25}	7h 01′	7,7	0,002 55	17,8	−0,39	+0,41	8,11	23,4
16. 11.	8^{38}	23h 14′	5,4	0,001 45	16,5	−0,57	+0,23	5,63	16,25

---

[1] Zu beachten ist, daß in dem Auswertungsnomogramm der Einfluß der Temperaturschwankungen schon durch die Temperaturskala und eine etwaige Aräometerkorrektion c_s schon bei der Eichung berücksichtigt sind. Man braucht im Nomogramm also nur die Korrektionen c_m und c_a. Da c_m stets positiv und c_a meist negativ ist, führt man hier lediglich die Differenz $(c_m - c_a)$ ein.

c) Kombinierte Analyse.

In ungleichförmigen bindigen oder schwachbindigen Böden oder bindigen Böden mit einem nicht zu vernachlässigenden Anteil ($>10\%$) an Korngrößen $>0{,}06$ mm muß die Kornverteilung durch eine Kombination einer Sieb- und Schlämmanalyse ermittelt werden.

Der einfachste Fall ist der, bei dem ein bindiger Boden weniger als etwa 70% an Bestandteilen $>0{,}06$ mm besitzt. Hier ist zunächst wie bei der Schlämmanalyse zu verfahren, jedoch ist die Ausgangsmenge höher (einem Trockengewicht von 50 bis 100 g entsprechend) zu wählen, da ja ein großer Teil der Probe sich schon in den ersten Sekunden vor Beginn der Ablesungen absetzt. Nach Abschluß der Schlämmanalyse ist dann mit dem auf dem $0{,}06$ mm-Sieb aufgefangenen Material eine Siebanalyse auszuführen.

Wenn der Anteil der Korngrößen $>0{,}06$ mm größer als etwa 70% ist, so ist die Schlämmanalyse nur mit dem Anteil $<0{,}06$ mm vorzunehmen. Hierzu kann die Probe im Trockenschrank (105° C) getrocknet und eine Menge von etwa 100 g oder mehr (dem Schluff- und Tongehalt entsprechend) auf $0{,}1$ g genau abgewogen werden; das Trockengewicht kann aber auch wie bei der Schlämmanalyse mit rein bindigem Material an Hand einer Parallelprobe bestimmt werden. Die Probe wird dann aufgeweicht, im Rührbecher gerührt und auf dem $0{,}06$ mm-Sieb gewaschen. Der Durchgang wird aufgefangen und zur Schlämmanalyse verwendet, der Rückstand getrocknet, gewogen und gesiebt. Bei der Ausrechnung der Gewichtsprozente sind alle Werte auf die Gesamtprobenmenge zu beziehen.

Handelt es sich um ein sehr ungleichförmiges Material, z. B. um ein tonigsandiges Kies- und Steingemisch, wie es im Erdstraßen- oder Erddammbau häufig vorkommt, so sind eine Grobsiebung mit dem Material >2 mm, eine Feinsiebung mit dem Material 2 bis $0{,}06$ mm und eine Schlämmanalyse mit dem Material $<0{,}06$ mm notwendig.

Dabei ist der folgende Weg zweckmäßig:

a) 1. Gesamtprobe lufttrocken auf einem 2 mm-Kastensieb durchsieben; 2. Trockengewicht des Durchgangs von (*1*) durch Bestimmung des Wassergehalts einer Teilprobe mit Hilfe von Gl. (27) berechnen; 3. Rückstand von (*1*) auf dem 2 mm-Sieb waschen, trocknen, wiegen und im Grobsiebsatz sieben; 4. Spülflüssigkeit von (*3*) auffangen, eindampfen, Rückstand wiegen und Gesamttrockengewicht des Anteils <2 mm sowie Trockengewicht der Gesamtprobe berechnen.

b) 1. Auswahl einer Teilprobe <2 mm trocknen, wiegen, aufweichen, im Rührbecher rühren und über dem $0{,}06$ mm-Sieb waschen; 2. Rückstand von (*1*) trocknen, wiegen und im Feinsiebsatz sieben; 3. Spülflüssigkeit von (*1*) auffangen, im Rührbecher rühren und durch eine Schlämmanalyse untersuchen.

Wenn die zur Schlämmanalyse tatsächlich benutzte Probenmenge G_t nur eine Teilprobe wie in dem eben beschriebenen Fall darstellt, ist Gl. (33a) in der Form anzuwenden:

$$G = \frac{s}{s-1}\,\frac{R'}{G_t}\,P. \qquad\qquad (33\,\text{c})$$

Hierin ist P die Prozentzahl, mit der das geschlämmte Material, d. h. der Durchgang durch das $0{,}06$ mm-Sieb, an der Gesamtprobe beteiligt ist.

Beträgt z. B. die Probenmenge für die Feinsiebung und Schlämmung $103{,}6$ g und der Rückstand auf dem $0{,}06$ mm-Sieb $69{,}4$ g, so ist $P = \dfrac{103{,}6 - 69{,}4}{103{,}6}\,100 = \dfrac{34{,}2}{103{,}6}\,100 = 33\%$.

Ist die Menge von $103{,}6$ g als Durchgang durch das 2 mm-Sieb selbst nur eine Teilprobe einer größeren Probe, von der festgestellt ist, daß sie im Gesamtmaterial (>2 mm) mit z. B. 90% vertreten ist, so wird $P = 33 \cdot 90/100 = 29{,}7\%$. Gl. (33 c) hätte dann zu lauten:

$$G = \frac{s}{s-1}\,\frac{R'}{34{,}2}\,29{,}7.$$

2. Bestimmung des spezifischen Gewichts.

Das „spezifische Gewicht s" des Bodens ist das Stoffgewicht seiner porenfrei gedachten Festmasse:

$$s = G_t/V_t, \tag{35}$$

worin

G_t Trockengewicht des Bodens,
V_t Volumen der die Bodenprobe bildenden Bodenkörner.

Das spezifische Gewicht ist gleich dem mittleren spezifischen Gewicht der Gesteinsminerale, aus denen sich der Boden zusammensetzt. Die Dimension wird in Deutschland für baupraktische Zwecke gewöhnlich in g/ml oder t/m^3 angegeben. Im Ausland ist dagegen mehr der Gebrauch als dimensionslose Größe üblich, entsprechend der physikalischen Definition, daß das spezifische Gewicht angibt, wievielmal schwerer ein Stoff ist als die gleich große Menge Wasser bei einer Temperatur von $4°$ C.

In der Bodenmechanik wird das spezifische Gewicht unmittelbar nicht benötigt, da dort nur das Einheitsgewicht des nicht porenfreien Bodens, d. h. das Raumgewicht (s. S. 905), gebraucht wird. Die Kenntnis des spezifischen Gewichts ist aber zur Bestimmung anderer bodenmechanischer Kennziffern, wie z. B. der Porenziffer, unentbehrlich.

Da das spezifische Gewicht der Mineralböden nur in verhältnismäßig sehr geringen Grenzen, etwa zwischen 2,55 und 2,75 g/ml schwankt, kann es innerhalb dieser Grenzen einigermaßen zutreffend geschätzt werden. Seine experimentelle Bestimmung ist deshalb nur dann angebracht, wenn sie sehr genau ist und die zweite Stelle hinter dem Komma genau liefert. Für sie kommt deshalb allein die ziemlich zeitraubende „Pyknometermethode" in Frage.

Bei der Pyknometermethode werden mit Wasser gefüllte Meßkolben von 50, 100 oder 250 ml Inhalt benutzt, um das Volumen der die Probe bildenden Bodenkörner zu ermitteln. Dieses Volumen ist gleich dem Volumen der durch die Bodenkörner verdrängten Wassermenge. Da dieses aber eine Funktion der Temperatur ist, müssen entweder alle Wägungen bei der gleichen Temperatur vorgenommen oder durch Temperaturkorrektionen auf eine gemeinsame Vergleichstemperatur abgestellt werden. Gewöhnlich wird der zweite Weg beschritten und als Vergleichstemperatur aus praktischen Gründen die beim Versuch vorhandene Temperatur t_2 gewählt. An sich wäre es notwendig, die Messungen auf $4°$ C abzustellen, da nur dann das Wasser die Dichte 1 hat. Der Unterschied im spezifischen Gewicht ist aber gering ($\sim$0,002 g/ml) und kann vernachlässigt werden.

Tabelle 7. *Temperaturkorrektion ΔG für Pyknometer von 100 ml Inhalt; zur Korrektion von $t_1 = 20° C$ auf $t_2^{\circ} C : G_{20°} + \Delta G = G_{t_2}$.*
Bei Eichung der Pyknometer sind Vorzeichen umzukehren.

t_2	+					−				
	15°	**16°**	**17°**	**18°**	**19°**	**20°**	**21°**	**22°**	**23°**	**24°**
,0	0,089	0,074	0,057	0,039	0,020	0,000	0,021	0,044	0,067	0,091
,1	0,088	0,072	0,055	0,037	0,018	0,002	0,024	0,046	0,069	0,093
,2	0,086	0,071	0,053	0,035	0,016	0,004	0,026	0,048	0,072	0,096
,3	0,085	0,069	0,052	0,033	0,014	0,006	0,028	0,050	0,074	0,098
,4	0,083	0,067	0,050	0,032	0,012	0,009	0,030	0,053	0,076	0,101
,5	0,082	0,066	0,048	0,030	0,010	0,011	0,032	0,055	0,079	0,103
,6	0,080	0,064	0,046	0,028	0,008	0,013	0,035	0,057	0,081	0,106
,7	0,079	0,062	0,045	0,026	0,006	0,015	0,037	0,060	0,084	0,109
,8	0,077	0,060	0,043	0,024	0,004	0,017	0,039	0,062	0,086	0,111
,9	0,075	0,059	0,041	0,022	0,002	0,019	0,041	0,064	0,089	0,114

Vor dem Versuch müssen die mit destilliertem Wasser gefüllten Pyknometer geeicht, d. h. es muß ihr genaues Gewicht (G_w) festgestellt werden. Hierbei legt man am besten eine Temperatur t_1 von 20° C zugrunde, die sich von den Versuchstemperaturen t_2 i. a. nur wenig unterscheidet. Die dann zu berücksichtigenden Temperaturkorrektionen für 100 ml-Pyknometer enthält Tab. 7.

Beim Versuch werden — bei Gebrauch von 100 ml-Pyknometern — etwa 15 bis 30 g des im Trockenschrank (105° C) getrockneten Bodens auf 0,001 g genau gewogen (Gewicht G_t), im Pulvermörser zerrieben, in das Pyknometer (Ge-

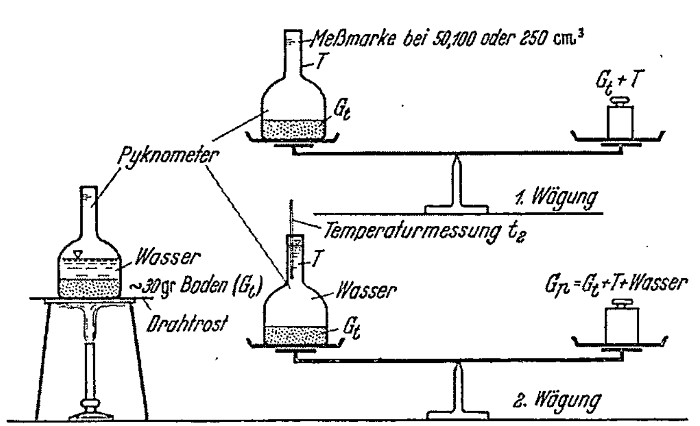

Abb. 82. Versuchsvorgang bei der Bestimmung des spezifischen Gewichts nach der Pyknometermethode.

wicht T) eingefüllt und mit diesem zusammen gewogen (Abb. 82, 1. Wägung). Das Pyknometer wird dann mit destilliertem Wasser gefüllt, bis die Bodenprobe gut bedeckt ist, in ein Wasserbad oder über einen Bunsenbrenner gestellt und — zur Austreibung aller an die Bodenkörner gebundenen Luft — so lange gekocht, bis keine Luftblasen mehr aufsteigen (etwa $^1/_2$ h lang). Bei nicht organischen oder nicht organisch verunreinigten Böden kann man das Abkochen der Probe auch dadurch ersetzen, daß man die Boden-Wassermischung im Pyknometer etwa 15 bis 30 min lang einem Unterdruck aussetzt, und zwar entweder mit Hilfe einer Wasserstrahlpumpe oder in einem Vakuum-Exsikkator. Dann läßt man das Pyknometer auf Zimmertemperatur abkühlen, gießt so viel destilliertes Wasser nach, bis die Meßmarke erreicht ist, und mißt das Gewicht G_p des mit der Bodenprobe und Wasser gefüllten Pyknometers (Abb. 82, 2. Wägung) und die Temperatur t_2 des Wassers.

Zur Berechnung des spezifischen Gewichts ist das bei der Eichung bei 20° C bestimmte Eichgewicht G_w auf die Temperatur t_2 mit Hilfe der Temperaturkorrektionen der Tab. 7 umzurechnen (s. Beispiel, Tab. 8). Mit Hilfe des korrigierten Gewichts G'_w ergibt sich das spezifische Gewicht bei $t_2°$ C zu:

Abb. 83. Bestimmung des Feststoffvolumens durch Tauchwägung der Probe im Pyknometer [98].

$$s_{t_2} = \frac{G_t}{G'_w + G_t - G_p} \cdot \eqno(36)$$

Die Bestimmung des spezifischen Gewichts kann durch Anwendung der *Tauchwägung* (SPOEREL [98]) wesentlich vereinfacht werden, besonders wenn man den Versuch mit dem erdfeuchten Boden beginnt und das Trockengewicht nach dem Versuch durch Eindampfen des Boden-Wassergemischs ermittelt. Man kann dann das Zerreiben der Proben vermeiden, das meist erst die hohe Luftadsorption herbeiführt, die später im Pyknometer mit vieler Mühe wieder beseitigt werden muß. Außerdem entfällt die umständliche Eichung und Einführung von Temperaturkorrektionen, weil bei der Tauchwägung (s. a. S. 906) — wo das Volumen durch Wiegen über und unter Wasser bestimmt wird — nur *eine* Wägung mit bzw. im Wasser ausgeführt wird. Das festgestellte spezifische Gewicht bezieht sich dann auf die Temperatur des Wassers bei dieser Wägung.

Zum Versuch bereitet man die feuchte Probe — notfalls mit Hilfe eines Rührbechers — zu einer Suspension auf, entlüftet diese wie oben im halbgefüllten Pyknometer, wiegt das Pyknometer mit dem Boden unter Wasser (Abb. 83) und später die getrocknete Probe. Das spezifische Gewicht ergibt sich zu:

$$s_{t_2} = \frac{G'_t - T}{(G'_t - T) - (G_u - T')} \, ,$$ (37)

worin

G'_t Gewicht des Pyknometers + trockener Probe,
G_u Tauchgewicht des Pyknometers + Probe,
T Gewicht des Pyknometers,
T' Tauchgewicht des Pyknometers.

Tabelle 8. *Bestimmung des spezifischen Gewichts.*

Pyknometer Nr.	13	11	4	Dim.
G_w = Gewicht des Pyknometers + Wasser bei $t_1 = 20{,}0°$ C	157,942	154,920	143,300	g
ΔG = Temperaturkorrektion	−0,089	+0,004	+0,089	g
auf t_2 ° C	23,9	19,8	15,0	°C
$G'_w = G_w + \Delta G$	157,853	154,924	143,389	g
G_p = Gewicht des Pyknometers + Wasser bei t_2 °C + Probe	175,016	167,158	157,078	g
$G_t + T$ = Trockengewicht der Probe + Tara . .	70,867	60,139	53,414	g
T = Tara	43,554	40,665	31,600	g
G_t = Trockengewicht der Probe	27,313	19,474	21,814	g
$G'_w + G_t - G_p$ = Volumen der Probe	10,150	7,240	8,125	ml
$\dfrac{G_t}{G'_w + G_t - G_p} = s_{t_2}$	2,69	2,69	2,69	g/ml

3. Bestimmung des Raumgewichts.

Das „Raumgewicht r" des Bodens ist das Gesamtgewicht einer Volumeneinheit einschließlich der darin enthaltenen, mit Wasser oder Luft gefüllten Hohlräume:

$$r = G_n / V \, .$$ (38)

Da hier nur das zu dem natürlichen, erdfeuchten Gewicht G_n der ausgewählten Bodenprobe gehörige Gesamtvolumen V zu messen ist und nicht das Volumen V_t der Kornmasse wie bei der Bestimmung des spezifischen Gewichts, ist der Versuch wesentlich einfacher als dort. Auch die erforderliche Genauigkeit ist geringer, da das Raumgewicht der Böden in großen Grenzen schwankt (etwa 1,35 bis 2,2 t/m³). Jedoch benötigt man ungestört entnommene Proben. An ihnen kann das Raumgewicht des naturfeuchten Bodens r_n und mit Hilfe von Gl. (27) das „Trockenraumgewicht r_0" ermittelt werden (s. S. 883).

Die Bestimmung des Raumgewichts r_n von ungestört in Entnahmezylindern ausgestanzten Proben ist bereits auf S. 884 behandelt (s. a. Abb. 86, rechts oben). Ist keine ungestört entnommene Probe vorhanden, so kann der gleiche Versuch auch an größeren Brocken ungestörten Materials durch Ausstechen und Wiegen kleinerer Proben durchgeführt werden.

Bei sehr bröckligen Böden oder sehr kleinen Brocken ungestörten Materials ist das Ausstechen einer Teilprobe oft nicht möglich. In diesem Falle bestimmt man das Volumen der Probe durch Eintauchen in eine Flüssigkeit. Das Volumen der verdrängten Flüssigkeit ist dann gleich dem Volumen des eingetauchten Körpers. Da die Bodenprobe beim Eintauchen in Wasser ihren Wassergehalt verändern würde, verwendet man zu dem Versuch Quecksilber und drückt.die Probe mit einer Platte, die mit drei Spitzen versehen ist, in das Quecksilber ein (Abb. 84, s. a. Abb. 86, rechts unten), wobei darauf zu achten ist, daß keine Luft unter der Probe verbleibt. Die über-laufende Quecksilbermenge wird auf-gefangen und gewogen (G_Q). Es ist:

$$V = G_Q/s_Q, \qquad (39)$$

worin

s_Q = spezifisches Gewicht des Queck-silbers = 13,6 g/ml.

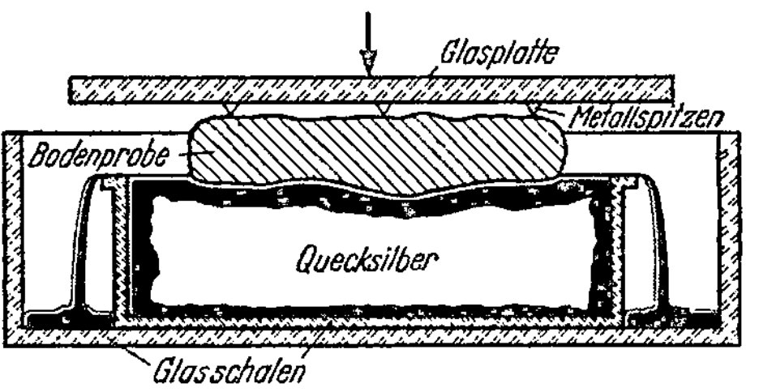

Abb. 84. Bestimmung des Volumens einer ungleich-mäßigen Probe.

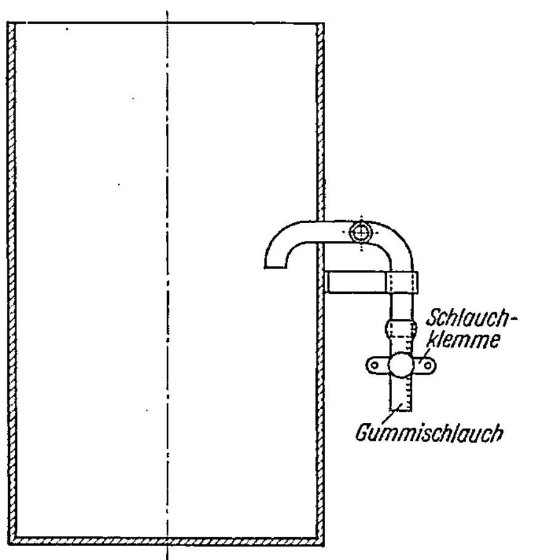

Abb. 85. Gerät zur Bestimmung des Proben-volumens mit Hilfe des Heberprinzips.

Mit größeren Proben ($\sim$ 100 ml) kann dieser Versuch sehr einfach auch in Wasser in einem Gefäß nach Abb. 85 nach Überziehen der Probe mit einem wasserabweisenden Schellacküberzug durchgeführt werden. Der gut in Waage aufgestellte Behälter wird hierzu bis einige Zentimeter über dem Heberauslaß mit Wasser gefüllt; dann wird die Schlauchklemme gelöst, so daß das über-schüssige Wasser durch den Heber beseitigt wird. Nach Schließen der Schlauch-klemme wird die Probe in den Behälter gelegt, die Schlauchklemme geöffnet und die über dem Heber ausfließende Wassermenge in einem Meßzylinder auf-gefangen. Sie ist gleich dem Volumen der Probe einschließlich dem Volumen der Schutzhaut. Letzteres kann durch Wiegen der Probe vor und nach dem Aufbringen des Überzugs und aus dem spezifischen Gewicht des Schellacks ($\cong$ 1) ermittelt werden.

Eine weitere Möglichkeit zur Volumenmessung der Bodenprobe bietet die *Tauchwägung* (Spoerel [98]). Bei ihr wird die Probe mit Schellack überzogen, vorher und nachher gewogen (Gewicht G und G') und dann an einem dünnen Draht unter Wasser gewogen (Gewicht G_u, Abb. 86, links). Das Volumen der Probe ergibt sich dann zu:

$$V = G' - G_u - (G' - G). \qquad (40)$$

Diese Untersuchungen lassen sich für den natürlichen Boden mit dem natürlichen Wassergehalt w_n und dem völlig trockenen Boden durchführen. Für die Anwendung sind die folgenden vier Fälle zu unterscheiden:

1. Boden in völlig trockenem Zustand (r_0),
2. Boden in natürlichem Zustand mit einem Wassergehalt $w_n (r_n)$,
3. Boden in völlig wassergesättigtem Zustand, d. h. in einem Zustand, in dem der gesamte Porenraum mit Wasser gefüllt ist (r_w),
4. Boden im Wasser, d. h. unter Auftrieb (r_u).

Abb. 86. Bestimmung des Probenvolumens. Links durch Tauchwägung; rechts durch Ausstechen (oben) und Verdrängen von Quecksilber (unten) gemäß Abb. 84.

Die Raumgewichte r_0, r_n, r_w und r_u können rechnerisch nach Kenntnis des Porenvolumens n, des spezifischen Gewichts s und des natürlichen Wassergehalts w_n berechnet werden. Es ist:

$$r_0 = \left(1 - \frac{n}{100}\right) s, \tag{41}$$

$$r_n = \left(1 - \frac{n}{100}\right)\left(1 + \frac{w_n}{100}\right) s = r_0\left(1 + \frac{w_n}{100}\right), \tag{42}$$

$$r_w = \left(1 - \frac{n}{100}\right) s + \frac{n}{100} \cdot 1 = r_0 + \frac{n}{100}, \tag{43}$$

$$r_u = \left(1 - \frac{n}{100}\right)(s - 1) = r_0 - 1 + \frac{n}{100} = r_w - 1. \tag{44}$$

Setzt man die Grenzwerte für n, s und w, wie sie für natürliche Böden in Frage kommen, in diese Gleichungen ein, so erhält man die Grenzen, in denen das Raumgewicht schwanken kann (Tab. 9).

Tabelle 9. *Raumgewichte r_0, r_n, r_w und r_u von Böden bei verschiedenem Porenvolumen n, Wassergehalt w_n und spezifischem Gewicht s.*

		n (%)	s (g/ml)	w_n (%)	r_0 (t/m³)	r_n (t/m³)	r_w (t/m³)	r_u (t/m³)
Starkbindige Böden	dicht	35	2,70	20	1,75	2,10	2,10	1,10
	locker	75	2,70	100	0,70	1,35	1,40	0,45
Schwachbindige Böden . .	dicht	30	2,67	10	1,90	2,10	2,20	1,15
	locker	45	2,67	20	1,50	1,80	1,90	0,90
Nichtbindige Böden	dicht	30	2,65	2	1,90	1,90	2,15	1,15
	locker	45	2,65	10	1,50	1,60	1,90	0,90

4. Bestimmung des Hohlraumgehalts.

Die Hohlräume des Bodens sind entweder mit Luft oder Wasser gefüllt. Bei der Untersuchung des Hohlraumgehalts ist deshalb nicht allein dessen Größe, sondern auch seine Füllung mit Wasser oder Luft von Bedeutung. Die Kenntnis des Hohlraumgehalts und seiner Unterteilung ist bei fast jeder Bodenuntersuchung wichtig, da sich die Festigkeitseigenschaften, wie z. B. die Zusammendrückbarkeit oder der Reibungswinkel, mit dem Hohlraumgehalt ändern und da sich auch ein wassergesättigter Boden anders als ein nicht wassergesättigter Boden verhält.

Das Hohlraumvolumen V_0 eines Bodens kann entweder auf das Gesamtvolumen V der Probe oder aber auf das Volumen V_t der festen Bodenmasse, die man sich dazu als einen porenfreien Körper vorstellt (Abb. 87a), bezogen werden.

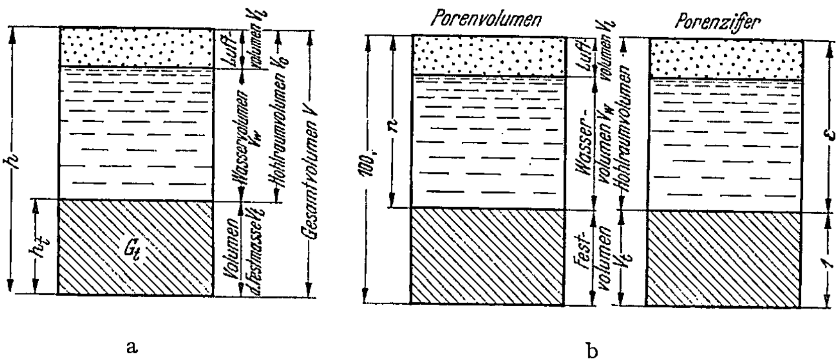

Abb. 87. Verteilung von Festmasse, Wasser und Luft im Boden (a) und Zusammenhang zwischen Porenvolumen und Porenziffer (b).

Das Verhältnis des Hohlraumvolumens zum Gesamtvolumen wird als „*Porenvolumen n*" — auch „Porenanteil" — und das Verhältnis des Hohlraumvolumens zum Volumen der festen Masse als „*Porenziffer ε*" — auch „Porenmaß" — bezeichnet. Beim Porenvolumen ist also das Gesamtvolumen der Probe, bei der Porenziffer das Volumen der Festmasse = 1 gesetzt (Abb. 87b). Das Porenvolumen n wird in Prozent angegeben, die Porenziffer $ε$ ist dimensionslos. Es ist also:

$$n = \frac{V - V_t}{V} \cdot 100, \tag{45}$$

$$\varepsilon = \frac{V - V_t}{V_t}. \tag{46}$$

Mit $V_t = G_t/s$ [s. Gl. (35)] wird:

$$n = 100 - \frac{G_t\,100}{V\,s}, \tag{47}$$

$$\varepsilon = \frac{V\,s}{G_t} - 1. \tag{48}$$

Zur Bestimmung von n und $ε$ sind also neben dem spezifischen Gewicht s nur das Gesamtvolumen V und das Trockengewicht G_t zu messen. n und $ε$ können deshalb versuchsmäßig nach dem gleichen Verfahren ermittelt werden. Da der Hohlraumgehalt im gewachsenen Boden von Stelle zu Stelle fast immer wechselt, ist die Ermittlung aber stets an mehreren Proben durchzuführen und der Mittelwert zu verwenden. Zur Messung von V kommen alle bei der Raumgewichtsbestimmung (s. S. 905) behandelten Methoden in Frage, so daß sich — abgesehen von s — die Ermittlung des Raumgewichts und des Porenvolumens bzw. der Porenziffer bis auf den Unterschied gleichen, daß im einen Fall die erdfeuchte Probe G_n und im anderen Fall die getrocknete Probe G_t gewogen werden muß.

Porenvolumen und Porenziffer sind durch folgende Gleichungen miteinander verknüpft:

$$n = \frac{\varepsilon}{1 + \varepsilon} \cdot 100, \tag{49}$$

$$\varepsilon = \frac{n}{100 - n}. \tag{50}$$

Für $n = 50\%$ wird: $\varepsilon = 1$, für $n = 75\%$: $\varepsilon = 3$. n bleibt stets kleiner als 100%, während ε bei sehr großen Hohlraumgehalten größer als 1 werden kann (s. Abb. 87b).

Für Böden mit völliger Wassersättigung ist die Gleichung erfüllt:

$$\varepsilon_w = \frac{w_n s}{100}, \tag{51}$$

worin

w_n natürlicher Wassergehalt in Prozent des Trockengewichts (s. S. 910).

Gl. (51) gibt die Möglichkeit zu beurteilen, welchen „*Luftgehalt*" ein Boden besitzt. Man bestimmt dazu ε versuchsmäßig nach Gl. (48). Von derselben Probe wird durch vorangehende Feuchtwägung der Wassergehalt w_n festgestellt und mit diesem nach Gl. (51) die Porenziffer berechnet, die vorhanden sein müßte, wenn der vorhandene Wassergehalt volle Wassersättigung bedeuten würde. Stimmen die beiden Werte ε nicht überein, so gibt die Größe der Porenzifferdifferenz ein Maß für den in der Probe befindlichen Luftgehalt. Diesen kann man auch als den Unterschied zwischen der Summe des *Festvolumens*:

$$V_t = G_t/s \tag{52}$$

und des *Wasservolumens*:

$$V_w = \frac{w_n G_t}{100} \tag{53}$$

gegenüber dem Gesamtvolumen berechnen (s. Abb. 87). Man braucht den Luftgehalt vor allem bei der Beurteilung der Verdichtungsmöglichkeit bindigen oder schwachbindigen Bodens und bei der Abschätzung der Größe des zu erwartenden Porenwasserdrucks in bindigen Schüttmaterialien für den Erddammbau.

Der „*Sättigungsgrad S*" gibt an, wie groß der mit Wasser gefüllte Teil des Hohlraumvolumens V_w (s. Gl. (53)] im Verhältnis zum Hohlraumvolumen ist:

$$S = \frac{V_w}{V - V_t} 100 = \frac{n_w}{n} 100. \tag{54}$$

Mit Gl. (46) und (53) ergibt sich:

$$S = \frac{w_n s}{\varepsilon_n}. \tag{55}$$

Der Sättigungsgrad gewährt in besonders bequemer und anschaulicher Weise eine Vorstellung, in welchem Maße das Hohlraumvolumen mit Wasser oder Luft gefüllt ist.

Beispiel:

$$w_n = 10\%, \quad n = 40\%, \quad s = 2{,}65 \text{ g/ml};$$

1. Weg: Porenziffer [Gl. (50)]: $\varepsilon_n = \dfrac{40}{100 - 40} = 0{,}667.$

Bei dem vorhandenen Wassergehalt müßte bei voller Sättigung sein [Gl. (51)]:

$$\varepsilon_w = \frac{10 \cdot 2{,}65}{100} = 0{,}265\,.$$

Luftgehalt: $\varepsilon_l = \varepsilon_n - \varepsilon_w = 0{,}402$ (bezogen auf Volumen der Festmasse),

Luftgehalt [Gl. (49)]: $n_l = \dfrac{0{,}402}{1 + 0{,}667}\,100 = 24{,}1\%$ (bezogen auf Gesamtvolumen).

2. Weg; Sättigungsgrad [Gl. (55)]: $S = \dfrac{10 \cdot 2{,}65}{0{,}667} = 39{,}7\%$
                                                                 (bezogen auf Hohlraumvolumen),

$$S' = 39{,}7\,\frac{40}{100} = 15{,}9\%$$
                                                           (bezogen auf Gesamtvolumen),

Luftgehalt $n_l = 100 - (100 - 40) - 15{,}9 = 24{,}1\%$ (bezogen auf Gesamtvolumen, s. o.),

Luftgehalt [Gl. (50)]: $\varepsilon_l = \dfrac{24{,}1}{100 - 40{,}0} = 0{,}402$ (bezogen auf Volumen der Festmasse, s. o.).

Das Porenvolumen n kann bei sandigen Böden Werte zwischen 30 und 45% annehmen, bei bindigen Böden Werte zwischen 35 und 75%. In sehr ungleichförmigen schwachbindigen Böden kann das Porenvolumen bis auf etwa 20% heruntergehen. Die Porenziffer ε ist theoretisch nach oben hin unbegrenzt. Meist liegt sie jedoch unter 1.

5. Bestimmung des Wassergehalts.

Der „Wassergehalt w" des Bodens ist das Gewicht des im Porenraum des Bodens befindlichen Wassers, bezogen auf das Trockengewicht G_t des Bodens. Der Wassergehalt wird in Prozent angegeben:

$$w = \frac{G_n - G_t}{G_t}\,100\,. \qquad (56)$$

Abb. 88. Bestimmung des Wassergehalts durch Tauchwägung.

Über den „Sättigungsgrad" s. S. 909.

Bei nichtbindigen Böden ist der Unterschied der Festigkeitseigenschaften zwischen der trockenen und der mit Wasser gesättigten Bodenprobe i. a. unbedeutend. Demgegenüber ändern sich die Festigkeitseigenschaften in den bindigen Böden mit dem Wassergehalt stark. Die Feststellung des natürlichen Wassergehalts w_n ist deshalb in den bindigen Bodenarten die wichtigste Feststellung überhaupt, während sie in den nichtbindigen Böden nur eine untergeordnete Bedeutung besitzt.

Zur Bestimmung des Wassergehalts wird eine nicht zu kleine Bodenmenge (20 bis 50 g) im feuchten Zustand zwischen luftdicht abschließenden Uhrgläsern oder Aluminiumschalen auf 0,01 g genau gewogen (Gewicht G_n), im Trockenschrank (105° C) je nach dem Grad der Bindigkeit, der Höhe des Wassergehalts und der Menge der Probe 2 bis 24 h lang getrocknet und nach Abkühlung im Exsikkator erneut gewogen (Gewicht G_t). Der Wassergehalt kann dann nach Gl. (56) berechnet werden.

Für Schnelluntersuchungen kann man, um das Austrocknen zu beschleunigen, die Probe, die in möglichst zerteilter Form in eine feuerfeste Schale gelegt wird, nach der 1. Wägung mit Spiritus übergießen, anzünden und das Porenwasser dadurch unter stetem Umrühren des Bodens beseitigen.

Ohne Trocknung des Bodens, jedoch bei Schätzung bzw. nach Kenntnis des spezifischen Gewichts kann der Wassergehalt in ähnlicher Weise wie bei der Bestimmung des spezifischen Gewichts mit Hilfe der Pyknometermethode (s. S. 903) oder mit Hilfe der Tauchwägung (s. S. 904) ermittelt werden.

Bei der *Pyknometermethode* (OLPINSKI [99]) bestimmt man das Gewicht G_w des allein mit Wasser gefüllten Pyknometers, anschließend das Feuchtgewicht G_n der Probe und dann das Gewicht G_p des mit Wasser und der feuchten Probe luftfrei gefüllten Pyknometers (s. S. 904). Der Wassergehalt des Bodens ist dann:

$$w = \left(\frac{G_n}{G_p - G_w} \frac{s-1}{s} - 1 \right) 100. \qquad (57)$$

Bei der *Tauchwägung* (SPOEREL [98]) wiegt man die feuchte Probe (Gewicht G_n), bereitet sie möglichst luftfrei zu einer Schlämme auf und wiegt sie dann unter Wasser (Gewicht G_u) (Abb. 88). Es ist dann:

$$w = \left(\frac{G_n}{G_u} \frac{s-1}{s} - 1 \right) 100. \qquad (58)$$

Die in den Mineralböden i. a. zu erwartenden Wassergehalte gehen aus Tab. 9 (s. S. 907) hervor. In den organischen Böden kann der Wassergehalt auf 500% und mehr ansteigen.

6. Bestimmung des Humusgehalts.

Unter „Humusgehalt" des Bodens versteht man den Gehalt an organischen Bestandteilen; er wird auf das Trockengewicht bezogen und in Prozent angegeben.

Da die organischen Bestandteile im Gegensatz zu den mineralischen Bestandteilen verbrennbar sind, kann man den Humusgehalt durch den Gewichtsverlust des Bodens beim Glühen, den sog. „*Glühverlust*", bestimmen. Bei organischen Sand- und Torfböden ist das Verfahren einwandfrei, bei organischen Tonböden und kalkhaltigen Böden können durch das Glühen auch andere chemische Vorgänge stattfinden, die das Ergebnis beeinträchtigen. So werden beispielsweise durch die beim Glühen auftretende Wasserabgabe der wasserhaltigen Tonminerale in den bindigen Böden und die Zerstörung des Kalziumkarbonats unter Neubildung von Kalziumoxyd und Entweichen der Kohlensäure in den kalkhaltigen Böden zu große Glühverluste und damit viel zu hohe Humusgehalte vorgetäuscht. In diesen Fällen muß die Humusbestimmung durch Oxydation, am einfachsten mit Hilfe von Wasserstoffsuperoxyd, erfolgen.

Zur *Bestimmung des Glühverlusts* wird eine Bodenmenge, die einem Trockengewicht von etwa 15 g entspricht, im Trockenschrank getrocknet. Dabei darf die Temperatur nicht wie sonst üblich auf 105° C eingestellt werden, da dann bereits die pflanzlichen Bestandteile z. T. verbrennen können. Man geht deshalb mit der Temperatur bis auf etwa 50° C herunter. Die getrocknete Probe wird zerrieben, auf 0,001 g genau gewogen (Trockengewicht G_t) und in einem Tiegel unter häufigem Umrühren 1 bis 3 h lang über einer Gasflamme geglüht. Die Hitze soll dunkle Rotglut nicht überschreiten. Nach erfolgter Abkühlung stellt man erneut das Gewicht der Probe (Glühgewicht G_g) fest.

Der Glühverlust ergibt sich zu:

$$g = \frac{G_t - G_g}{G_t} 100. \qquad (59)$$

Zur *Oxydation mit Wasserstoffsuperoxyd* wird die Bodenprobe wie oben getrocknet, gewogen (Trockengewicht G_t) und mit 30%igem H_2O_2 übergossen. Nach Beendigung der Reaktion nach etwa $^1/_2$ bis 2 h wird sie mit Wasser ausgewaschen und anschließend wieder getrocknet und gewogen (Gewicht G_g). Der Humusgehalt kann dann ebenfalls nach Gl. (59) berechnet werden.

Die Behandlung mit Wasserstoffsuperoxyd ist auch als Schnellprüfung auf das Vorhandensein von Humusbestandteilen in einem Boden geeignet. Bei starkem Humusgehalt beobachtet man nach dem Übergießen der Bodenprobe mit H_2O_2 ein 1 bis 2 h dauerndes Kochen, Schäumen und Verbrennen des Humusanteils, wobei sich der Schalenboden allmählich stark erwärmt. Unbedeutende schwache humose Verunreinigungen lassen sich nur durch geringes Knistern abhören und an der Bildung kleiner Blasen erkennen. Eine mit H_2O_2 ausgebrannte Humusbodenprobe bleicht oder verfärbt ferner gegenüber dem Originalboden in hellgrauer oder hellbrauner Aschefarbe.

In organischen Sandböden (z. B. humus- oder faulschlammhaltiger Sand, Schlick) kann der Humusgehalt etwa zwischen 0 und 10 % liegen, in organischen Schluff- und Tonböden kann er auf über 20 % und in reinem Torf bis auf 100 % ansteigen. In gewachsenen Mineralböden ist ein größerer Humusgehalt i. a. auf den an der Oberfläche anstehenden Boden beschränkt, doch kann ein geringer Humusgehalt (etwa 0,5 %) auch noch in Tiefen von 10 bis 15 m vorkommen.

7. Bestimmung der Konsistenzgrenzen.

Ein bindiger Boden kann in der Natur in verschiedener Beschaffenheit vorkommen: Er kann einen hohen natürlichen Wassergehalt besitzen und ist dann sehr weich, oder er kann verhältnismäßig trocken sein und ist dann hart. Zur Kennzeichnung der Konsistenz, d. h. der Beschaffenheit bindiger Böden je nach ihrem Wassergehalt, benutzt man die sog. „Atterbergschen Konsistenzgrenzen" (Atterberg [*100*]): Die „*Fließgrenze*", die „*Ausrollgrenze*" und die „*Schrumpfgrenze*".

Bei der Fließgrenze geht das Material vom „flüssigen" in den bildsamen, knetbaren, d. h. „plastischen" Zustand, bei der Ausrollgrenze vom plastischen in den „halbfesten" Zustand und bei der Schrumpfgrenze in den „festen" Zustand über. Die drei Grenzen sind durch genormte Versuche genau definiert. Sie werden durch den bei diesen Versuchen festgestellten Wassergehalt w_f, w_a oder w_s ausgedrückt. Die Untersuchung zerfällt also in die Herbeiführung der vorgeschriebenen Zustandsform durch Wasserzugabe oder -entzug und die Messung des zugehörigen Wassergehalts.

Zur Feststellung der drei Grenzen ist das erdfeuchte, d. h. vor dem Versuch nicht besonders getrocknete Material $<0,5$ mm zu verwenden[1].

a) Fließgrenze.

Die „Fließgrenze" eines Bodens ist der Wassergehalt w_f, bei dem eine Furche, die in einer, in einem genormten Versuchsgerät eingebrachten, gestörten Probe gezogen wird, nach einer bestimmten Zahl von Erschütterungen auf eine genau festgelegte Länge wieder zusammenfließt.

Die Fließgrenze wird in dem genormten Gerät von A. Casagrande (Abb. 89) ermittelt (A. Casagrande [*101*]). Es besteht aus einer Metallschale, die durch eine Kurbel um genau 1 cm angehoben werden kann und beim Weiterdrehen der Kurbel wieder auf ihre Unterlage zurückfällt. Zum Versuch wird eine Probe, die einem Trockengewicht von etwa 150 g entspricht, auf einer Glasplatte mit destilliertem Wasser gründlich so lange durchgearbeitet, bis eine gleichmäßig dicke Paste entsteht. Dann wird ein Teil der Probe in die Schale

---

[1] Nach dem British Standard 1377 das lufttrockene Material $<0,42$ mm ($<$ BS Sieb Nr. 36).

eingebracht und mit dem Spatel so geglättet, daß die Dicke des Bodens an keiner Stelle mehr als 1 cm beträgt. Mit Hilfe eines genormten Furchenziehers[1] (Abb. 90)

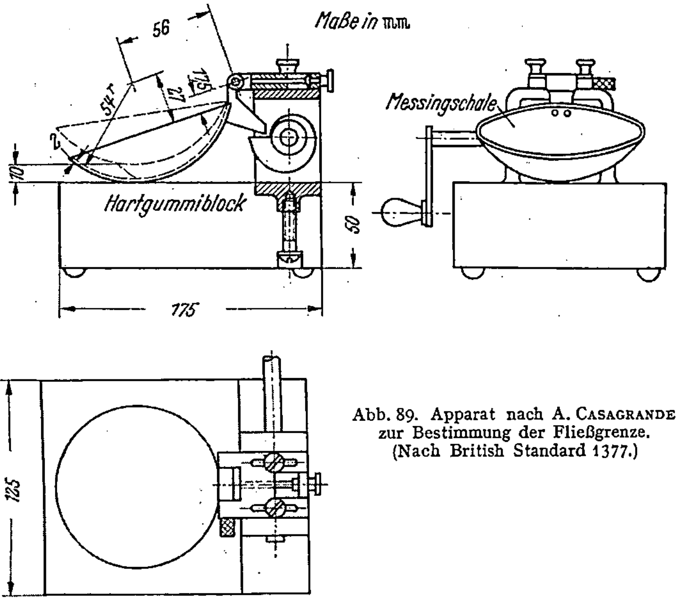

Abb. 89. Apparat nach A. Casagrande
zur Bestimmung der Fließgrenze.
(Nach British Standard 1377.)

wird in der Richtung des zur Nockenwelle senkrechten Durchmessers der Schale, ohne daß sich dabei die Probe verschieben darf, eine trapezförmige Furche gezogen, deren Länge sich bei richtig eingebrachter Füllung mit etwa 4 cm ergeben muß (Abb. 91). Dann wird die Schale durch Drehen der Kurbel mit einer Geschwindigkeit von zwei Umdrehungen je sek so oft angehoben und fallengelassen, bis sich die durch die Furche getrennten Flächen des Bodens längs einer Strecke von 1 cm wieder berühren. Nachdem durch drei aufeinanderfolgende Versuche festgestellt ist, daß sich die Schlagzahl nicht ändert, bestimmt man an einem

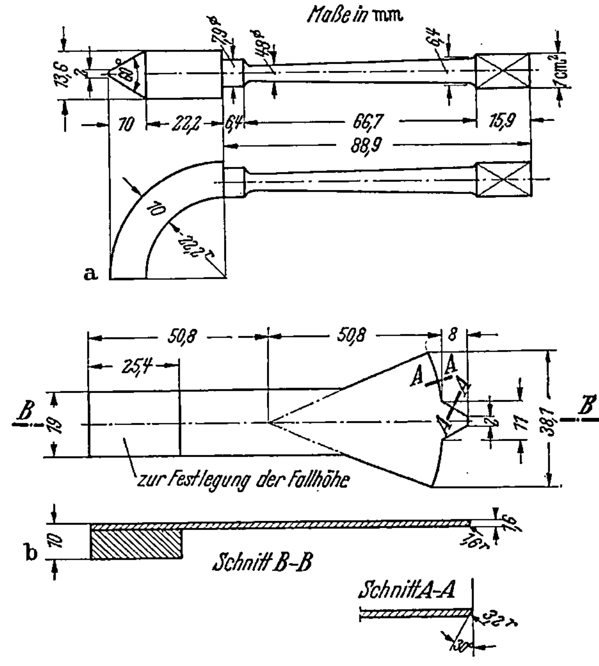

Abb. 90. Gedrungener Furchenzieher gemäß dem ASTM-Standard (a)
und flacher Furchenzieher nach A. Casagrande (b).
(Nach British Standard 1377.)

---

[1] In Deutschland wird fast ausschließlich der flache Furchenzieher benutzt, im Ausland häufig auch der gedrungene Furchenzieher, vor allem in körnige Bestandteile enthaltenden Böden. Er vermeidet besser das Herausreißen von Einzelkörnern.

Teil der Probe (5 bis 10 g) den Wassergehalt (bei Wägung der Gewichte mit einer Genauigkeit von 0,01 g).

Wenn die Schlagzahl, die zum Zusammenfließen der Furche notwendig ist, größer als 25 ist, wird der Wassergehalt der Gesamtprobe durch Zugabe von

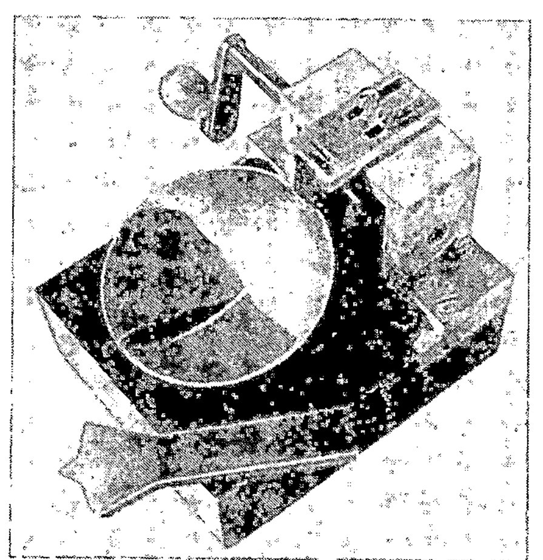

Abb. 91. Gefüllter Fließgrenzenapparat mit gezogener Furche.

Wasser aus einer Meßpipette ein wenig vergrößert, im anderen Fall durch Trocknen verringert und der Versuch in der gesäuberten Schale wiederholt. Dasselbe geschieht mit etwas verändertem Wassergehalt noch mindestens zwei weitere Male. Die höchste Schlagzahl soll nicht größer als 35, die niedrigste Schlagzahl nicht kleiner als 10 sein. Es ist zweckmäßig, zuerst die Versuche mit größerer Schlagzahl und dann die Versuche mit geringerer Schlagzahl durchzuführen.

Zur Auswertung wird auf der Abszisse der Wassergehalt in linearem Maßstab und auf der Ordinate die Zahl der zugehörigen Schläge im logarithmischen Maßstab aufgetragen (Abb. 92). Bei einwandfreier Durchführung der einzelnen Versuche müssen die sich ergebenden Punkte auf einer Geraden liegen. Der Wassergehalt, der sich bei einer Zahl von 25 Schlägen ergibt, ist gleich der Fließgrenze w_f.

Die Fließgrenze kann bei sandigen Böden nicht festgestellt werden und ist dort gleich Null zu setzen. Sie steigt bei schwächer bindigen Böden etwa bis

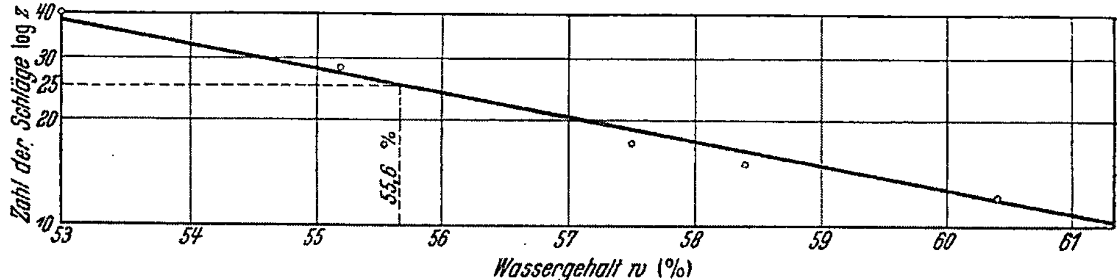

Abb. 92. Ermittlung der Fließgrenze w_f. $w_f = 55,6\%$.

auf 30% und bei stark bindigen Böden bis auf etwa 100% (s. Abb. 11) oder mehr (400% bei Vorhandensein stark quellfähiger Tonminerale) an. Je nach der Höhe der Fließgrenze werden die Böden in Gruppen verschiedener Plastizität eingeteilt (s. S. 828).

b) Ausrollgrenze, Plastizitätszahl und Konsistenzzahl.

Die „Ausrollgrenze" — auch „Plastizitätsgrenze" genannt — eines Bodens ist der Wassergehalt w_a, bei dem eine gestörte Bodenprobe anfängt zu zerbröckeln, wenn man sie mit der Handfläche in Rollen von weniger als 3 mm ⌀ auszurollen versucht.

Zum Versuch wird der Boden (10 bis 20 g Feuchtgewicht) auf einer Glasplatte mit einem Spatel durchgearbeitet und durch Zusetzen oder Entzug von Wasser in einen solchen Zustand gebracht, daß er eine knetbare Form besitzt. Eine Menge von etwa 1 ml wird dann auf einer wasseraufsaugenden Unterlage mit der Handfläche zu dünnen Rollen ausgerollt. Die Rollen zerbröckeln hierbei zunächst nicht, da ihr Wassergehalt noch so hoch ist, daß sie eine ausreichende Plastizität zum Ausrollen besitzen. Die Probe wird dann so oft wieder zusammengeknetet und neu ausgerollt, bis sie bei 3 mm Dicke zerbröckelt. Maßgebend ist nicht der Zustand des ersten Auftretens kleiner Risse, sondern das eindeutige Auseinanderfallen. In diesem Zustand wird die Probe getrocknet und ihr Wassergehalt bestimmt (bei Wägung der Gewichte mit einer Genauigkeit von 0,001 g). Der Versuch ist dreimal zu wiederholen. Der Mittelwert ist die Ausrollgrenze w_a. Über die Bestimmung im Feld s. S. 848.

Ebenso wie die Fließgrenze ist auch die Ausrollgrenze bei sandigen Böden nicht feststellbar. Bei schwachbindigen Böden beträgt die Ausrollgrenze etwa 0 bis 20%, bei stark bindigen Böden kann sie auf etwa 40% (s. Abb. 11) oder mehr (100% bei Vorhandensein stark quellfähiger Tonminerale) ansteigen.

Der Unterschied zwischen der Fließgrenze w_f und der Ausrollgrenze w_a wird „*Plastizitätszahl* P_l" — bisweilen auch „Bildsamkeit" — genannt.

Wenn die Fließ- *oder* die Ausrollgrenze nicht bestimmt werden können, wird der Boden als „nicht plastisch" bezeichnet. Sind Fließ- und Ausrollgrenze gleich groß, so spricht man von einem Boden mit der Plastizitätszahl Null.

Die systematische Auftragung der Plastizitätszahl in Abhängigkeit von der Fließgrenze einer sehr großen Zahl von Böden hat zu der von A. CASAGRANDE [27] zur Bodenklassifizierung vorgeschlagenen „*A-Linie*" geführt (s. Abb. 11). Sie ist die empirisch gewonnene Grenze zwischen typischen rein mineralischen Tonböden, die gewöhnlich oberhalb, und Schluffböden sowie organischen Ton- und Schluffböden, die — von Böden mit einer Fließgrenze von <30% abgesehen — unterhalb der A-Linie liegen. Die A-Linie dient zur Klassifizierung der bindigen Bodenarten und erlaubt ohne Ermittlung des Kornaufbaus durch eine Schlämmanalyse die Feststellung, ob der Feinanteil des Bodens vorwiegend aus Schluff oder Ton besteht (s. S. 827 und 848) und ob er von niedriger oder hoher Plastizität ist. Wie auf S. 823 ausgeführt, kann diese Unterscheidung bisweilen aus der Kornverteilung allein nicht entnommen werden.

Das Verhältnis Plastizitätszahl : Tongehalt wird von SKEMPTON [177] „*Aktivität*" genannt und gibt einen schnellen Aufschluß über die im Ton enthaltenen Tonminerale (s. S. 822). Eine Aktivität >1,25 ist ein Beweis für einen „aktiven" Ton mit Mineralen der Montmorillonit-Gruppe. — Die „*Konsistenzzahl K*" — auch „*Steifegrad*" oder „Zustandszahl" genannt — ermöglicht die Beurteilung des bei einem bestimmten Wassergehalt w_n vorhandenen Zustands eines ungestörten bindigen Bodens. Unter der Konsistenzzahl versteht man das Verhältnis:

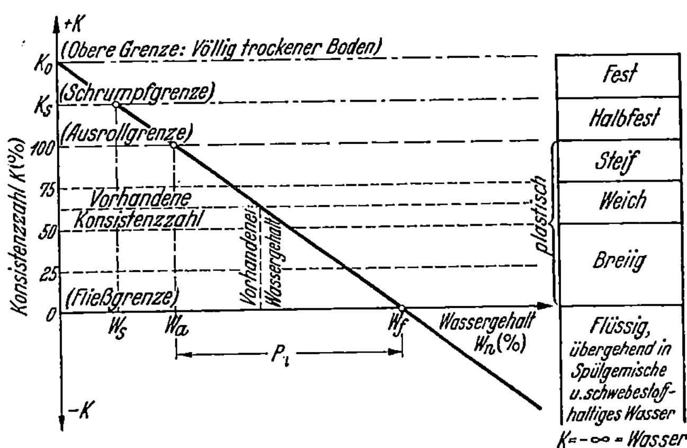

Abb. 93. Zusammenhang zwischen Wassergehalt, Konsistenzzahl und Bezeichnung der Bodenbeschaffenheit.

$$K = \frac{w_f - w_n}{w_f - w_a}\,100 = \frac{w_f - w_n}{P_l}\,100. \qquad (60\,a)$$

Ist $w_n = w_f$, so ist $K = 0$ („flüssiger" Zustand); ist $w_n = w_a$, so wird $K = 100$ („halbfester" Zustand); ist $w_n < w_a$, so wird $K > 100$ („halbfester" und „fester" Zustand).

In den meisten Fällen besitzen natürlich gelagerte Böden einen K-Wert zwischen 0 und 100%. Man hat deshalb diesen Bereich noch weiter unterteilt. Der Zustand, bei dem K zwischen 0 und 50% liegt, wird als „breiig", der für K zwischen 50 und 75% als „weich" und der Zustand, bei dem K zwischen 75 und 100% liegt, als „steif" bezeichnet (Abb. 93). Böden mit einem K-Wert zwischen 0 und 50% sind sehr nachgiebig und stark setzungsfähig, während die gleichen Böden mit einem K-Wert von 100% oder mehr eine erhebliche Tragkraft besitzen.

Der mehr im Ausland gebräuchliche Ausdruck „Fließindex" („Liquidity Index LI") ist definiert als

$$LI = \frac{w_n - w_a}{P_l}. \tag{60b}$$

Ist $w_n = w_f$, so ist $LI = 1$; ist $w_n = w_a$, so ist $LI = 0$; LI liegt also gewöhnlich zwischen 1 und 0.

c) Schrumpfgrenze.

Die „Schrumpfgrenze" des Bodens ist der Wassergehalt w_s, von dem ab beim Austrocknen eine Volumenverminderung des Bodens, die zunächst stets auftritt, nicht mehr stattfindet. Der Grund liegt darin, daß die Kapillarspannungen, die die Volumenabnahme des Bodens beim Trocknen verursachen, von der Schrumpfgrenze ab dazu nicht mehr in der Lage sind, weil die Reibungswiderstände im Boden dann größer als die Kapillarkräfte werden.

Da die Schrumpfgrenze — wie die Fließ- und Ausrollgrenze — einen Wassergehalt darstellt, besteht der Versuch in der Ermittlung des Wassergehalts für den Zustand, von dem ab das Volumen der Probe nicht mehr abnimmt. Hierzu wird der vorher sorgfältig mit Wasser gesättigte Probekörper an der Luft langsam getrocknet und in beliebigen Zeitabständen gewogen (Feuchtgewicht G_n). Sein jeweiliges Volumen V zu diesen Zeitpunkten wird durch Eintauchen in eine mit Quecksilber gefüllte Schale (s. Abb. 84) mit Hilfe von Gl. (39) ermittelt. Am Schluß des Versuchs wird die Probe im Trockenschrank (105° C) getrocknet und ihr Trockengewicht G_t bestimmt.

Zur Auswertung berechnet man aus den Feuchtgewichten G_n und dem Trockengewicht G_t den Wassergehalt w zu den verschiedenen Zeitpunkten und trägt die gemessenen Volumen in Abhängigkeit von den Wassergehalten w auf (Abb. 94). Bei den höheren Wassergehalten ergibt sich eine

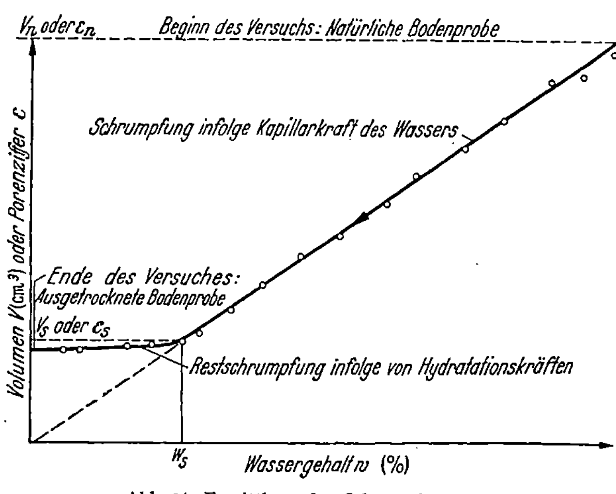

Abb. 94. Ermittlung der Schrumpfgrenze.

lineare Abhängigkeit. Von einem bestimmten Wassergehalt an hört jedoch die bis dahin fast geradlinige Abnahme des Volumens auf. Der diesem Punkt entsprechende Wassergehalt w_s gibt die Schrumpfgrenze an.

In vereinfachter Form erhält man die Schrumpfgrenze auch dadurch, daß man die wassergesättigte Probe zunächst an der Luft, dann im Trockenschrank (105° C) trocknet und anschließend das Gewicht G_t und das zugehörige

Volumen V_s bestimmt. Bei Kenntnis des spezifischen Gewichts des Bodens s erhält man die Schrumpfgrenze zu:

$$w_s = \left(\frac{V_s}{G_t} - \frac{1}{s}\right) 100. \tag{61}$$

Gl. (61) liegt die Überlegung zugrunde, daß der wassergesättigte Boden beim Austrocknen nur so lange schrumpft, bis ein bestimmtes Volumen V_s erreicht ist. Man nimmt an, daß in diesem Augenblick noch alle Poren mit Wasser gefüllt sind, und setzt diesen Wassergehalt w_s, der sich aus dem Hohlraumgehalt nach Gl. (48) und (51) errechnen läßt, gleich der Schrumpfgrenze. Diese Versuchsdurchführung entspricht dem ASTM Standard [6], wo der Versuch lediglich in einer Schale von bekanntem Volumen (V) ausgeführt wird, in die der Boden unter Vakuum und mit voller Wassersättigung eingefüllt und gewogen wird (Gewicht G_n). Die Schale ist dann gleichsam ein Pyknometer, und die Auswertung kann unter sinngemäßer Anwendung von Gl. (36) zur Berechnung des spezifischen Gewichts erweitert werden. Im Nenner ist zu setzen: $V - (G_n - G_t)$.

Die Schrumpfgrenze beträgt bei schwächer bindigen Böden etwa 5 bis 15 % und bei stark bindigen Böden etwa 15 bis 40 %. Nichtbindige Böden schrumpfen überhaupt nicht. Böden mit einem natürlichen Wassergehalt $<w_s$, die in der Natur nur selten vorkommen, gehören in der Einteilung nach Abb. 93 der „festen" Zustandsform an.

In Tonböden, wo der natürliche Wassergehalt immer verhältnismäßig hoch ist, ist die beim Austrocknen oder allgemein bei jeder Verminderung des natürlichen Wassergehalts eintretende Volumenabnahme u. U. recht beträchtlich und kann zu erheblichen Setzungen und Schäden an Gebäuden, die in solchen Böden flach gegründet sind, führen. Die Untersuchung dieses Problems stellt beim Bau von leichten, eingeschossigen Wohnhäusern in Ländern, wo derartige Tonböden vorkommen und wo außerdem extreme Witterungsbedingungen eine starke Veränderung des natürlichen Wassergehalts der oberen Bodenschichten herbeiführen, die eigentliche Gründungsaufgabe dar (VOGL [102], SKEMPTON [103], JENNINGS [178], TSCHEBOTARIOFF [179]). Hierbei dient die Kurve der Abb. 94, auf deren Ordinate bei Kenntnis des spezifischen Gewichts mit Hilfe von Gl. (48) an Stelle des Volumens V auch die Porenziffer ε aufgetragen werden kann, als Grundlage zum Abschätzen der möglichen Setzungen.

Zur überschläglichen Beurteilung des Schrumpfverhaltens von bindigen Böden dient die im Ausland benutzte „lineare Schrumpfung" („Lineal Shrinkage"). Zu ihrer Ermittlung füllt man einen aufgeschnittenen, metallenen Hohlzylinder von etwa 25 cm Länge und $2^1/_2$ cm $\varnothing$ nach Einfetten seiner Wandung mit Boden, den man vorher ungefähr in den Zustand der Fließgrenze gebracht hat. Man läßt die Probe zunächst an der Luft, später 12 h lang im Trockenschrank (105° C) trocknen und mißt dann ihre Länge. Die lineare Schrumpfung ist das Verhältnis dieser Länge zur Ausgangslänge.

Die lineare Schrumpfung beträgt bei schwächer bindigen Böden bis etwa 5 % und bei fetteren Tonböden etwa 10 %.

8. Bestimmung der Verdichtungsfähigkeit.

Die Kenntnis des natürlichen Hohlraumgehalts eines Bodens (s. S. 908) genügt allein noch nicht, um zu beurteilen, ob seine Lagerung als dicht, mitteldicht oder locker anzusehen ist. Hierzu ist es notwendig, die Extremwerte für das Porenvolumen n oder die Porenziffer ε zu kennen oder zumindest einen irgendwie genormten Bezugswert, auf den der Wert für den natürlichen Hohlraumgehalt bezogen werden kann. Erst dann ist einerseits eine zahlenmäßige Einstufung des in der Natur vorhandenen Werts und andererseits ein Urteil möglich, ob und wieweit sich die durch ihn gekennzeichnete Lagerung verändern kann.

Für die nichtbindigen Böden werden als Extremwerte die im Laboratorium erzielbare dichteste (n_d bzw. ε_d) und lockerste (n_0 bzw. ε_0) Lagerung verwendet, die in diesen Böden als Festwerte, die von Kornverteilung und Kornform abhängen, betrachtet werden können und die auch theoretisch, wenn man sich auf kugelförmige Körner gleichen Durchmessers beschränkt, mathematisch genau berechenbare Werte sind [$n_0 = 47{,}75\,\%$ ($\varepsilon_0 = 0{,}915$); $n_d = 26{,}0\,\%$ ($\varepsilon_d = 0{,}35$)]. In den bindigen Böden versagt dieses Verfahren, da es hier praktisch keine dichteste Lagerung gibt, weil ja durch Ausdrücken des Porenwassers unter statischem Druck eine fast unbegrenzte Zusammendrückung möglich ist. Für die bindigen Böden hat man deshalb einen künstlichen Bezugswert, die sog. „Proctor-Dichte" geschaffen, mit der man — insbesondere im Zusammenhang mit Bodenverdichtungen — die vorhandene oder erreichte Lagerungsdichte vergleichen kann. Dieser Versuch ist zwar auch in den nichtbindigen Böden möglich, doch ist seine Anwendung dort weniger angebracht und i. a. auch nicht üblich[1].

a) Lockerste und dichteste Lagerung nichtbindiger Böden.

Zur *Bestimmung der lockersten Lagerung* füllt man die im Trockenschrank ($105°$ C) getrocknete Probe mit Hilfe eines Trichters vorsichtig in einen Zylinder (Abb. 95a), wobei darauf zu achten ist, daß die Spitze des Trichters stets die Bodenoberfläche berührt, so daß der Boden niemals aus dem Trichter herausfallen, sondern nur langsam herausrieseln kann. Anschließend streicht man den oberen Zylinderrand sorgfältig mit einem Spatel ab und wiegt die in dem Zylinder (Volumen V) enthaltene Probenmenge (G_t). Nimmt man für das spezifische Gewicht des Sands einen Wert von 2,65 g/ml an, so können n_0 oder ε_0 nach Gl. (47) bzw. (48) berechnet werden. Da sich gezeigt hat, daß das Ergebnis sehr empfindlich gegenüber kleinen Unterschieden in der Versuchsdurchführung ist, sollte jeder Versuch dreimal wiederholt und der Mittelwert verwendet werden.

Zur *Bestimmung der dichtesten Lagerung* (Abb. 95b) wird auf den abnehmbaren Boden des hierfür vorgesehenen Zylinders ein Sieb und darüber Filterpapier gelegt, um beim späteren Absaugen von Wasser ein Ausschlämmen der feinen Bodenbestandteilchen zu vermeiden, und zunächst nur etwa $^1/_5$ des zum Versuch im Trockenschrank ($105°$ C) getrockneten und gewogenen Bodens in den Zylinder gefüllt. Dann gießt man Wasser hinzu und rüttelt durch Schlagen mit einer Schlaggabel den Boden unter Wasser gründlich ein (30 Doppelschläge). Anschließend wird das nächste Fünftel des Versuchsmaterials in den Zylinder geschüttet und genau so verfahren, bis schließlich die gesamte Bodenmenge in dem Zylinder eingerüttelt ist. Nach dem Versuch wird das Wasser durch eine Wasserstrahlpumpe abgesaugt und auf die Oberfläche des Sands eine Platte gelegt. Mit einem Tiefenmaß wird der Abstand zwischen dem oberen Rand des Zylinders und der Platte an drei Stellen gemessen und das Volumen, das der eingerüttelte Boden einnimmt, ermittelt. Hiermit und mit dem bekannten Trockengewicht der Probe sowie dem angenommenen spezifischen Gewicht werden dann n_d oder ε_d nach Gl. (47) bzw. (48) berechnet.

Hat man außer der lockersten und dichtesten Lagerung mit Hilfe ungestörter Proben auch die natürliche Lagerung bestimmt (s. S. 883 und 908), so kann diese mit den beiden Extremwerten in Verbindung gebracht werden. Hierzu dient das sog. „Verdichtungsverhältnis D_v" oder die sog. „relative Dichte D_r".

Das *Verdichtungsverhältnis* — auch „Verdichtungsgrad" genannt — ist das Verhältnis des Unterschieds zwischen den Porenvolumen in lockerster (n_0) und natürlicher (n) Lagerung zu dem Unterschied zwischen den Porenvolumen in lockerster (n_0) und dichtester (n_d) Lagerung:

$$D_v = \frac{n_0 - n}{n_0 - n_d}\,100. \tag{62a}$$

---

[1] Siehe Fußnote auf S. 921.

Das Verdichtungsverhältnis stellt demnach das Verhältnis der in der Natur erreichten Verdichtung zu der überhaupt möglichen Verdichtung in Prozent dar.

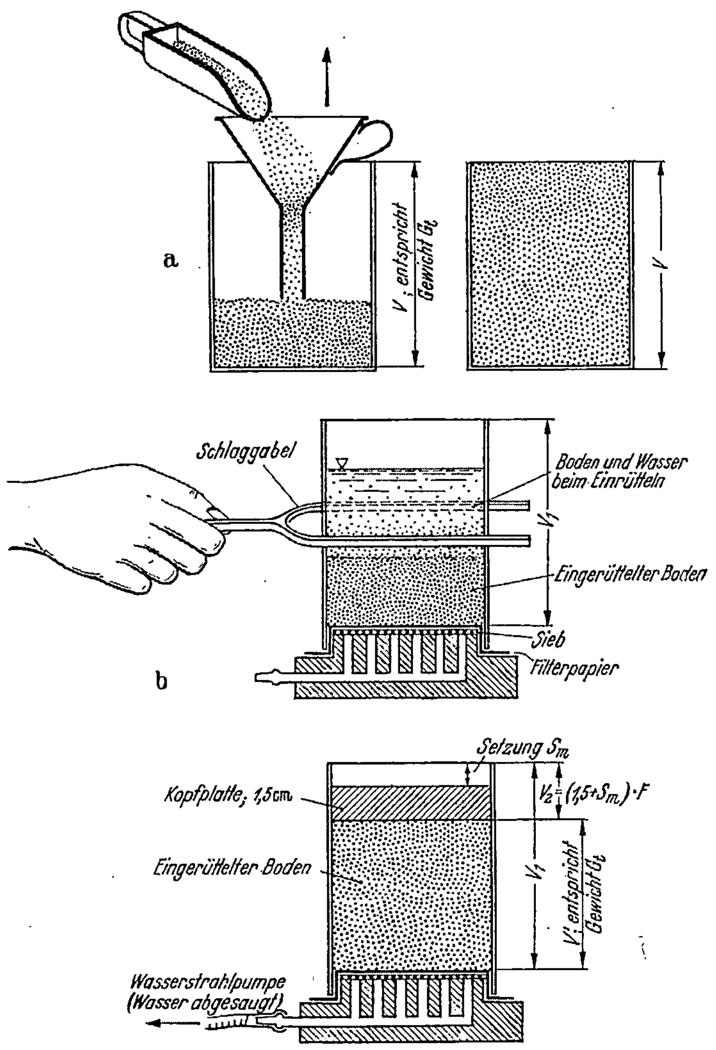

Abb. 95. Versuchsvorgang bei der Bestimmung der lockersten und dichtesten Lagerung von Sandböden. a Ermittlung der lockersten Lagerung; b Ermittlung der dichtesten Lagerung.

Die *relative Dichte* D_r — auch „Lagerungsdichte" genannt — ist das Verhältnis der entsprechenden Porenziffern. Sie wird — wie auch die Porenziffer — nicht in Prozent angegeben:

$$D_r = \frac{\varepsilon_0 - \varepsilon}{\varepsilon_0 - \varepsilon_d}. \tag{63}$$

Verdichtungsverhältnis und relative Dichte sind durch folgende Gleichungen miteinander verknüpft:

$$D_v = D_r \frac{1 + \varepsilon_d}{1 + \varepsilon} \, 100 \tag{64}$$

$$D_r = D_v \frac{100 - n_d}{100 - n} \frac{1}{100}. \tag{65}$$

D_r ist, wenn man es ebenfalls in Prozent ausdrückt, etwas ($\sim$5 bis 10%) größer als D_v. D_v und D_r geben inhaltlich dasselbe an, so daß es ausreichen würde, nur einen der beiden Ausdrücke zu verwenden. Doch sind noch beide Ausdrücke in Gebrauch.

Man kann D_v auch durch die zu n, n_0 und n_d gehörigen *Trocken*raumgewichte r_0 (s. S. 883) ausdrücken, was neben der einfacheren Rechnung den Vorteil hat, daß man das spezifische Gewicht nicht benötigt. Unter Benutzung von Gl. (41) nimmt Gl. (62a) dann die Form an:

$$D_v = \frac{r_{0_n} - r_{0_{locker}}}{r_{0_{dicht}} - r_{0_{locker}}} \cdot 100. \tag{62b}$$

Da bei der Bestimmung von D_v die Differenz $(n_0 - n)$ auf die — besonders bei gleichförmigen Böden — nicht wesentlich größere Differenz $(n_0 - n_d)$ bezogen wird, ist D_v gegenüber den in der Natur immer vorhandenen Unterschieden in der natürlichen Lagerung n sehr empfindlich. Zur Feststellung von D_v und D_r müssen deshalb stets mehrere Proben untersucht werden. Die Entnahme und Untersuchung von nur einer Probe ist fast wertlos. Das Verfahren ist auch nur bei völlig reinen Sanden und Kiesen, d. h. bei nicht durch bindige Bestandteile verunreinigten nichtbindigen Böden, zuverlässig.

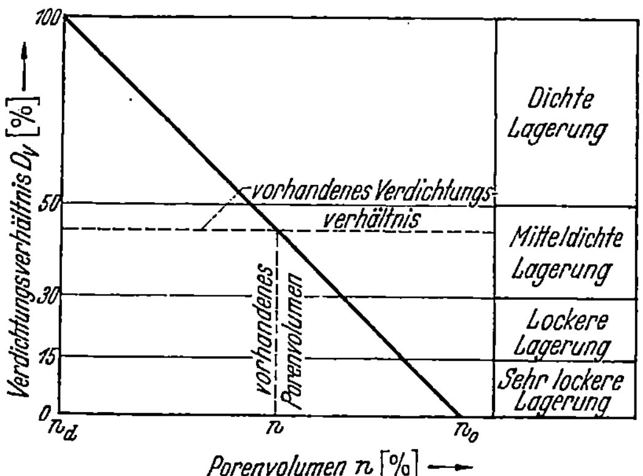

Abb. 96. Zusammenhang zwischen Porenvolumen, Verdichtungsverhältnis und Bezeichnung der Lagerung.

Durch das Verdichtungsverhältnis oder die relative Dichte ist die Lagerungsdichte eines in der Natur vorkommenden Sand- oder Kiesbodens seiner dichtesten und lockersten Lagerung zahlenmäßig zugeordnet. Die allgemeinen Bezeichnungen für die Lagerungsdichte, wie „locker", „dicht" usw., können hierdurch eindeutig festgelegt werden (Abb. 96). D_v-Werte von über 70 sind sehr selten anzutreffen und können in gleichförmigen Sanden auch durch eine künstliche Verdichtung nur sehr schwer erreicht werden (Siedek und Voss [*180*]). Dagegen sind lockere Lagerungen in der Natur häufig. Normalerweise muß man bei alluvialen und diluvialen Sanden mit D_v-Werten von 20 bis 40 rechnen.

b) Proctor-Dichte und optimaler Wassergehalt bindiger Böden.

Bei dem 1933 in den USA entwickelten, nach seinem Erfinder genannten „Proctor-Versuch" (Proctor [*104*]) wird der Boden in einem genormten Zylinder nach einem genormten Verfahren verdichtet und dieser Versuch mit verschiedenem Wassergehalt des Bodens mehrfach wiederholt. Bestimmt man nach jedem Versuch das *Trocken*raumgewicht r_0 (s. S. 883) und den Wassergehalt w des verdichteten Bodens und trägt r_0 in Abhängigkeit von w auf, so erhält man eine Kurve (Abb. 97a) mit einem Höchstwert für das Trockenraumgewicht bei einem bestimmten Wassergehalt. Der Höchstwert $r_{0_{max}}$ wird „*maximale Dichte*" oder „Proctor-*Dichte*"[1], der Wassergehalt „*optimaler Wassergehalt*" genannt.

Der Höchstwert in der Proctor-Kurve ist dadurch zu erklären, daß bei niedrigen Wassergehalten die Reibungswiderstände verhältnismäßig groß sind und eine Verringerung des Porenraums unter dem Einfluß des genormten Fallgeräts erschweren. Der Porenraum ist hier also groß, das Trockenraumgewicht klein. Bei zunehmenden Wassergehalten nimmt das Trockenraumgewicht r_0 wegen der kleiner werdenden Reibungswiderstände zunächst laufend zu, bis der Zustand erreicht ist, wo die Hohlräume im Boden schon so stark mit Wasser gefüllt sind, daß die Verschiebung und Umlagerung der Bodenkörner im Sinne einer

---

[1] Das Wort ist durch wörtliche Übersetzung von „Proctor-Density" entstanden und üblich geworden. An sich müßte von „Proctor-Trockenraumgewicht" gesprochen werden (s. S. 883).

Verkleinerung des Porenraums nicht mehr möglich ist. Da das Wasser, das dann an Stelle der Bodenkörner die Hohlräume füllt, rd. 2,65mal leichter als der Boden ist, muß das Raumgewicht und das Trockenraumgewicht von diesem Wassergehalt an wieder abnehmen. Hieraus folgt zweierlei:

1. Wählt man ein schwereres Fallgewicht, so wird der optimale Wassergehalt kleiner, weil die wegen der höheren Fallenergie auch größere Umlagerungstendenz des Bodens schon bei einem niedrigeren Wassergehalt behindert wird. Die erreichten Trockenraumgewichte selbst aber liegen wegen der höheren Fallenergie höher. In ein und demselben Boden ergeben sich deshalb bei verschiedenem Fallgewicht Kurven nach Abb. 98. Das gleiche (s. Abb. 101a) gilt für steigende Schlagzahlen desselben Stampfgeräts.

2. Ein sehr gleichförmiger Boden kann keinen so hohen Höchstwert wie ein ungleichförmiger Boden zeigen, weil die feinen Korngrößen, die die Hohlräume zwischen den großen füllen könnten, fehlen. Der Einfluß des Wassers ist aus dem gleichen Grunde nur gering, so daß sich nur verhältnismäßig wenig gekrümmte Kurven ergeben (Abb. 99). Aus diesem Grunde wird in reinen Sanden die Beurteilung gemäß dem Verdichtungsverhältnis D_v (s. S. 918) vorgezogen[1].

Der PROCTOR-Versuch wird in einem Zylinder mit einem Volumen von 944 ml ($^1/_{30}$ ft³) und einem Innendurchmesser von 10,16 cm (4 in.) durchgeführt (Abb. 100), in den der an der Luft getrocknete und wieder angefeuchtete und gut durchmischte Boden [Material < 4,76 mm (Durchgang durch das $^3/_{16}$ in.-Sieb), etwa $2^1/_2$ kg] in drei Lagen eingebracht und mit jeweils 25 Schlägen (frei fallend) eines 2,49 kg ($5^1/_2$ lbs)

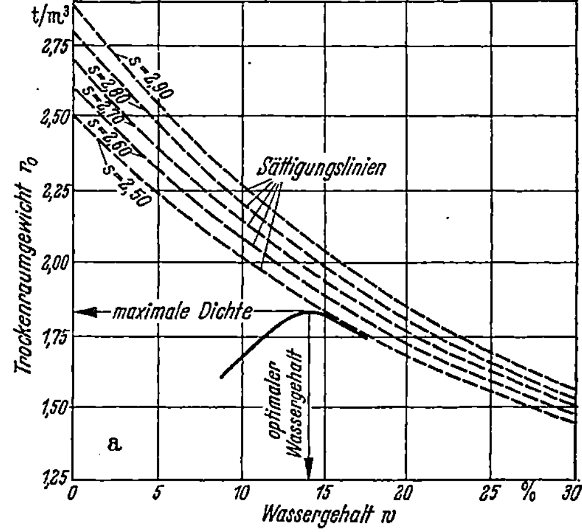

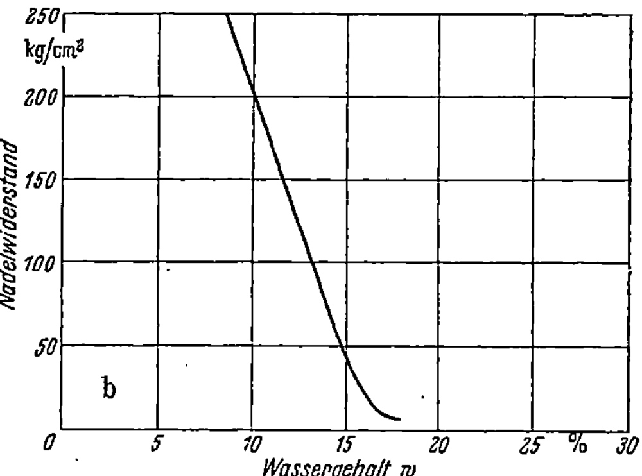

Abb. 97. Abhängigkeit des Trockenraumgewichts (a) und des Nadelwiderstands (b) vom Wassergehalt beim PROCTOR-Versuch.

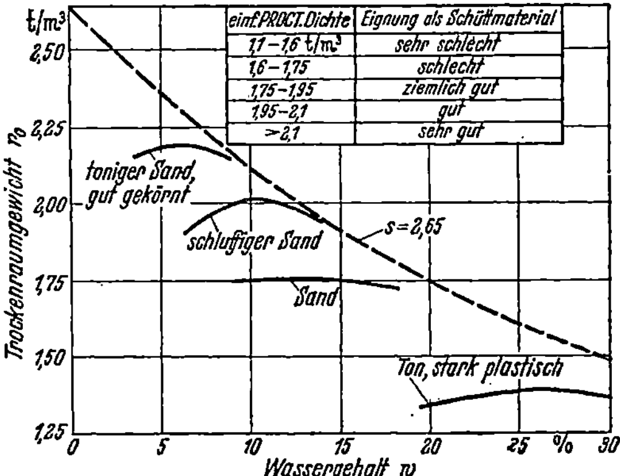

Abb. 99. Abhängigkeit der PROCTOR-Kurven von der Bodenart.

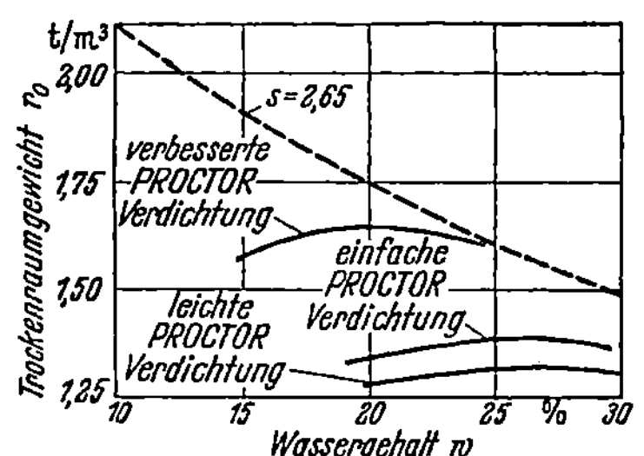

Abb. 98. Abhängigkeit der PROCTOR-Kurven von der Verdichtungsenergie.

schweren Gewichts [5,08 cm (2 in.) ⌀] aus 30,5 cm (12 in.) Höhe gleichmäßig und so verdichtet wird, daß eine Probe von rd. $12^1/_2$ cm Höhe entsteht. Der

---

[1] Bei einem Vergleich von PROCTOR-Dichten und D_v-Werten nichtbindiger Böden ist zu beachten, daß bei den sehr häufigen gleichförmigen Sanden ein D_v-Wert von 0% einem Wert von rd. 85% und ein D_v-Wert von 100% einem Wert von rd. 105% der einfachen PROCTOR-Dichte entspricht. $D_v = 0$ bedeutet ein Raumgewicht, das der lockersten Lagerung entspricht, d. h. z. B. 1,45 t/m³, während eine PROCTOR-Dichte von 0% ein Raumgewicht von Null bedeuten würde.

obere Aufsatzring wird dann entfernt, der überstehende Teil der Probe sorgfältig abgeschnitten und die Probe gewogen (Gewicht G_n). Von einer Teilprobe
(mindestens 100 g) wird der Wassergehalt w bestimmt. Anschließend wird der
Versuch mit steigendem Wassergehalt und nach Möglichkeit neuem Material

mindestens viermal wiederholt. Aus den Gewichten G_n
und den Wassergehalten w sowie dem bekannten Volumen
wird nach Gl. (38) und (27)
das jeweilige Raumgewicht
und Trockenraumgewicht ermittelt, das letzte in Abhängigkeit von dem jeweiligen
Wassergehalt aufgetragen
(s. Abb. 97a) und aus der Auftragung die Proctor-Dichte
und der optimale Wassergehalt
entnommen.

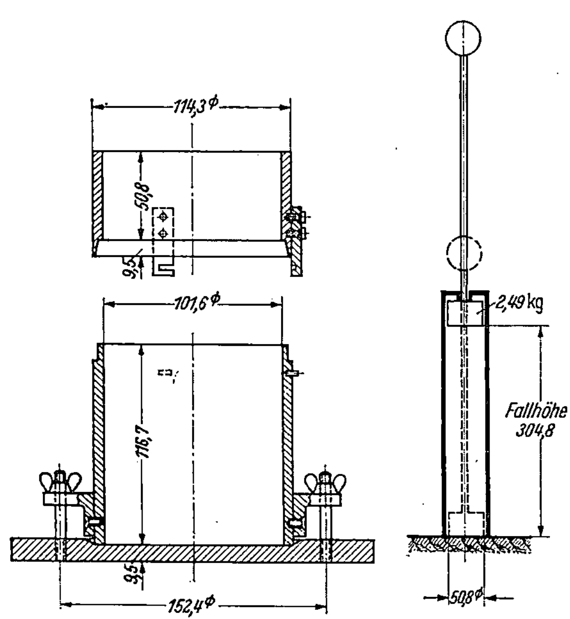

Abb. 100. Zylinder und Fallgewicht des einfachen Proctor-Versuchs.
Maße in mm.

Da der Versuch von Proc-
tor ursprünglich etwas anders
vorgeschlagen war[1] und erst
von der American Association
of State Highway Officials in
der oben angegebenen Form
als Standardversuch eingeführt wurde, ist für die durch
ihn ermittelte Dichte neben
den Bezeichnungen „Proctor-
Dichte" und „Standard Proctor-Dichte" auch die Bezeichnung „Standard
AASHO-Dichte" üblich. In Deutschland hat sich die Bezeichnung „einfache
Proctor-Dichte" eingebürgert.

Die Fallenergie des Versuchs ist so gewählt, daß die erzielbare Proctor-
Dichte der maximalen Lagerungsdichte, die mit modernen Verdichtungsgeräten
im Feld beim Straßenbau herbeigeführt werden kann, ungefähr gleichkommt.
Wie oben ausgeführt ist (s. Abb. 98), bedingt ein schwereres Fallgewicht eine
höhere Proctor-Dichte bei einem niedrigeren optimalen Wassergehalt. Es ist
deshalb naheliegend, daß für die beim Erddamm- und Rollfeldbau besonders
schweren Verdichtungsgeräte ein Verfahren mit höherer Fallenergie vorgeschlagen wurde. Vom US Corps of Engineers wurde so die sog. „*Modified AASHO-
Dichte*" (im Deutschen meist „verbesserte Proctor-Dichte") eingeführt, bei der
der Boden in dem alten Zylinder ($^1/_{30}$ ft³) in fünf Lagen mit jeweils 25 Schlägen
eines freifallenden Gewichts von 4,54 kg (10 lbs) aus 45,7 cm (18 in.) Höhe eingebracht wird. Die gesamte, auf die Probe wirkende Fallenergie ist dadurch
über $4^1/_2$ mal so groß wie bei dem ursprünglichen Verfahren (Tab. 10).

Diese beiden Verfahren sind nicht die einzigen. Aus dem Bestreben heraus,
eine größere Probenmenge prüfen zu können, benutzt z. B. das US Bureau of
Reclamation einen größeren Versuchszylinder (1416 ml = $^1/_{20}$ ft³), vergrößert
aber gleichzeitig die Fallhöhe des Stampfers, um wieder über die gleiche spezifische Fallenergie, wie sie der ursprüngliche Standardversuch besitzt, zu ver-

---

[1] Zur Nachahmung der Wirkung der Dorne der Schaffußwalze empfahl Proctor, den
Stampfer nicht frei fallen zu lassen, sondern zu stoßen. Auch benutzte er einen größeren
Zylinder.

Tabelle 10. *Daten der verschiedenen Verfahren des* PROCTOR-*Versuchs.*

Versuchsverfahren	Zylindergröße		Gewicht des Stampfers	Zahl der Schütt-lagen	Fallhöhe des Stampfers	Zahl der Schläge/ Schütt-lage	Gesamt-energie
	(ft³)	(ml)	(lbs)		(in.)		(ft-lbs/ft³)
1. Ursprünglicher PROCTOR-Versuch .	1/19	1490	$5^1/_2$	3	12	25	7850
2. Einfacher PROCTOR-Versuch (auch „Standard AASHO-Versuch") . .	1/30	944	$5^1/_2$	3	12	25	12400
3. Verbesserter PROCTOR-Versuch („Modified AASHO-Versuch") . .	1/30	944	10	5	18	25	56250
4. PROCTOR-Versuch des USBR. . .	1/20	1416	$5^1/_2$	3	18	25	12400
5. Einfacher PROCTOR-Versuch im CBR-Zylinder (11¹/₂ cm hoch ge-füllt)	1/13,6	2080	$5^1/_2$	3	12	55	12400
6. Verbesserter PROCTOR-Versuch im CBR-Zylinder (11¹/₂ cm hoch ge-füllt)	1/13,6	2080	10	5	18	55	56250
7. Leichter PROCTOR-Versuch	1/30	944	$5^1/_2$	3	12	15	7400

fügen (s. Tab. 10). Um auch den noch größeren CBR-Zylinder (s. S. 880) mit der Fallenergie des PROCTOR-Versuchs oder des verbesserten PROCTOR-Versuchs verdichten zu können, werden diese Versuche auch im CBR-Zylinder, und zwar unter den alten Bedingungen, jedoch mit einer Zahl von 55 Schlägen aus-geführt. Für leichte Verdich-tungsgeräte ist auch ein Ver-fahren mit nur 15 Schlägen vor-handen (s. Tab. 10).

Wichtig ist, daß die im Labora-torium aufgewandte Fallenergie zu einer ähnlichen, möglichst gleichen Verdichtung führt wie die der Ver-dichtungsgeräte im Feld. Für Groß-untersuchungen, wie sie bei Erd-dammbaustellen vorkommen, ist es deshalb notwendig, auf Versuchs-pisten, deren Wassergehalt wie beim PROCTOR-Versuch im Laboratorium verändert wird, Versuche mit ver-schiedenem Gewicht und einer wech-selnden Zahl von Durchgängen des gewählten Verdichtungsgeräts aus-zuführen und im Laboratorium fest-zustellen, welches Verfahren und welche Zahl von Schlägen zu einer Übereinstimmung der im Feld und im Laboratorium gewonnenen Kur-ven führt (Abb. 101) (WALKER und HOLTZ [105]). Mit den hiernach her-gestellten Proben sind dann die Versuche zur Feststellung des Schub-widerstands, der Zusammendrück-barkeit, des Porenwasserdrucks und der Durchlässigkeit vorzunehmen. Das Ziel ist, das

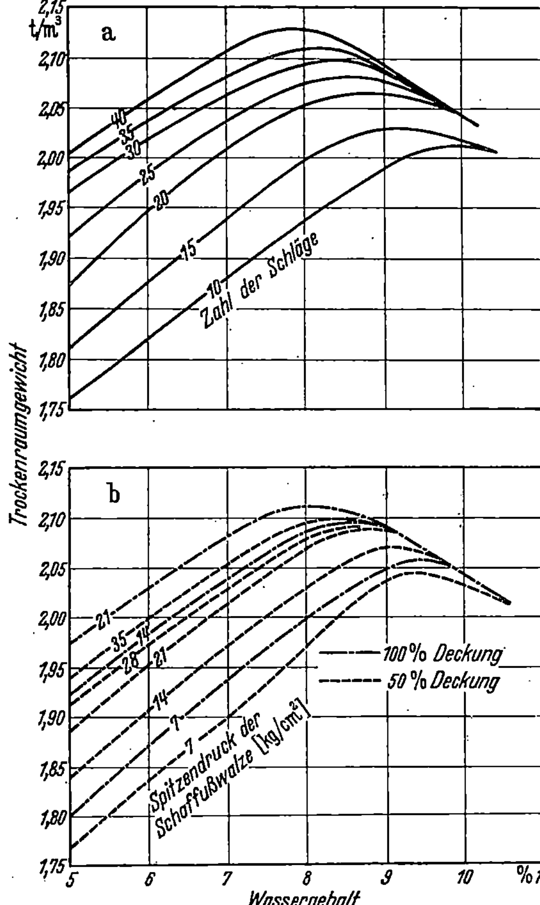

Abb. 101. Vergleich von PROCTOR-Versuchen im Laboratorium (a) und Verdichtungsversuchen mit einer Schaffußwalze im Feld (b) [105].

I

Schubwiderstand, niedrigem Porenwasserdruck, niedriger Zusammendrückbarkeit und niedriger Durchlässigkeit entsteht (HOLTZ [106]).

Ein Einbauwassergehalt, der nur wenig oberhalb des optimalen Wassergehalts liegt (etwa 2%), liefert ein verhältnismäßig plastisches Material, das leicht zu verdichten ist und, da es schon weitgehend mit Wasser gesättigt ist, sich bei der späteren Wassersättigung im Erddamm nur noch verhältnismäßig wenig setzt. Der Nachteil liegt aber in den hohen Porenwasserdrücken, die den Schubwiderstand herabsetzen (s. S. 951) und die Standsicherheit dadurch ungünstig beeinflussen. Bei einem Einbauwassergehalt kleiner als der optimale Wassergehalt erfordert das Material wegen seiner geringen Plastizität eine intensivere Verdichtungsarbeit, d. h. es muß von den Verdichtungsgeräten öfter passiert werden. Das Material ist dann gegenüber Porenwasserdrücken ziemlich unempfindlich und seine Standsicherheit größer. Jedoch sind die bei der späteren Wassersättigung zu erwartenden Setzungen ebenfalls größer. In zu trocken eingebautem Material hat man auch Risse, die dann zu unerwünschten Wasserdurchtritten und Ausspülungen geführt haben, beobachtet (A. CASAGRANDE [107]). Die Ansichten, ob mit einem Wassergehalt oberhalb oder unterhalb — und zwar jeweils plus oder minus 2% — des optimalen Wassergehalts verdichtet werden soll, gehen aus diesen Gründen auseinander (HOLTZ [106], GOULD [181]).

Über die Anwendung des PROCTOR-Versuchs im Straßenbau in Verbindung mit den neuen Richtlinien für den Bau der deutschen Autobahnen s. VOSS [170].

Schwierigkeiten ergeben sich bei Böden mit erheblichen Kies- und Steinanteilen, die im Erddammbau häufig sind. Ihre PROCTOR-Dichte $r'_{0_{max}}$ kann versuchsmäßig nicht bestimmt werden. Auf Grund theoretischer Überlegungen (GIBBS [108], US Bureau of Reclamation [5]) gilt bis zu einem Gehalt von etwa 30% an Anteilen $> 4{,}76$ mm:

$$r'_{0_{max}} = \frac{r_{0_{max}}\, s}{P\, r_{0_{max}} + (1 - P)\, s}, \qquad (66)$$

worin

$r_{0_{max}}$ PROCTOR-Dichte des Anteils $< 4{,}76$ mm,
s spezifisches Gewicht des Anteils $> 4{,}76$ mm,
P Gehalt (als Dezimale) des Anteils $> 4{,}76$ mm.

Bei mehr als 30% Anteilen $> 4{,}76$ mm bleibt die im Feld tatsächlich erreichbare Dichte gegenüber der nach Gl. (66) berechneten Dichte zurück.

Die PROCTOR-Diagramme werden bisweilen durch zwei weitere Kurven vervollständigt:

1. die „Sättigungslinie" („Zero Air Voids Curve"),
2. die Eindringungslinie der „PROCTOR-Nadel".

Die *Sättigungslinie* ergibt sich dadurch, daß es nach Gl. (51) für jede Porenziffer ε, d. h. also auch für jedes Trockenraumgewicht r_0, einen — allein vom spezifischen Gewicht s des Bodens abhängenden — Wassergehalt w gibt, der die volle Wassersättigung des Porenraums angibt (ist z. B. $n = 30\%$, so wird bei $s = 2{,}65$ g/ml: $r_0 = 0{,}7 \cdot 2{,}65 = 1{,}855$ t/m³ [Gl. (41)], $r_w = 0{,}3 \cdot 1{,}0 = 0{,}3$ t/m³, $w = \dfrac{0{,}3}{1{,}855} 100 = 16{,}2\%$; für $n = 30\%$ bzw. $r_0 = 1{,}855$ t/m³ ist also $w_{max} = 16{,}2\%$). Die Trockenraumgewichte bei voller Wassersättigung, d. h. die Sättigungslinie, erhält man aus Gl. (41), (49) und (51) zu:

$$r_0 = \frac{s}{1 + \dfrac{w}{100}\, s}. \qquad (67)$$

Da für $w = 0: r_0 = s$ wird, strebt die Sättigungslinie (s. Abb. 97a) für $w = 0$ dem jeweiligen spezifischen Gewicht zu. Bei höheren Wassergehalten ist die Sättigungslinie die Einhüllende aller nur denkbaren PROCTOR-Kurven; alle PROCTOR-Kurven müssen sich dort theoretisch an die Sättigungslinie anschmiegen und um so mehr in sie übergehen, je mehr sich der Wassergehalt dem Wert für volle Wassersättigung nähert. Praktisch gehen aber die Kurven meist nicht völlig ineinander über. Der Abstand der PROCTOR-Kurve von der Sättigungslinie gibt dann an, daß die volle Wassersättigung noch nicht erreicht ist bzw.

wegen eines beim Versuch nicht zu beseitigenden Luftgehalts (s. S. 909) nicht erreicht werden konnte.

Es hat sich gezeigt, daß die einfache PROCTOR-Dichte in bindigen Böden i. a. bei 80 bis 90% Wassersättigung liegt. Bei Kenntnis oder Annahme des spezifischen Gewichts s kann die einfache PROCTOR-Dichte hierdurch mit Hilfe der folgenden Gleichung geschätzt werden, indem für den Sättigungsgrad S [s. Gl. (55)] ein Wert von 80 bis 90 eingesetzt und der optimale Wassergehalt w_0 gemäß den vorliegenden Erfahrungen etwa 2 bis 4% kleiner als die schnell feststellbare Ausrollgrenze (s. S. 914) angenommen wird:

$$\gamma_{0_{max}} = \frac{s}{1 + \frac{w_0}{S} s}. \tag{68}$$

Die bei verschiedenen Böden möglichen einfachen PROCTOR-Dichten gehen aus Abb. 99 hervor. Bei Erdarbeiten werden je nach der Bedeutung der Schüttung Dichten von 90 bis 100 % der einfachen oder der verbesserten PROCTOR-Dichte verlangt[1].

Die PROCTOR-*Nadel* ist eine Drucksonde mit fünf auswechselbaren Spitzen verschiedenen Querschnitts [0,32 bis 6,45 cm² ($^1/_{20}$ bis 1 in.²)], die mit einer Geschwindigkeit von etwa $1^1/_4$ cm/sek rd. $7^1/_2$ cm tief an drei Stellen in den im PROCTOR-Zylinder verdichteten Boden gedrückt wird. Der Druck wird hierbei mit einer Druckfeder gemessen. Die Auftragung der auf den Querschnitt der Nadel bezogenen Drücke in Abhängigkeit vom Wassergehalt ergibt gewöhnlich eine fallende, oft fast gerade Linie (s. Abb. 97b), was besagt, daß der Eindringungswiderstand der PROCTOR-Nadel weniger vom Trockenraumgewicht, sondern vorwiegend vom Wassergehalt abhängig ist.

Das Gerät ist deshalb zur Schnellprüfung des Wassergehalts im Felde, d. h. zum Vergleich mit den Sollwerten aus dem Laboratorium, geeignet. Seine Anzeigen sind jedoch recht unterschiedlich, besonders in körnigen Materialien. Sie werden zum Teil auch durch die Art und Weise der Handhabung des Geräts beeinflußt. Die PROCTOR-Nadel wird deshalb nicht in dem Maße wie die PROCTOR-Dichte benutzt.

9. Bestimmung der kapillaren Steighöhe.

Unter „kapillarer Steighöhe" eines Bodens versteht man die Höhe, um die das Wasser im Boden infolge der Oberflächenspannung und der Adhäsion zwischen Bodenkorn und Flüssigkeit über einen freien Wasserspiegel nach oben gesogen wird.

Man unterscheidet „*geschlossenes*" und „*offenes Kapillarwasser*". Das geschlossene Kapillarwasser stellt einen in sich geschlossenen Wasserhorizont ohne irgendwelche Luftbeimengungen dar, während das offene Kapillarwasser keinen geschlossenen Wasserhorizont mehr aufweist, sondern Lufteinschlüsse enthält und nur noch vereinzelte durchgehende Wasseräderchen besitzt (Abb. 102). Die Steighöhe des geschlossenen wie auch die des offenen Kapillarwassers ist in erster Linie von der Korngröße, in zweiter Linie von dem Hohlraumgehalt des Bodens abhängig, außerdem aber davon, in welchem Maße der Porenraum vor dem kapillaren Aufstieg des Wassers wassergesättigt war. War der Boden wassergesättigt, handelt es sich also um eine Senkung des freien Wasserspiegels, so ist die kapillare Steighöhe — besonders die des offenen Kapillarwassers — größer, als wenn der Boden trocken oder feucht war und der freie Wasserspiegel ansteigt. Es gibt hiernach nicht eine einzige, eindeutig festgelegte kapillare Steighöhe eines Bodens, sondern nur Grenzwerte, zwischen denen sie je nach den Ausgangsbedingungen in Erscheinung treten kann.

---

[1] Siehe Fußnote auf S. 921.

Für bautechnische Aufgaben ist vor allem die Steighöhe des geschlossenen Kapillarwassers H_k bei fallendem Wasserspiegel von Bedeutung, z. B. bei der Bestimmung des Raumgewichts des Bodens für eine Stützwandberechnung, wo das Raumgewicht des wassergesättigten Bodens [s. Gl. (43)] bis zur Höhe H_k über dem höchsten Grundwasserspiegel einzusetzen ist, oder bei der Standsicherheitsuntersuchung eines Staudamms, wo mit wassergesättigtem Boden bis zu einer Höhe H_k über der Sickerlinie gerechnet werden muß. Im Straßenbau, wo die Frage eines möglichen kapillaren Wasseraufstiegs vom Grundwasserspiegel bis in den Straßenuntergrund besonders wichtig ist, sind sehr eingehende Verfahren zur Ermittlung der kapillaren Steighöhe in Abhängigkeit von Hohlraumgehalt, Ausgangswassergehalt und bei steigendem und fallendem Wasserspiegel entwickelt worden (Croney [109]).

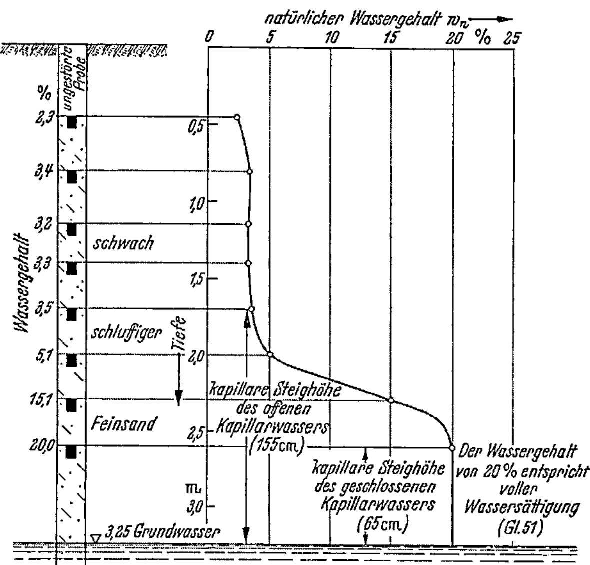

Abb. 102. Bestimmung der kapillaren Steighöhe durch Entnahme ungestörter Proben und Ermittlung der Veränderung des natürlichen Wassergehalts mit der Tiefe.

Im allgemeinen beschränkt man sich auf die Bestimmung der *Steighöhe H_k des geschlossenen Kapillarwassers bei fallendem Wasserspiegel,* die versuchstechnisch auch am einfachsten ist. Man benutzt hierzu das Gerät von Beskow (Abb. 103), bei dem unter der mit Wasser gesättigten Bodenprobe ein Unterdruck erzeugt und dieser so weit gesteigert wird, bis er die Kapillarkraft des Wassers überwindet und die Wassersäule in der größten Kapillare durch den Boden zieht, d. h. die Kapillare zum Abreißen bringt. Zum Versuch wird durch Heben des rechten Glaszylinders in Abb. 103 der Wasserspiegel im linken so hoch gedrückt, daß aus dem Gerät alle Luft bis zur Filterplatte verdrängt ist. Dann wird der vorher abgewogene und gut durchgearbeitete Boden etwa im Fließzustand lagenweise eingebracht und durch Zugeben von Wasser von oben her dafür gesorgt, daß sich der Wasserspiegel jeweils dicht über der Oberfläche der Probe befindet; dadurch wird die Bildung von mit Luft gefüllten Hohlräumen verhindert. Die Höhe der Probe wird gemessen. Sie ist für den Versuch frei wählbar, da die Oberflächenspannung und Adhäsion nur vom Durchmesser der Kapillaren abhängen.

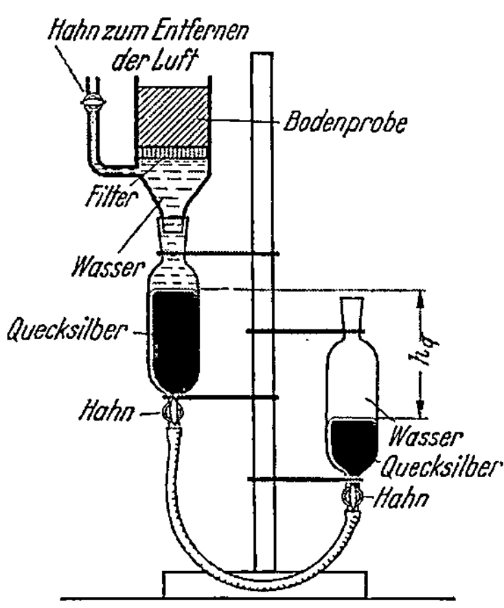

Abb. 103. Versuchsanordnung nach Beskow zum Messen der kapillaren Steighöhe.

Durch stufenweises Absenken des rechten Zylinders wird dann ein Unterdruck unter der Bodenprobe erzeugt. Man steigert den Unterdruck nach jeweiliger Konsolidierung der Probe langsam, bis man an dem Auftreten einer Blase unter dem Filter, das nur wenig gröber als das Probenmaterial sein darf, das Durchbrechen der Luft durch den Boden erkennt. Dann mißt man den Unterschied h_q

des rechten Quecksilberspiegels gegenüber seiner Ausgangslage. Der Versuch ist mißlungen, wenn der Luftdurchbruch an der Wandung erfolgt.

Der gemessene Unterdruck gibt die kapillare Steighöhe an. Bei einem spezifischen Gewicht des Quecksilbers von 13,6 g/ml ist also:

$$H_k = 13{,}6 \cdot h_q. \tag{69}$$

Die so ermittelte kapillare Steighöhe gehört zu der aus dem Trockengewicht, dem spezifischen Gewicht und der Höhe der Probe sowie dem Querschnitt des Glaszylinders nach Gl. (48) berechenbaren Porenziffer des Bodens. Bei kleiner werdender Porenziffer wird die kapillare Steighöhe etwas größer.

In nicht zu feinen Sandböden ist die kapillare Steighöhe nicht größer als etwa 30 cm. In sehr feinen Schluffböden kann sie Werte bis zu etwa 10 m annehmen. Im Ton sind noch größere Werte möglich.

Wichtiger als die genaue Kenntnis der kapillaren Steighöhe H_k ist für viele Fragen der bautechnischen Bodenuntersuchung die Kenntnis der durch sie ausgelösten Erscheinung des „*Kapillardrucks*" (TERZAGHI [*9*]). Da sich das um H_k durch Kapillaranstieg gehobene Wasser gewissermaßen an dem Boden aufhängt, wird der Boden dabei entsprechend belastet. Die dabei auftretende Spannung ist:

$$p_k = s_w H_k, \tag{70}$$

worin

    s_w spezifisches Gewicht des Wassers.

p_k wirkt im Wasser als Zug-, im Boden als Druckbelastung.

Die durch die Druckbelastung p_k im Boden hervorgerufene Reibungsfestigkeit wird nach TERZAGHI „*scheinbare Kohäsion*" genannt. Sie kann bei bindigen Böden zu einer erheblichen Steigerung der Bodenfestigkeit führen und ruft auch bei nichtbindigen eine Zunahme der Bodenfestigkeit hervor (KAHL und NEUBER [*182*]). Sie verschwindet bei durchlässigen Böden im Augenblick der Überflutung des Bodens infolge des Wegfalls der Kapillarwirkung unter Wasser, bei schwer durchlässigen Böden mit einer mehr oder weniger großen Verzögerung.

Die größte im Boden auftretende Kapillarspannung wird durch den Schrumpfversuch (s. S. 916) ermittelt. Da von der Schrumpfgrenze ab das Volumen nicht mehr abnimmt, erreicht die Kapillarkraft dort ihren Höchstwert. Entnimmt man also aus Abb. 94 die bei der Schrumpfgrenze vorhandene Porenziffer ε_s und bestimmt aus einem Druck-Porenzifferdiagramm (s. S. 941) des gleichen Bodens den zu dieser Porenziffer gehörigen Druck, so erhält man die größte Kapillarspannung. Nach diesem Verfahren bestimmte Kapillarspannungen liegen bei wenig bindigen Böden zwischen rd. 2 und 4 kg/cm². Sie steigen bei fetten Tonen bis auf 12 kg/cm² an (ENDELL, LOOS und BRETH [*110*]). Die nach Überschreiten der Schrumpfgrenze vor sich gehende weitere Verfestigung beruht nicht mehr auf der Kapillarspannung, sondern ist auf die molekulare Anziehung der sich immer mehr nähernden Bodenteilchen zurückzuführen.

10. Bestimmung der Wasserdurchlässigkeit.

Die Wasserdurchlässigkeit v des Bodens ist durch die „*Wasserdurchlässigkeitsziffer k*" gekennzeichnet, die nach dem Gesetz von DARCY

$$v = k\,i \tag{71}$$

die Geschwindigkeit angibt, mit der Wasser den Boden bei einem hydraulischen Gefälle $i = 1$ durchströmt. Diese Geschwindigkeit, für die auch der Ausdruck „*Filtergeschwindigkeit*" gebraucht wird, ist, was bei der Anwendung beachtet werden muß, eine gedachte Geschwindigkeit, da sie voraussetzt, daß der *Ge*samtquerschnitt F des Bodens zum Durchfluß zur Verfügung steht, d. h. daß die abfließende Wassermenge $Q = v\,F$ ist. Tatsächlich ist aber nicht der Gesamtquerschnitt F, sondern nur der Porenraum zum Wasserdurchfluß frei. Die

„*wirkliche Durchflußgeschwindigkeit*" ist deshalb größer, und zwar ist bei einem Porenvolumen n:

$$v_{\text{wirklich}} = v/n. \tag{72}$$

Da das Darcysche Gesetz die Auswirkungen von Temperaturänderungen auf die Zähigkeit η des Wassers nicht berücksichtigt, die die Fließeigenschaften einer Flüssigkeit nicht unerheblich beeinflußt, muß die bei einer Wassertemperatur t_x bestimmte Durchlässigkeitsziffer k_x ferner auf die Wassertemperatur des Grundwassers in der Natur oder auf eine vereinbarte Vergleichstemperatur, für die allgemein die Temperatur von 20° C, manchmal auch 10° C, eingeführt ist, umgerechnet werden. Es ist

$$k_{20°} = k_x \frac{\eta_x}{\eta_{20°}} \tag{73}$$

$\eta_x/\eta_{20°}$ ist für $t_x = 15°$ C: 1,14; für $t_x = 30°$ C: 0,79.

Der Versuch zur Bestimmung der Durchlässigkeitsziffer ist in Anordnung und Durchführung an sich einfach, wird aber zur Feststellung der sehr wichtigen Abhängigkeit der Durchlässigkeitsziffer vom Hohlraumgehalt und zur einwandfreien Ausschaltung von oft nicht beachteten Fehlerquellen ziemlich umständlich. Die eigentliche Fehlerquelle liegt

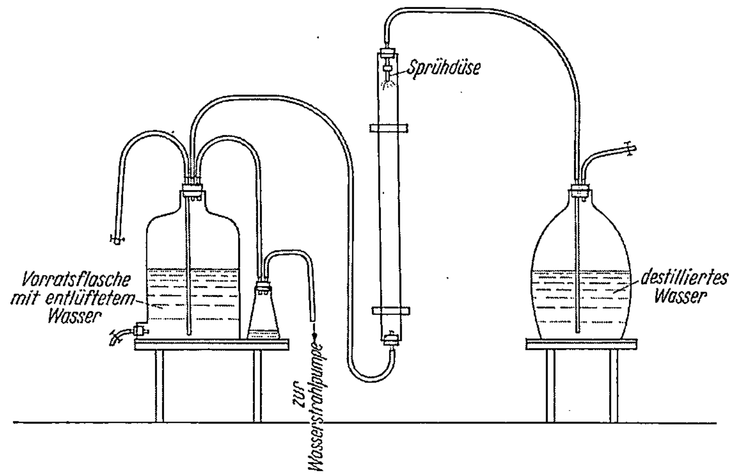

Abb. 104. Anordnung zum Gewinnen von entlüftetem Wasser.

darin, daß sich die Wasserdurchlässigkeit mit dem Sättigungsgrad S des Bodens (s. S. 909) ändert, und zwar nimmt sie mit fallendem Sättigungsgrad S ab, da die Luftbläschen den zum Wasserdurchfluß freien Porenraum verkleinern. So ergab sich z. B. [91] in einem Sand $k = 7 \cdot 10^{-3}$ cm/sek bei $S = 100\%$ und $k = 2,5 \cdot 10^{-3}$ cm/sek bei $S = 80\%$. Es ist also wichtig, die Durchlässigkeitsziffer bei völliger Wassersättigung des Probenmaterials zu bestimmen. Hierzu ist es wichtig, die Durchlässigkeitsversuche mit entlüftetem, destilliertem Wasser durchzuführen und die Probe außerdem unter einem ziemlich hohen Vakuum mit diesem Wasser zu sättigen; würde man kein entlüftetes Wasser verwenden, so würde sich unter dem Einfluß des Vakuums sehr schnell Luft aus dem Wasser ausscheiden.

Luftfreies bzw. genügend entlüftetes Wasser erhält man durch Abkochen und anschließendes Abkühlen. Es nimmt, wenn es in geschlossenen Flaschen aufbewahrt wird, nur langsam wieder Luft auf und kann deshalb auch noch einige Tage nach dem Abkochen benutzt werden. Jedoch ist der große Wasserverbrauch bei Versuchen mit stark durchlässigen Böden störend. Zweckmäßiger ist dann die Anordnung eines einfachen Geräts zur laufenden Entlüftung des Wassers (Abb. 104). Hierbei wird destilliertes Wasser durch Unterdruck, der durch eine Wasserstrahlpumpe erzeugt wird, in ein Zylinderrohr gesogen, dort mit Hilfe einer Düse versprüht (etwa 20 l/h) und in einer Vorratsflasche aufgefangen. Das tief in die Flasche hinabreichende Glasrohr dient zur Entnahme vom Boden der Flasche, wo das Wasser besonders frei von gelöster Luft ist.

Hinsichtlich der Versuchsdurchführung hat man zwei verschiedene Verfahren zu unterscheiden:

1. den „Versuch mit konstanter Druckhöhe" (Abb. 105),
2. den „Versuch mit fallender Druckhöhe" (Abb. 106).

In beiden Fällen kann zur Aufnahme der Probe ein Glaszylinder von etwa 5 bis 10 cm ⌀ und etwa 30 cm Länge dienen, in den das Versuchsmaterial mit einer Höhe von etwa 5 bis 20 cm in gestörtem Zustand mit dem gewünschten Hohlraumgehalt eingebracht wird (s. Abb. 105). Man kann den Boden aber auch im ungestörten Zustand unmittelbar in dem Entnahmezylinder nach Abb. 20 untersuchen (s. Abb. 106). Diese Versuchsanordnungen kommen aber nur für gut durchlässige nichtbindige Böden in Betracht. In sehr durchlässigen Böden können die Strömungsverluste in der Schlauchleitung und dem Eintrittsfilter oder -sieb im Verhältnis zu dem Durchflußwiderstand der Probe unter Umständen recht groß werden. Es ist dann

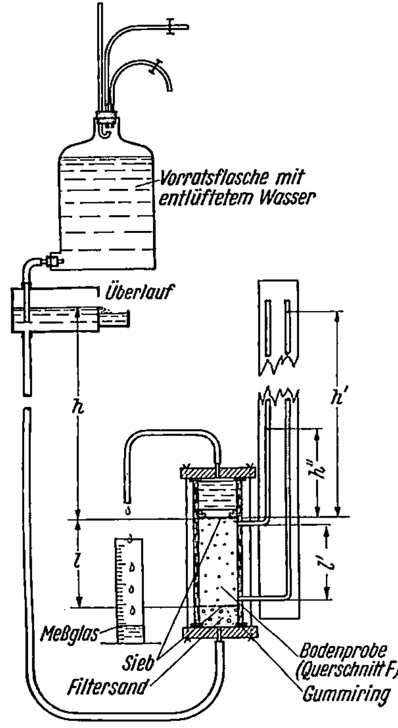

Abb. 105. Versuchsanordnung zur Bestimmung der Durchlässigkeit sandiger Böden bei konstanter Druckhöhe.

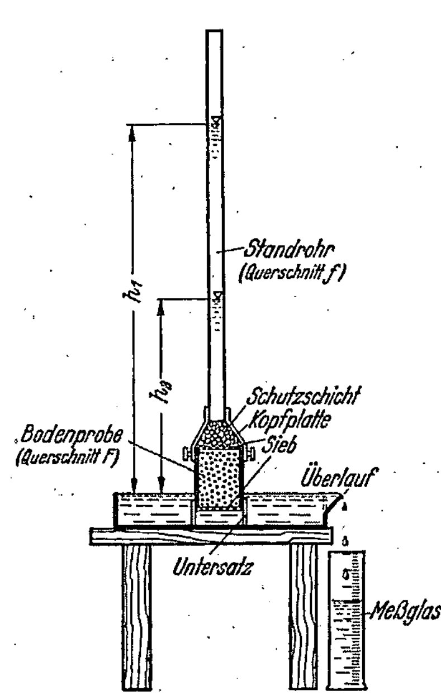

Abb. 106. Versuchsanordnung zur Bestimmung der Durchlässigkeit sandiger Böden bei abnehmender Druckhöhe.

notwendig, das längs des Durchflußweges l' tatsächlich vorhandene Druckgefälle $(h' - h'')$ durch mindestens zwei Piezometerrohre besonders zu messen (s. Abb. 105).

In schwerer durchlässigen bindigen Böden müssen Proben von kleinerer (etwa 4 bis 8 cm) Höhe untersucht werden, um die Versuche zeitlich nicht zu weit auszudehnen und um trotzdem eine genügende Durchflußwassermenge aufzufangen. Außerdem ist es — wenn man die Abhängigkeit der Durchlässigkeitsziffer vom Hohlraumgehalt erhalten will — notwendig, die Proben unter verschiedenen senkrechten Drücken zu prüfen. Man führt den Durchlässigkeitsversuch dann bei feinkörnigen bindigen Böden am besten im Kompressionsapparat (s. S. 936) durch (Abb. 107), bei gemischtkörnigen bindigen Böden in einem Gerät nach Abb. 108, in dem die Probe mittels eines hydraulischen Wagenhebers über zwei Druckfedern belastet werden kann und das auch den Einbau des Entnahmezylinders nach Abb. 20 gestattet. Die Federn dienen zur Druckmessung; sie verhindern aber auch, wenn sie in ihrer Stellung nach Auf-

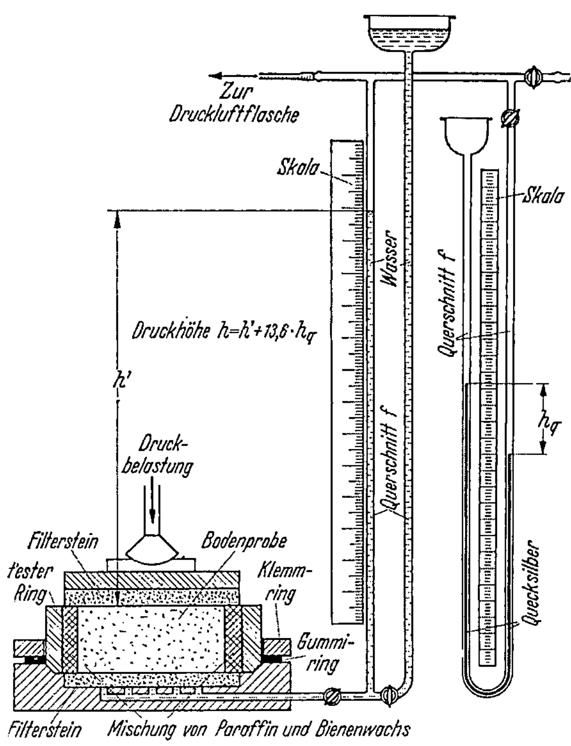

Abb. 107. Versuchsanordnung zur Bestimmung der Durchlässigkeit schwer durchlässiger, feinkörniger Böden im Kompressionsapparat.

bringen einer neuen Last durch die Muttern an den Zugstangen festgehalten werden, einen zu starken Abfall der Druckbelastung, der bei einer Setzung des Bodens bei rein hydraulischer Belastung eintreten würde.

Eine konstante Druckhöhe kann man außer mit einem Überlauf nach Abb. 105 sehr einfach auch mit einem Wasserbehälter erreichen, der nach dem Prinzip der MARIOTTEschen *Flasche* arbeitet (Abb. 109). Die Druckhöhe ist hierbei unabhängig von der Höhe des Wasserspiegels in der Flasche und stets gleich dem Abstand zwischen dem unteren Ende des Einsteckrohrs und dem oberen Rand der Probe. Da der Luftdruck oberhalb des Wassers um die Druckhöhe der oberhalb der Spitze des Einsteckrohrs befindlichen Wassersäule kleiner als der Atmosphärendruck ist, perlt beim Ausströmen des Wassers von dem Einsteckrohr aus laufend Luft auf, die für den Luftgehalt des zuvor entlüfteten Wassers natürlich nicht dienlich ist. Man

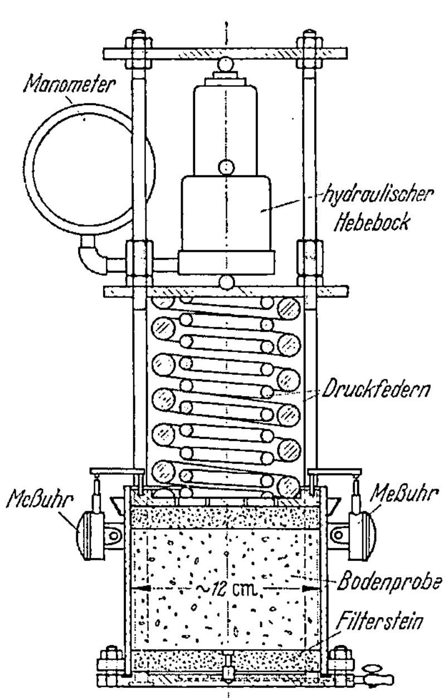

Abb. 108. Gerät zur Bestimmung der Durchlässigkeit grobkörniger schwer durchlässiger Bodengemische.

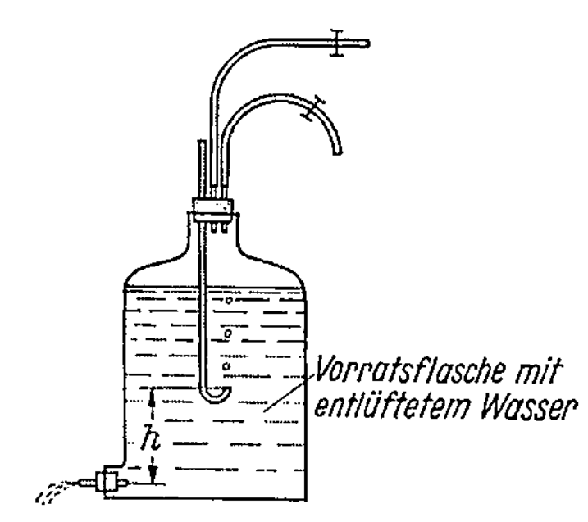

Abb. 109. MARIOTTEsche Flasche zum Erzeugen einer konstanten Druckhöhe.

sollte deshalb für den Durchlässigkeitsversuch nur die bei Versuchsbeginn unterhalb des Einsteckrohrs liegende Wassermenge verwenden, d. h. das Einsteckrohr etwa in Flaschenmitte enden lassen. Hieraus folgt, daß diese Versuchsanordnung besonders für wenig durchlässige Böden, bei denen die zum Versuch notwendige Wassermenge klein ist, in Frage kommt.

Das *Gefälle i* wird in nichtbindigen Böden von nicht zu geringer Durchlässigkeit etwa zwischen 5 und 20 gewählt, und zwar je kleiner, desto durchlässiger der Boden ist. In bindigen Böden müssen größere Gefälle und Druckhöhen benutzt werden, um in erträglichen Versuchszeiten (etwa 1 Tag) eine ausreichend große Durchflußwassermenge, die im Hinblick auf die Verdunstung eine genügend genaue Messung gestattet, gewinnen zu können. Dies führt dazu, die bei Versuchen mit konstanter Druckhöhe nötigen Überlaufbehälter oder MARIOTTEschen Flaschen möglichst hoch über dem Durchlässigkeitsapparat anzuordnen bzw. bei Versuchen mit fallender Druckhöhe den Standrohren eine große Länge zu geben. Große Druckhöhen sind aber dadurch meist nur schwer zu erreichen. Bei dem Versuch im Kom-

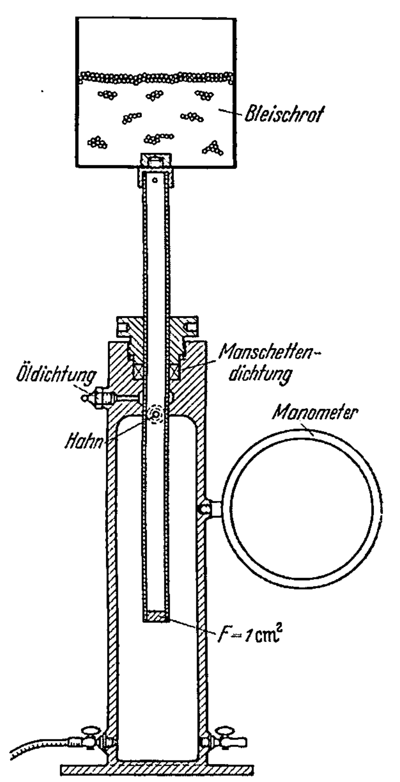

Abb. 110. Hydraulischer Drucktopf zum Erzeugen einer hohen konstanten Druckhöhe.

Abb. 111. Versuchsanordnung zur Bestimmung der Durchlässigkeit mit Hilfe der Geräte nach Abb. 108 und 110.

pressionsapparat (s. Abb. 107) hilft man sich dadurch, daß man auf die Wasseroberfläche eine Druckluftbelastung aufbringt. Bei Gebrauch des Geräts nach Abb. 108, d. h. bei verhältnismäßig großen Proben, erscheint die Verwendung eines hydraulischen Drucktopfs (Abb. 110) am günstigsten. Wird der Druckstempel von z. B. 1 cm² Querschnitt mit nur 3 kg belastet, so erzeugt der neben dem Durchlässigkeitsapparat stehende Drucktopf (Abb. 111) eine Druckhöhe von 30 m Wassersäule. Da mit dem hydraulischen Wagenheber auch eine statische Belastung, die einer Erdlast von 30 m Höhe entspricht, leicht herbeigeführt werden kann, erlaubt diese Versuchsanordnung die Prüfung der Durchlässigkeit des Bodens unter Bedingungen, wie sie in oder unter höheren Erddämmen vorkommen.

Bei der *Versuchsdurchführung* hat man zwischen Versuchen mit nichtbindigem und bindigem Boden zu unterscheiden.

Nichtbindiger Boden wird gewöhnlich in einem Glaszylinder gemäß Abb. 105 untersucht. Der Sand wird vor dem Einbringen so abgewogen, daß er bei Ausfüllen des vorgesehenen Volumens die gewünschte Lagerungsdichte besitzt. Er wird unten vor einem Aufspülen durch groben Sand oder Kies, oben vor dem Ausspülen feiner Bestandteile durch ein feines Siebblech geschützt, das an der Wandung befestigt sein muß, um ein Aufbrechen oder Heben des Bodens zu verhindern. Durch Anschließen einer Wasserstrahlpumpe wird oberhalb der Probe ein Vakuum erzeugt und das vorher schon entlüftete Wasser von unten durch die Probe hochgesaugt. Nach Beseitigen des Unterdrucks wartet man noch einige Zeit, bis sich ein stationärer Strömungszustand ausgebildet hat, und mißt dann die während einer bestimmten Zeiteinheit in einem Meßzylinder aufgefangene Wassermenge. Man wiederholt die Messung dreimal und führt den Gesamtversuch dann mit wenigstens zwei weiteren Lagerungsdichten durch. Entsprechend verfährt man — gegebenenfalls mit der ungestörten Probe im Entnahmezylinder — bei der Versuchsanordnung mit fallender Druckhöhe (s. Abb. 106) mit dem alleinigen Unterschied, daß man hier an Stelle der aufgefangenen Wassermenge das Absinken der Druckhöhe im Standrohr in der gewählten Zeiteinheit mißt.

Bindiges Material mit geringer Durchlässigkeit wird am besten im Kompressionsapparat (s. Abb. 107) untersucht. Oft handelt es sich hierbei um eine ungestörte Probe. Wegen der geringen Durchlässigkeit des Bodens besteht die Gefahr, daß sich das Wasser an der Wandung des Geräts einen Weg bahnt. Zur Verhinderung gibt man der Probe einen etwas kleineren Durchmesser (rd. 1 cm), als dem Zylinder entspricht, und vergießt den Hohlraum mit einer undurchlässigen Masse [Paraffin mit einem Zusatz von rd. 30% Bienenwachs (zur Herabsetzung des Schrumpfens); oder eine Mischung von vier Teilen Resin und drei Teilen Paraffinöl]. Dann belastet man wie beim Kompressionsversuch (s. S. 933), wartet die Konsolidierung ab und bestimmt die Durchlässigkeitsziffer durch einen Versuch mit fallender Druckhöhe, wenn nötig durch Aufbringen einer zusätzlichen Druckluftauflast, deren Höhe mit einem Quecksilbermanometer gemessen wird (s. Abb. 107). Natürlich muß die Gesamtdruckhöhe stets wesentlich kleiner sein als die Druckbelastung der Probe. Der Durchlässigkeitsversuch wird bei verschiedenen Belastungen, d. h. verschiedenen Porengehalten des Bodens, wiederholt. Am Schluß werden Wassergehalt und Trockengewicht der ausgebauten Probe bestimmt und wie beim Kompressionsversuch die Porenziffern am Ende der einzelnen Laststufen berechnet (s. Tab. 11).

In entsprechender Weise verfährt man auch bei dem Versuch im Gerät nach Abb. 108, dessen Hauptvorteil die Möglichkeit ist, eine größere Probenmenge und gröberes Material zu untersuchen. Das Material kann ungestört entnommen sein und im Entnahmezylinder eingebaut werden. Man kann es aber auch lagenweise in das Gerät einbringen und nach einem der Standardverfahren (s. S. 922) oder auf eine vorgeschriebene Höhe hin verdichten. Die Probe wird dann mittels des hydraulischen Wagenhebers stufenweise belastet, nach der ersten Belastung mit Wasser getränkt und nach jeweiliger Konsolidierung am besten durch einen Versuch mit konstanter Druckhöhe auf ihre Durchlässigkeit hin geprüft.

Beim *Versuch mit konstanter Druckhöhe* kann die Wasserdurchlässigkeitsziffer k nach dem Gesetz von Darcy [Gl. (71)] errechnet werden. Nach Einsetzen von $Q/F = v$ und $h/l = i$ sowie Auflösen der Gleichung nach k ist für die Zeitdauer t, während der die Wassermenge Q aufgefangen wird:

$$k = \frac{Q\,l}{F\,t\,h}, \tag{74}$$

worin

Q Wassermenge, die die Probe in der Zeit t durchströmt hat,
l durchströmte Länge der Probe,
F Querschnitt der Probe senkrecht zur Strömungsrichtung,
t Zeit,
h Druckhöhe.

Beim *Versuch mit fallender Druckhöhe* wird Q nicht gemessen, sondern aus der Veränderung des Wasserspiegels im Standrohr mit dem Querschnitt f bestimmt. Man erhält:

$$k = \frac{fl}{Ft}\ln\frac{h_1}{h_2} = 2{,}3\,\frac{fl}{Ft}\log\frac{h_1}{h_2}. \qquad (75\,\text{a})$$

Verwendet man künstlichen Überdruck, dessen Höhe h_q durch ein Quecksilbermanometer gemessen wird (s. Abb. 107), so geht Gl. (75 a) wegen des spezifischen Gewichts des Quecksilbers von 13,6 in die Form über:

$$k = 2{,}3\,\frac{fl}{Ft}\log\frac{h_1 + h_q\,13{,}6}{h_2 + h_q\,13{,}6}, \qquad (75\,\text{b})$$

worin

h_1 Höhe im Standrohr bei Versuchsbeginn,
h_2 Höhe im Standrohr bei Versuchsende,
h_q Spiegelunterschied im Quecksilbermanometer.

Zur Kontrolle über etwaige Fehler der ermittelten Durchlässigkeitsziffern k trägt man k in Abhängigkeit von den zugehörigen Porenziffern ε auf. Wählt man für beide Achsen den logarithmischen Maßstab, so erhält man eine annähernd gerade Linie (Abb. 112), die durch die Gleichung wiedergegeben wird:

$$k = A\,\varepsilon^B. \qquad (76)$$

Der Faktor A gibt die Größenordnung der Durchlässigkeit bei der betreffenden Bodenart an und entspricht der Durchlässigkeitsziffer bei einer Porenziffer $\varepsilon = 1$, also einer ziemlich lockeren Lagerung. Der Faktor B läßt die Stärke der Abhängigkeit zwischen Durchlässigkeit und Hohlraumgehalt erkennen.

Die Größe von k wird in Zehnerpotenzen angegeben. Für nichtbindigen sandigen Boden liegt k zwischen den Werten 10^0 und 10^{-3} cm/sek, während in Kies und Geröllen Werte bis 10^2 cm/sek

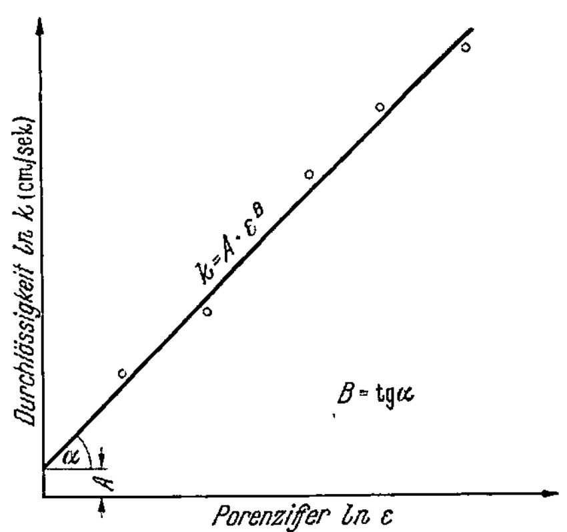

Abb. 112. Abhängigkeit der Durchlässigkeitsziffer k von der Porenziffer ε.

vorkommen können. k kann bei stark bindigen Böden bis auf einen Wert von 10^{-8} cm/sek abnehmen. Ein k-Wert von 10^{-4} cm/sek wird bisweilen als Grenze zwischen durchlässigen und undurchlässigen Böden angenommen; Böden mit einem k-Wert $< 10^{-6}$ bis 10^{-7} cm/sek sind als praktisch undurchlässig anzusehen.

11. Untersuchung der Zusammendrückbarkeit (Kompressionsversuch).

Die Zusammendrückbarkeit des Bodens wird dadurch untersucht, daß eine dünne Bodenscheibe in einem Zylinder mit starrer Wandung in senkrechter Richtung stufenweise belastet wird. Der Versuch wird deshalb als „Druckversuch mit behinderter Seitendehnung" oder kurz als „Kompressionsversuch" bezeichnet.

Als Kennziffer erhält man die sog. „Steifezahl bei behinderter Seitendehnung", die, wie schon auf S. 875 ausgeführt, gewöhnlich der Steifezahl des Bodens im Untergrund, obwohl dort eine unbehinderte Seitendehnung nicht vorhanden ist, gleichgesetzt wird [s. Gl. (15) und Abb. 59]. Die durch den Kompressionsversuch gewonnene Steifezahl gibt dann in Verbindung mit der Theorie der Spannungsausbreitung im Untergrund die Möglichkeit, die dort bei einer Belastung stattfindenden Formänderungen, vor allem die in lotrechter Richtung verlaufenden Setzungen, zu berechnen (DIN 4019 „Baugrund; Setzungsberechnungen bei lotrechter, mittiger Belastung; Richtlinien" aus dem Jahre 1955). Bei diesen handelt es sich in ganz überwiegendem Maße um plastische Formänderungen, für deren Ermittlung die Kenntnis des Elastizitätsmoduls des Bodens (s. S. 982) i. a. ohne Wert ist.

Die bei der Belastung eines Bodens auftretenden Erscheinungen sind sehr verschieden, je nachdem, ob es sich um einen bindigen oder nichtbindigen Boden handelt. In beiden Fällen ist theoretisch eine elastische Zusammendrückung vorhanden, jedoch von so geringer Größe, daß sie fast stets vernachlässigt werden kann. Beherrschend für die durch die Belastung ausgelösten Formänderungsvorgänge ist die infolge des verhältnismäßig großen Hohlraums im Boden vorhandene starke Tendenz der einzelnen Bodenkörner, in eine neue Lage zu kommen. Hierbei verhalten sich bindige und nichtbindige Böden verschieden.

In einem nichtbindigen Boden stützen sich die einzelnen harten Quarz-, Kalk- oder Feldspatkörner starr gegeneinander ab (s. Abb. 2). Sofern hierbei instabile Abstützungen vorhanden sind, fallen sie bei dem Aufbringen der Belastung zusammen, und kleinere, dadurch frei werdende Körner fallen in die Hohlräume zwischen den größeren Körnern. Das eigentliche tragende Korngerüst aber bleibt davon ziemlich unbeeinflußt, es sei denn, die Lagerung ist sehr locker und die Belastung sehr hoch. Sonst liefern der verhältnismäßig große Reibungsbeiwert des Sands und die in den Berührungspunkten vorhandenen Normaldrücke einen genügenden Reibungswiderstand, um zu große Verschiebungen und eine umwälzende Umlagerung der Körner im Sinne einer wirklich hohlraumarmen Lagerung zu verhindern. Eine solche kann nur bei einer dynamischen Belastung eintreten. Bei rein statischer Belastung aber ist nichtbindiger Boden wenig zusammendrückbar und nicht setzungsempfindlich. Dies wird auch durch die Gegenwart von Wasser nicht geändert.

In einem bindigen Boden stützen sich die Bodenteilchen nicht unmittelbar untereinander ab, sondern sind von Wasserhüllen umgeben (s. S. 821 und Abb. 5). Da die Dicke der Wasserhüllen ein Vielfaches der Stärke der Bodenteilchen beträgt bzw. betragen kann, ist bei einer Belastung eine starke Annäherung der Teilchen, d. h. eine große Formänderung des Bodens, möglich. Voraussetzung ist nur, daß das Wasser entweichen kann. Da dies wegen der kleinen Durchlässigkeit der bindigen Böden nur sehr langsam möglich ist, wird hierdurch die durch ihren Aufbau bedingte große Zusammendrückbarkeit zwar größenmäßig nicht gemindert, jedoch zeitlich u. U. sehr stark verzögert. Diese Erscheinung führt zu den Begriffen „Konsolidierung", „Porenwasserdruck" und „Korn-zu-Korn-Druck", ohne deren Kenntnis ein Verstehen der wichtigsten Zusammenhänge der bautechnischen Bodenkunde gar nicht möglich ist. Sie können am besten an dem von Terzaghi, dem die Erkenntnisse über die Vorgänge beim Belasten eines bindigen Bodens zu verdanken sind (1923) (Terzaghi [9], Terzaghi und Fröhlich [111], Terzaghi und Peck [37], Terzaghi und Jelinek [112]), hierfür herangezogenen Federmodell erklärt werden (Abb. 113).

Das Modell besteht aus einer Reihe durchlöcherter Kolben, die durch zwischengeschaltete Federn im Gleichgewicht gehalten werden. Wird der oberste Kolben belastet, verformen sich die Federn sofort entsprechend der aufgebrachten Last und kommen in eine neue Gleichgewichtslage. Ist jedoch der Raum zwischen den einzelnen Kolben mit

Wasser gefüllt, so können sich die Federn nur in dem Maße verformen, in dem Wasser durch die in den Kolben befindlichen Löcher abströmt. Unmittelbar bei der Lastaufbringung wird deshalb die Last völlig von dem dadurch druckbelasteten Wasser getragen. Bei einem Abströmen des Wassers vermindert sich die Wasserbelastung, während die Belastung der Federn entsprechend zunimmt. Erst wenn das Wasser wieder völlig entlastet ist, d. h. wenn ein entsprechendes Wasservolumen abgeströmt ist und sich die Federn wie in dem nicht mit Wasser gefüllten Zylinder zusammengedrückt haben, wird die Last völlig von den Federn getragen. Den zeitlichen Verlauf des Drucks im Wasser kann man an Standrohren, die zwischen den einzelnen Kolben eingesetzt sind, verfolgen. Seine zeitliche Veränderung hängt von dem Durchmesser und der Zahl der Löcher in den Kolben ab, außerdem davon, ob auch eine Entwässerung durch die Bodenplatte des Zylinders möglich ist.

In gleicher Weise hat man sich die Vorgänge vorzustellen, die sich beim Belasten eines wassergesättigten bindigen Bodens abspielen: Die Bodenteilchen übernehmen die Rolle der Federn, das Porenwasser die Rolle des Wassers in dem Modell; die Durchlässigkeit des Bodens entspricht der Abflußmöglichkeit des Wassers durch die durchlöcherten Kolben; die Druckbelastung des Wassers wird „*Porenwasserdruck*", die der Federn der „*Korn-zu-Korn-Druck*" des Bodens genannt.

Der ganze Vorgang, der sich in wenig durchlässigen Tonböden über Jahre erstrecken kann,

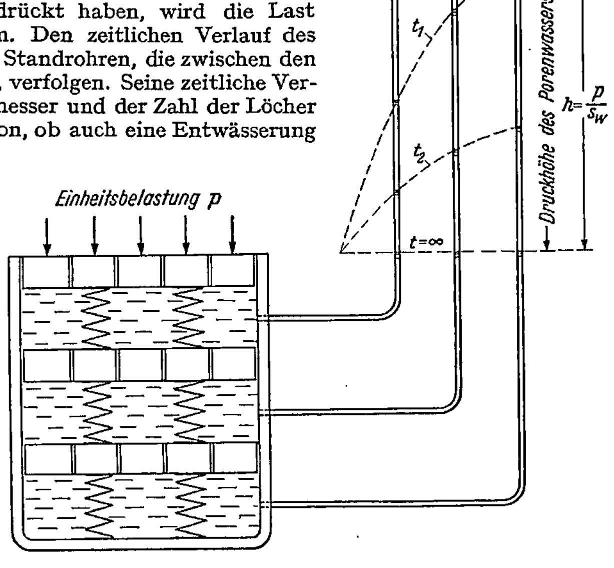

Abb. 113. Modell zur Veranschaulichung der Begriffe Porenwasserdruck, Korn-zu-Korn-Druck und Konsolidierung [37].

wird als „*Konsolidierung*" des Bodens bezeichnet. Er tritt in der beschriebenen Form nur in wassergesättigten und wenig durchlässigen Böden auf und verliert in gut durchlässigen Böden, wo der Porenwasserdruck sich sofort ausgleichen kann, seine Bedeutung[1]. Jedoch hat man auch schon in allen gemischtkörnigen, nur schwachbindigen Böden einen ähnlichen Vorgang anzunehmen; die Umwandlung des Porenwasserdrucks in Korn-zu-Korn-Druck geht hier nur verhältnismäßig schnell, der Durchlässigkeit des Materials entsprechend, vor sich.

Wegen der geringen und schnell eintretenden Zusammendrückung der nichtbindigen Böden einerseits und wegen der starken Zusammendrückbarkeit und des unbekannten zeitlichen Verlaufs der bindigen Böden andererseits wird der Kompressionsversuch fast ausschließlich mit bindigen Böden ausgeführt. Diese werden dabei in ungestörtem Zustand untersucht. Die nach der Entnahme aus dem Untergrund fehlende Belastung infolge der Bodenauflast der Probe wird durch die Kapillarkraft ersetzt, die verhindert, daß die Probe vor der Belastung im Kompressionsapparat schwillt (OHDE [113]). Müssen ausnahmsweise Proben aus nichtbindigen Schichten untersucht werden, so werden sie wegen der Schwierigkeit, wirklich ungestörte Proben aus ihnen entnehmen (s. S. 845), ungestört in das Laboratorium schaffen und ungestört in die Versuchsgeräte einbauen zu können, in gestörtem Zustand, aber der Lagerungsdichte im Untergrund entsprechend, in die Kompressionsapparate eingebaut.

Gerät und Probeabmessungen. Der Kompressionsapparat zur Untersuchung feinkörniger Böden, der von TERZAGHI „Ödometer" genannt wurde, da er bei seinen ersten Versuchen vor allem den Schwellvorgang gestört eingebauten Materials untersuchte, besteht grundsätzlich aus einem starren Behälter, in

---

[1] Eine Ausnahme bilden allein dynamische Belastungen wegen ihrer sehr schnellen Aufbringung.

dem die Bodenprobe zwischen zwei waagerechten Filterplatten ruht, damit
das beim Druck aus dem Boden gepreßte Porenwasser ungehindert nach oben
und unten entweichen kann (Abb. 114). Manchmal ist die Möglichkeit vorgesehen, den Ausstechring, mit dem die für den Versuch benutzte Teilprobe
aus der ungestörten Probe ausgestanzt wird, unmittelbar in den Kompressions-

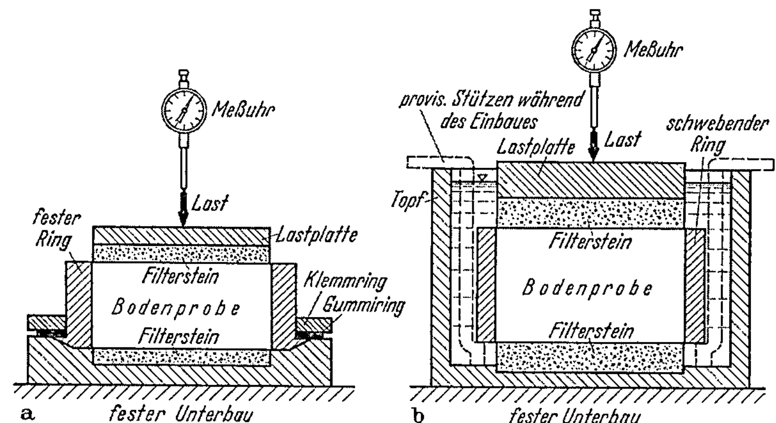

Abb. 114. Prinzip des Kompressionsapparats mit festem Ring (a) und mit schwebendem Ring (b).

apparat einzusetzen (Abb. 115). In den meisten Fällen sind zusätzliche Einrichtungen zur Messung der Wasserdurchlässigkeit nach Abb. 107 vorhanden
(s. Abb. 118). In neuerer Zeit werden bisweilen auch Geräte mit beweglicher
Wandung („schwebender Ring") benutzt (Abb. 114b), bei denen die Reibungs-
kraft zwischen der Probe und der Wandung nicht wie bei dem Gerät mit festem
Ring (Abb. 114a) auf die Unterlage übertragen wird, so daß die aufgebrachte

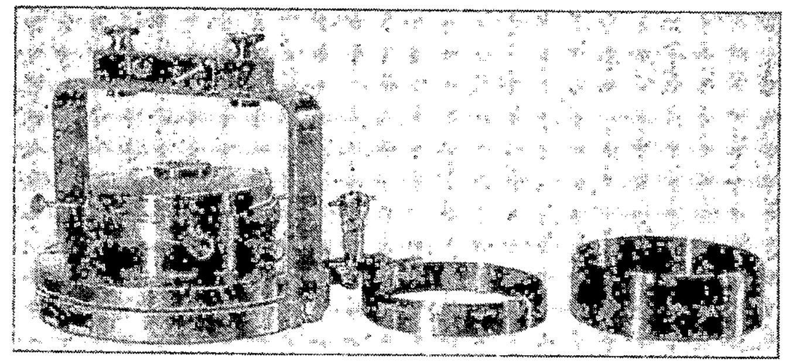

Abb. 115. Kompressionsapparat mit einsetzbarem Ausstechring verschiedener Höhe
(Hersteller P. Stenzel, Hamburg).

Last vollkommener auf die Probe einwirkt. Jedoch ist der praktische Gewinn
nur gering (über das Kräftespiel in beiden Fällen s. Muhs und Kany [59]).
Auch kann allein der Apparat mit festem Ring für Durchlässigkeitsversuche benutzt werden.

Eingehende Versuche (Muhs und Kany [59]) haben ergeben, daß die Ergebnisse des
Kompressionsversuchs nur bei verhältnismäßig dünnen Bodenscheiben mit einem großen
Verhältnis vom Durchmesser d zur Höhe h von der Reibung der Proben an der Wandung
einigermaßen unbeeinflußt sind. In allen anderen Fällen nimmt die auf die Probenhöhe
bezogene Zusammendrückung mit steigender Probenhöhe oder fallendem Durchmesser

stark ab (Abb. 116). Nach Versuchen von LEUSSINK [114] ist ein großer Durchmesser auch zur Verminderung des Fehlers notwendig, der durch ein nicht vollkommen sattes Anliegen der Probe an der Wandung entsteht. Auf der anderen Seite können aber zu dünne Proben ebenfalls nicht empfohlen werden, da nach Versuchen von VAN ZELST [115] die Störungen, die beim Glätten der Ober- und Unterfläche der Probe entstehen, unabhängig von der Probenhöhe sind, d. h. bei sehr dünnen Proben einen starken Einfluß haben können.

Die Abmessungen der Probe sind aus diesen Gründen möglichst so zu wählen, daß ein Verhältnis $d:h \geqq 5$ vorhanden ist. In den vorbereiteten deutschen Richtlinien ist die Probe mit einer Höhe von 20 mm und einem Durchmesser von 100 mm als Standardgröße eingeführt, die aus der mit dem Standardentnahmegerät mit einem Innendurchmesser von 114 mm (s. Abb. 26) entnommenen ungestörten Probe gut ausgestochen werden kann. Sind aus besonderen Gründen nur ungestörte Proben kleineren Durchmessers vorhanden, so soll der Durchmesser mit 70 mm und die Höhe mit 14 mm gewählt werden.

Läßt sich in Ausnahmefällen die Verwendung noch schlankerer Proben nicht vermeiden, so muß bei der Auswertung die tatsächlich auf die Probe wirkende Belastung gegenüber der aufgebrachten Belastung vermindert werden. Hierzu kann das Diagramm der Abb. 117 benutzt werden, das in dem unteren Teil den Abminderungsfaktor α, mit dem die aufgebrachte Last zu multiplizieren ist, für verschiedene Verhältnisse $d:h$ enthält. Das Produkt $\mu \lambda_0$ [μ = Reibungskoeffizient zwischen Boden und Wandung, λ_0 = Ruhedruckziffer (s. S. 976)] muß dazu aus dem oberen Teil der Abbildung für die betreffende Bodenart und Belastung an Hand der eingezeichneten, versuchsmäßig ermittelten Kurven von drei verschiedenen Bodenarten geschätzt werden (MUHS und KANY [59]).

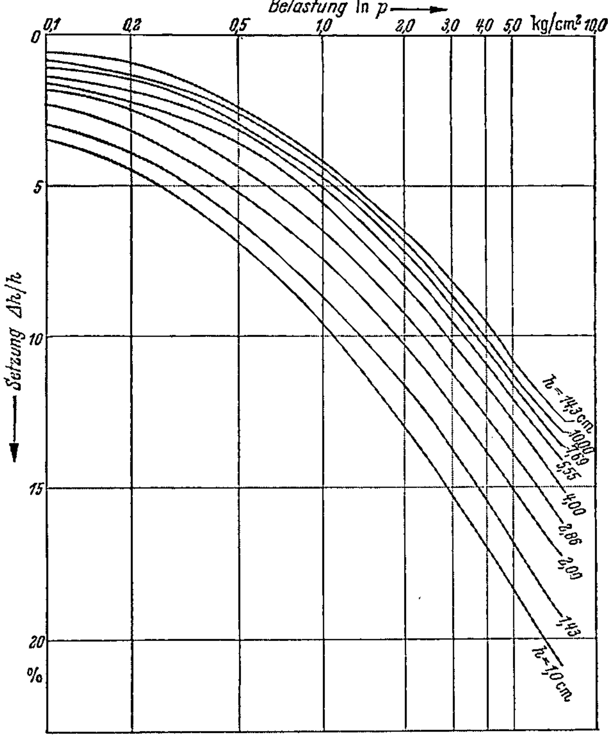

Abb. 116. Ergebnis von Kompressionsversuchen mit Proben verschiedener Höhe. Bodenart: toniger Schluff [59].

Bei gröberem Boden ist die Versuchsdurchführung in Geräten nach Abb. 114 und 115 nicht möglich. Es sind dann Zylinder mit größerem Durchmesser und größerer Höhe angebracht, in denen die Belastung nach Abb. 108 vorgenommen werden kann. Bei sehr groben Materialien, wie Gesteinstrümmer, Flußschotter od. ä., kann es sogar notwendig werden, Zylinder mit 0,5 bis 1,0 m ⌀ zu benutzen. Zur Erzielung eines einwandfreien Ergebnisses ist es dann erforderlich, die Wandung des Geräts entweder an Meßbügeln aufzuhängen oder auf Druckdosen aufzulagern, die in die Wandung eingeleiteten Kräfte zu messen und von der aufgebrachten Last abzusetzen. In Schweden ist ein Apparat entwickelt worden, bei dem die Wandung aus einer großen Zahl sich nicht berührender Ringe besteht (KJELLMAN und JAKOBSON [116]).

Die Belastung der Proben erfolgt gewöhnlich über ein Gehänge und einen Hebel, dessen Eigenlast durch Gegengewichte ausgeglichen ist und der durch Gewichtsplatten belastet wird (Abb. 118). Die Zusammendrückung wird durch Meßuhren angezeigt.

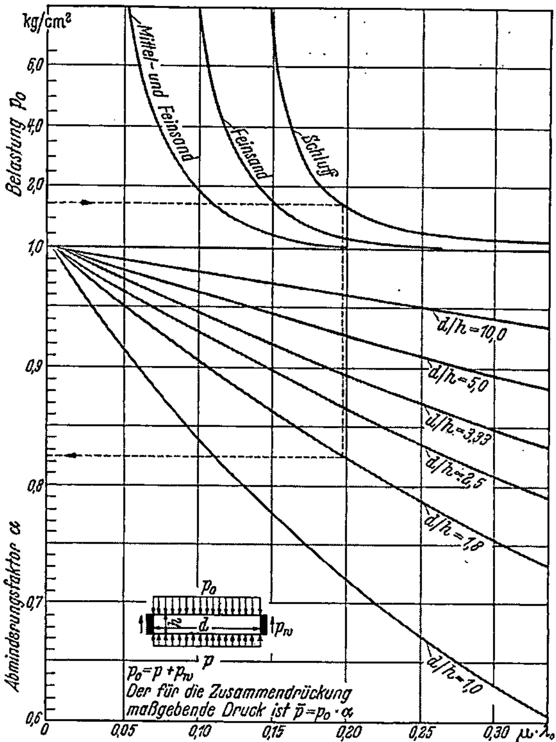

Abb. 117. Ermittlung des Wandreibungsanteils in Abhängigkeit vom Verhältnis d/h, vom Produkt $\mu\lambda_0$ und von der Belastung für drei verschiedene Bodenarten [59].

Abb. 118. Kompressionsapparat nach A. Casa-grande mit Vorrichtung für Durchlässigkeits-versuche nach Abb. 107.

Versuchsdurchführung. Zum Versuch sticht man aus dem größeren Bodenzylinder, wie er im Entnahmestutzen geliefert wird, mit einem dünnwandigen Metallring (s. Abbildung 115) eine Probe von genau passendem Durchmesser aus, drückt sie aus diesem in den Kompressionsapparat oder baut sie mit dem Ausstechring ein. Feste Böden können auch durch Bearbeiten mit einem Spatel oder einer Drahtsäge bei gleichzeitigem Drehen der Probe auf den gewünschten Durchmesser gebracht werden, wodurch die Störung der Randzone infolge der Wandreibung beim Ausstechen vermieden wird. Über weitere Gesichtspunkte für einen möglichst fehlerfreien Einbau s. Schmidbauer [117]. Gestörte bindige Bodenproben werden mit einem Wassergehalt eingebaut, der ungefähr der Fließgrenze entspricht. Von einem Rest der Probe wird der Wassergehalt bestimmt.

Die beiden Filtersteine werden dem Feuchtigkeitszustand der Probe entsprechend angefeuchtet; sie sollen einerseits kein Wasser an eine verhältnismäßig trockene Probe abgeben, andererseits aber auch kein Wasser aus einer sehr wasserreichen Probe heraussaugen. Da die Kapillarkraft des Bodens i. a. größer als die der Filtersteine ist, sollte man letztere eher etwas zu trocken als zu feucht halten.

Nach dem Einbau der Probe wird die Druckplatte mit der Meßuhr auf den oberen Filterstein gesetzt und schrittweise bis zur Höchstlast belastet, die sich i. a. zwischen $p = 4$ und 10 kg/cm², dem späteren Druck unter dem Bauwerk angepaßt, bewegt. Die einzelnen Laststufen werden meist so gewählt, daß sie immer doppelt so groß wie die vorhergehenden sind. Jede Belastung bleibt so lange unverändert, bis die Meßuhr keine merkliche Zusammendrückung mehr anzeigt, in der Regel einen Tag. Bei schwachbindigen Böden kann der Versuch auch schneller durchgeführt werden, bei einem sehr fetten Ton ist die Zusammendrückung nach einem Tag aber noch nicht beendet. Bei jeder Laststufe werden die Setzungen Δh zu den folgenden Zeitpunkten gemessen: 15 und 30 sek, 1, 2, 5, 15 und 45 min, 2, 5, 8 und 24 h.

In die Belastung sollten nur dann, wenn besondere Gründe es erfordern, stufenweise Ent- und Wiederbelastungen eingeschaltet werden. Bei den Entlastungen kann dem Boden durch das Standrohr Wasser zugeführt werden, so daß er zu schwellen vermag. Es kann aber auch ohne Wasserzugabe entlastet werden. Die Ansichten hierüber sind geteilt. Die Schwellkurven, die sich nach beiden Methoden ergeben, weichen voneinander ab, bei den meisten Böden allerdings erheblich nur bei sehr niedrigen Belastungen, wo die Schwellung besonders stark ist. Die eine Kurve charakterisiert den Schwellvorgang bei einem genügenden Vorrat an Wasser und ausreichender Zeit, um die in dem Boden tatsächlich vorhandene Schwellfähigkeit auszunutzen; die andere Kurve trägt dem Umstand Rechnung, daß beim Ausheben von Baugruben in bindigem Boden, wo diese Frage eine Rolle spielen könnte, meist weder eine genügende Wassermenge noch genug Zeit vorhanden ist, um eine stärkere bindige Bodenschicht zum vollen Schwellen zu bringen.

Zum Schluß des Versuchs wird die Probe stufenweise auf Null entlastet, ausgebaut, gewogen (Gewicht G_n), im Trockenschrank (105°C) getrocknet und nochmals gewogen (Gewicht G_t).

Auswertung. Die Auswertung des Kompressionsversuchs erstreckt sich in zwei Richtungen: Einerseits wird — zur späteren Verwendung bei der Berechnung des *zeitlichen* Ablaufs von Bauwerkssetzungen — der zeitliche Verlauf, andererseits — als Unterlage für die Berechnung der Setzungs*größe* — die größenmäßige Veränderung der Zusammendrückung betrachtet.

Zur *Wiedergabe des zeitlichen Verlaufs* zeichnet man für jede Laststufe die „*Zeit-Setzungslinie*" (Abb. 119). Hierbei benutzt man für die Zusammendrückung den linearen Maßstab, während für die Zeit meist der logarithmische Maßstab vorgezogen wird (Abbildung 120). Besonders übersichtlich wird die Darstellung, wenn man die Zeit-Setzungslinien aller Laststufen untereinander auf einem Blatt zeichnet (Abb. 121).

Bei logarithmischer Teilung der Zeitachse ergeben sich bei nichtbindigen und vorbelasteten bindigen Böden annähernd gerade oder einfach gekrümmte Linien. Bei nicht vorbelastetem bindigem Boden ist die Zeit-Setzungslinie anfangs S-förmig und geht später nahezu in eine Gerade über. Der durch diese Gerade gekennzeichnete zeitliche Setzungsverlauf wird im Gegensatz zu der

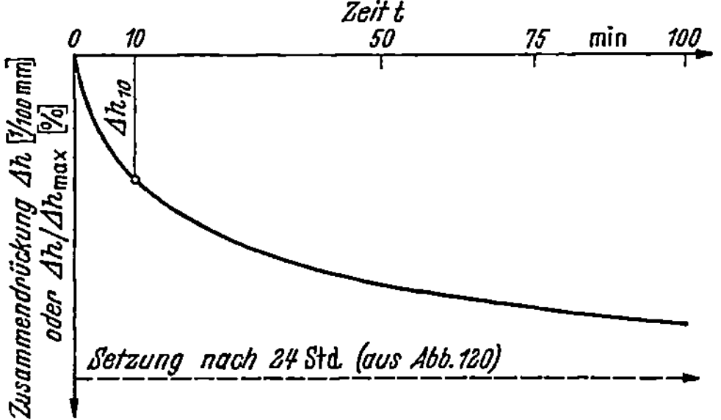

Abb. 119. Zeitlicher Verlauf der Setzungen beim Kompressionsversuch bei linearer Einteilung der Zeitachse.

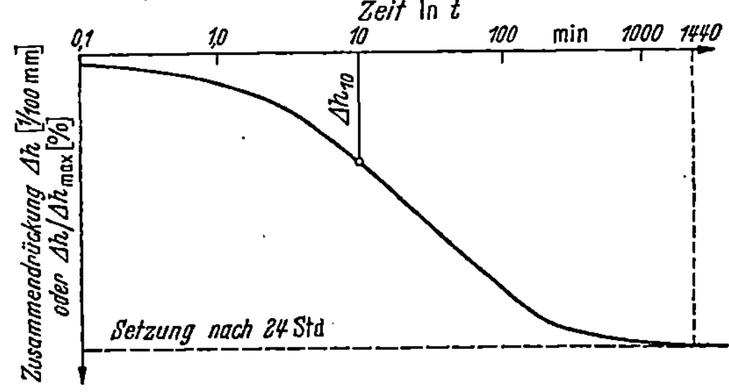

Abb. 120. Zeitlicher Verlauf der Setzungen beim Kompressionsversuch bei logarithmischer Einteilung der Zeitachse.

durch die *S*-förmige Kurve gekennzeichneten „*primären Setzung*" als „*sekundäre Setzung*" bezeichnet. Nur die primäre Setzung entspricht der Konsolidierungs-Theorie und ist mit dem Auspressen des Porenwassers zu erklären. Die Ursachen der sekundären Setzung sind noch nicht befriedigend geklärt; wahr-

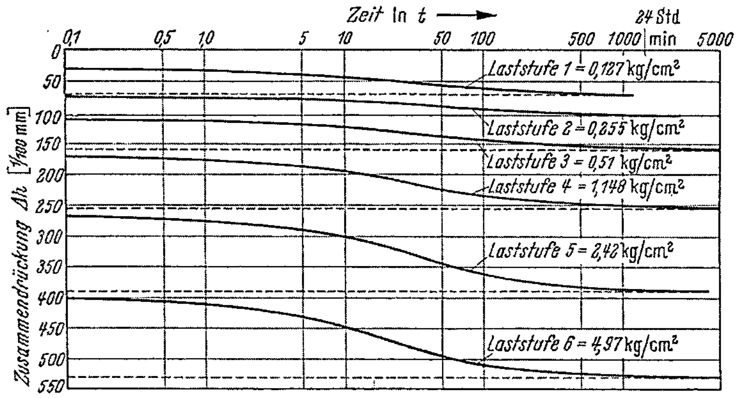

Abb. 121. Auftragung des zeitlichen Verlaufs aller Laststufen eines Kompressionsversuchs. Bodenart: toniger Schluff.

scheinlich handelt es sich um ein plastisches Nachfließen. Die Grenze (100% primäre Setzung) zwischen den beiden Setzungen findet man dadurch, daß man die Tangente an den Wendepunkt des *S*-förmigen Teils der Zeit-Setzungslinie mit der Verlängerung der während der sekundären Setzung vorhandenen Geraden zum Schnitt bringt (Abb. 122).

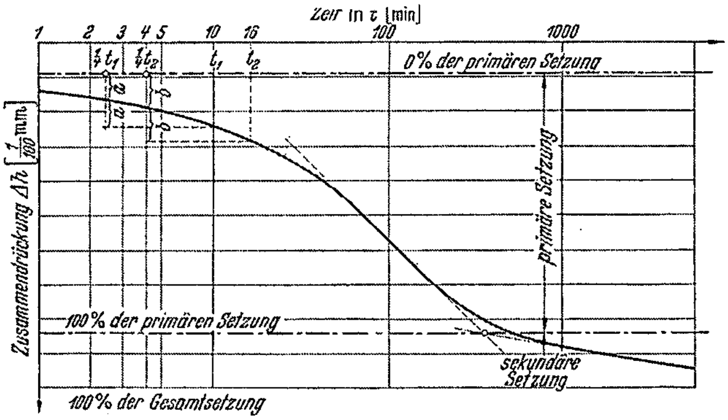

Die primäre Setzung beginnt nicht genau zur Zeit der Lastaufbringung, da unmittelbar bei der Belastung eine verhältnismäßig starke Setzung eintritt, die zum überwiegenden Teil durch die Zusammendrückung der Bodenluft verursacht wird. Den Beginn der primären Setzung erhält man dadurch, daß die Zeit-Setzungslinie während der ersten Zeit nach theoretischen Betrachtungen eine Parabel sein muß. Trägt man daher im Abstand $^1/_4\,t_1$ den Ordinatenunterschied $(t_1 - {}^1/_4\,t_1)$ eines Punkts der Zeit-Setzungslinie über ihr auf und verfährt zur Kontrolle für weitere Punkte im ersten Teil der Kurve in gleicher Weise (s. Abb. 122), so müssen diese Punkte auf einer Waagerechten liegen, die die Nullachse darstellt.

Abb. 122. Ermittlung der primären Setzung aus der Zeit-Setzungslinie.

Über die Möglichkeiten, die Zeit-Setzungslinien durch eine Gleichung wiederzugeben s. Schultze und Muhs[7], dort S.251 bis 253 und S.269. Wegen des anfänglich parabelförmigen Verlaufs der Zeit-Setzungslinie gilt für die Übertragung auf die Natur, daß sich die Zeiten zum Erreichen eines bestimmten Setzungsanteils beim Versuch und in der Natur annähernd wie die Quadrate der Schichtstärken verhalten.

Für einen wassergesättigten Tonboden, bei dem die Voraussetzungen für die Gesetze der Konsolidierungstheorie bei eindimensionaler Strömung erfüllt sind, kann aus den Zeit-Setzungslinien der einzelnen Laststufen die Durchlässigkeitsziffer (s. S. 927) auf indirektem Wege berechnet werden. Es ist:

$$k_x = \frac{h_x^2}{4} \frac{a_x}{1+\varepsilon_x} \frac{0,2}{t_{50}} s_w,$$ (77a)

worin

k_x Durchlässigkeitsziffer bei dem Lastanstieg von p_1 auf p_2,
h_x Anfangsprobenhöhe bei der betreffenden Laststufe,
a_x Verdichtungsziffer [Gl. (84)] für den Lastanstieg von p_1 auf p_2,
ε_x Anfangsporenziffer für den Lastanstieg von p_1 auf p_2,
t_{50} Zeit, bei der 50% der primären Setzung eingetreten ist,
s_w spezifisches Gewicht des Wassers.

Der in Gl. (77a) vorkommende Ausdruck

$$c_v = \frac{k(1+\varepsilon_0)}{s_w\, a} = \frac{k}{s_w} \frac{1}{\Delta s_m} = \frac{k}{s_w} E$$ (77b)

[s. dazu Gl. (85)] wird als „*Verfestigungsbeiwert*" („Coefficient of Consolidation") bezeichnet. Diese Kennziffer spielt bei der Berechnung des zeitlichen Setzungsverlaufs eine wichtige Rolle, weil der sog. „*Verfestigungsgrad V*" („Degree of Consolidation U"), worunter das Verhältnis der zu einem beliebigen Zeitpunkt t auftretenden Setzung Δh_t zur Gesamtsetzung Δh_{max} verstanden wird, nach TERZAGHI und FRÖHLICH [*111*] — abgesehen von den Rand- und Anfangsbedingungen — nur vom Verfestigungsbeiwert abhängt. Es ist:

$$V = f\left(\frac{c_v\, t}{H^2}\right).$$ (78)

Hierin ist H der Weg, den das Porenwasser in der beanspruchten Schicht zurückzulegen hat. Beim Kompressionsversuch ist wegen der Entwässerung der Proben an beiden Enden H gleich der halben Probendicke.

Der Klammerausdruck in Gl. [*78*] ist eine dimensionslose Zahl und wird „*Zeitbeiwert*" genannt. Für die Funktionswerte der Gleichung sind von TERZAGHI und FRÖHLICH [*111*] für die in der Praxis wichtigsten Belastungsverteilungen bei eindimensionaler Strömungsmöglichkeit Lösungen angegeben. Bei beiderseitiger Schichtentwässerung und gleichmäßig verteilter Belastung ist für $V = 0,5$ der Zeitfaktor $\cong 0,2$, womit [Gl. (77a)] ihre Erklärung findet.

Wichtiger als die zeitliche Wiedergabe des Kompressionsversuchs ist die *Darstellung der gemessenen Zusammendrückung in Abhängigkeit von der Belastung*. Hierbei trägt man für den Endzustand jeder Belastungsstufe entweder die auf die Anfangsprobenhöhe h bezogenen Endsetzungen Δh[1] in Prozent oder die Porenziffern ε in Abhängigkeit von der jeweiligen Belastung auf. Im ersten Fall erhält man die „*Druck-Setzungslinie*", im zweiten Fall das „*Druck-Porenzifferdiagramm*". In Deutschland hat sich die erste, einfachere Darstellung durchgesetzt, während im englisch sprechenden Ausland an der zweiten, von TERZAGHI eingeführten Darstellung festgehalten wird.

Die Porenziffern ε_p bei den Belastungen p erhält man aus der Anfangshöhe h bei Versuchsbeginn, der Höhe der Festmasse h_t (s. Abb. 87a) und den Gesamtsetzungen Δh nach Konsolidierung unter den einzelnen Laststufen zu:

$$\varepsilon_p = \frac{h - h_t - \Delta h}{h_t} = \varepsilon_0 - \Delta\varepsilon.$$ (79)

Hierin ist [s. Gl. (52)]:

$$h_t = \frac{G_t}{s\, F},$$

worin

ε_0 Porenziffer bei Versuchsbeginn $\left(= \dfrac{h-h_t}{h_t}\right)$,
G_t Trockengewicht der Probe,
s spezifisches Gewicht des Bodens,
F Querschnitt der Probe.

---

[1] Der Einfachheit halber ist an Stelle von Δh_{max} im folgenden Δh geschrieben.

Bei der Ausrechnung der Druck-Setzungslinie bzw. des Druck-Porenziffer-diagramms werden auch der Wassergehalt, der Sättigungsgrad und der Luftgehalt der Probe (s. S. 909) für den Beginn und das Ende des Versuchs sowie die zugehörigen Probenhöhen berechnet (s. Beispiel Tab. 11).

Tabelle 11. *Auswertung eines Kompressionsversuchs.*

Querschnittsfl. der Probe F: $45,4$ cm²   Spez. Gew. s: $2,73$ g/ml

Höhe der Probe h: $1,90$ cm   Trockengewicht G_t: $145,0$ g

Letzte Lesung M_e: $0,203$ cm

$$\text{Höhe der Festmasse } h_t = \frac{G_t}{F \cdot s} = \frac{145,0}{45,4 \cdot 2,73} = 1,17 \text{ cm}$$

$h-h_t = 0,73$ cm

	vor dem Versuch		nach dem Versuch	
Natürl. Wassergehalt	w_{n_1}	$12,0$ %	w_{n_2}	$11,5$ %
Porenziffer	$\varepsilon_1 = \dfrac{h - h_t}{h_t}$	$0,624$	$\varepsilon_2 = \dfrac{h - h_t - Me}{h_t}$	$0,451$
Sättigungsgrad	$S_1 = \dfrac{w_{n_1} \cdot s}{\varepsilon_1} \cdot 100$	$52,6$ %	$S_2 = \dfrac{w_{n_2} \cdot s}{\varepsilon_2} \cdot 100$	$69,6$ %
Porenvolumen	$n_1 = \dfrac{\varepsilon_1}{1 + \varepsilon_1} \cdot 100$	$38,4$ %	$n_2 = \dfrac{\varepsilon_2}{1 + \varepsilon_2} \cdot 100$	$31,1$ %
Porenvolumen mit Wasser gefüllt	$n_{w_1} = \dfrac{n_1 \cdot S_1}{100}$	$20,2$ %	$n_{w_2} = \dfrac{n_2 \cdot S_2}{100}$	$21,7$ %
Porenvolumen mit Luft gefüllt	$n_{l_1} = n_1 - n_{w_1}$	$18,2$ %	$n_{l_2} = n_2 - n_{w_2}$	$9,4$ %
Höhe der Festmasse	h_t	$1,17$ cm	h_t	$1,17$ cm
Höhe des Wasseranteils	$h_{w_1} = \dfrac{w_{n_1} \cdot G_t}{F}$	$0,384$ cm	$h_{w_2} = \dfrac{w_{n_2} \cdot G_t}{F}$	$0,368$ cm
Höhe des Luftanteils	$h_{l_1} = n_{l_1} \cdot h$	$0,346$ cm	$h_{l_2} = n_{l_2} \cdot [h - M_e]$	$0,159$ cm
Letzte Lesung vor Ausbau	——	——	M_e	$0,203$ cm
$h_1' = h_2' = h$	$h_1' = h_t + h_{w_1} + h_{l_1}$	$1,900$ cm	$h_2' = h_t + h_{w_2} + h_{l_2} + M_e$	$1,900$ cm

Laststufe	Belastung (kg/cm²)	Letzte Lesung Δh ($^1/_{100}$ mm)	Bezogene Setzung $\dfrac{\Delta h}{h} \cdot 100$ (%)	$h - h_t - \Delta h$ ($^1/_{100}$ mm)	$\varepsilon = \dfrac{h - h_t - \Delta h}{h_t}$	Anmerkung
0	0	0	0	730	$0,624$	
I	$0,125$	$33,2$	$1,75$	$696,8$	$0,596$	
II	$0,25$	$53,1$	$2,8$	$676,9$	$0,579$	
III	$0,50$	$80,7$	$4,25$	$649,3$	$0,555$	
IV	$1,25$	$122,7$	$6,45$	$607,3$	$0,519$	
V	$2,50$	$159,7$	$8,4$	$570,3$	$0,488$	
VI	$5,00$	$203,0$	$10,7$	$527,0$	$0,451$	

Die Setzungen oder Porenziffern werden stets linear, die Belastungen manchmal linear, meist logarithmisch aufgetragen (Abb. 123 u. 124). Die Verdichtungslinie ist bei der linearen Darstellung meist stark nach oben hohl, d. h. konkav gekrümmt. Bei der halblogarithmischen Darstellung ist sie dagegen schwach kon-

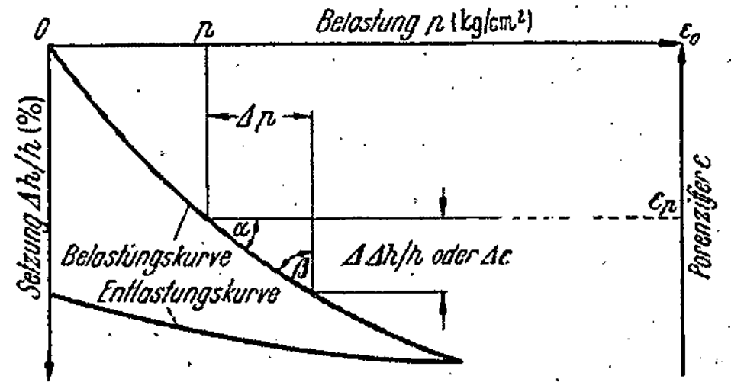

Abb. 123. Verdichtungsdiagramm bei linearer Einteilung der Belastungsachse.

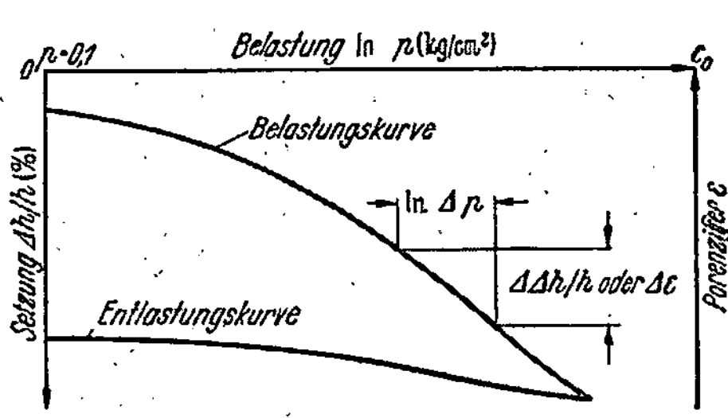

Abb. 124. Verdichtungsdiagramm bei logarithmischer Einteilung der Belastungsachse.

$$E = \frac{\Delta p}{\Delta \Delta h}\, h, \qquad \Delta s_m = \frac{\Delta \Delta h}{h \cdot \Delta p}, \qquad a = -\frac{\Delta \varepsilon}{\Delta p}.$$

$$E = \frac{\Delta p}{\Delta \Delta h}\, h, \qquad \Delta s_m = \frac{\Delta \Delta h}{h \cdot \Delta p}, \qquad a = -\frac{\Delta \varepsilon}{\Delta p}.$$

vex gekrümmt und geht bei größeren Lasten in eine Gerade über. Bei Ent- und Wiederbelastungen fallen die Schleifen oft nahe zusammen (Abb. 125 u. 126).

Wie die Abb. 125 u. 126 zeigen, erhält man für den Erstverdichtungsast eine bedeutend größere Zusammendrückung als für den Wiederverdichtungsast. Dies gibt die Möglichkeit, an ungestörten Bodenproben die sog. „*Vorbelastung* p_v", d. h. die im Untergrund vorhandene Belastung des Bodens infolge der Erdauflast

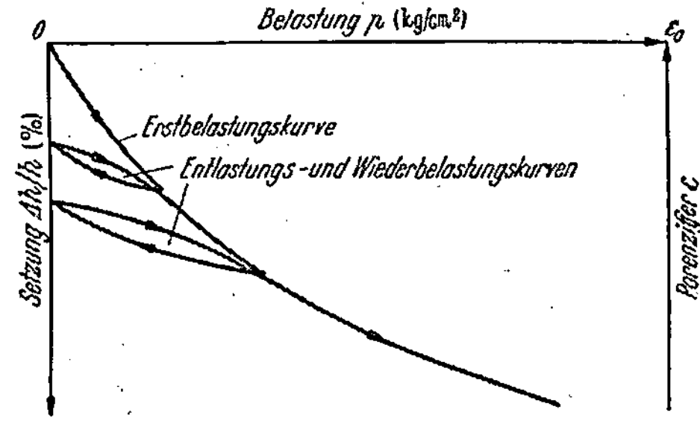

Abb. 125. Verlauf der Verdichtungslinie bei Be- und Entlastungen und bei linearer Einteilung der Belastungsachse.

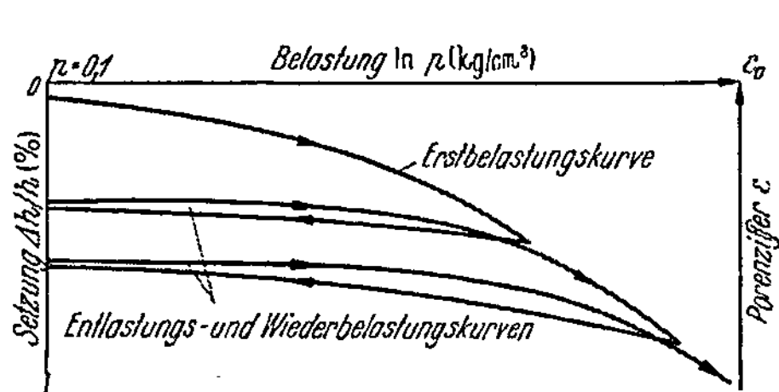

Abb. 126. Verlauf der Verdichtungslinie bei Be- und Entlastungen und bei logarithmischer Einteilung der Belastungsachse.

oder auch eine früher einmal vorhanden gewesene geologische Belastung (z. B. Eisdruck während des Diluviums), festzustellen. Die Verdichtungslinie einer ungestörten Probe unterscheidet sich von den Linien der Abb. 125 und 126, die das Verhalten gestörten Bodens bei der Möglichkeit der Wasseraufnahme während der Entlastung zeigen, dadurch, daß die Wiederbelastungslinie bis zur Vorbelastung theoretisch fast horizontal verlaufen müßte, da ja die Probe während der Entlastung beim Aushub infolge der Kapillarkraft und des Fehlens von Wasser (s. o.) nicht schwellen konnte, die Entlastung von $p = p_v$ auf $p = 0$ also ebenfalls längs einer Horizontalen vor sich ging (Abb. 127). Praktisch ist die Wiederbelastungslinie allerdings infolge der Einbaufehler nie ganz horizontal; auch geht sie nicht mit einem scharfen Knick, sondern mit einer leichten Rundung wieder in die Erstbelastungslinie über. Bei logarithmischer Teilung der Abszisse ist eine nicht zu kleine Vorbelastung trotzdem bei einwandfreier Versuchsdurchführung mit ausreichender Genauigkeit festzustellen, während der bei linearer Teilung der Abszisse theoretisch erforderliche Wendepunkt

meist schwer oder gar nicht zu erkennen ist. Nach A. CASAGRANDE erhält man
die Vorbelastung als Abszisse des Schnittpunkts der Erstbelastungsgeraden mit
der Halbierenden desjenigen Winkels, der von der Tangente an den Punkt der
größten Krümmung der Wiederbelastungslinie und der Horizontalen durch diesen Punkt gebildet wird (Abb. 128).

Nach OHDE [113] ist es in solchen Fällen auch möglich, neben der Vorbelastung p_v, d. h. der früher einmal vorhanden gewesenen höchsten Belastung, auch die z. Zt. der Entnahme vorhandene „Vorspannung" des Bodens zu ermitteln. Sie ist der Kapillardruck, der beim

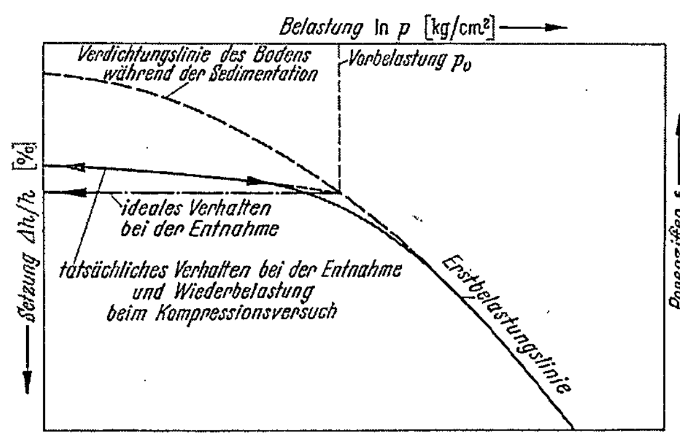

Abb. 127. Einfluß einer Vorbelastung p_v auf die Verdichtungslinie einer ungestörten Probe.

Schwellen eines früher höher belastet gewesenen Bodens dann wirksam ist,
wenn das zum Schwellen erforderliche Wasser nicht in genügendem Maße nach-
geführt wird. Vorbelastung und Vorspannung ergeben sich nach OHDE aus
drei Geraden, durch die sich das Verdichtungsdiagramm mit Ausnahme der Aus-
rundungsbögen ersetzen läßt (Abb. 129). Die Vorbelastung erhält er als Schnitt-

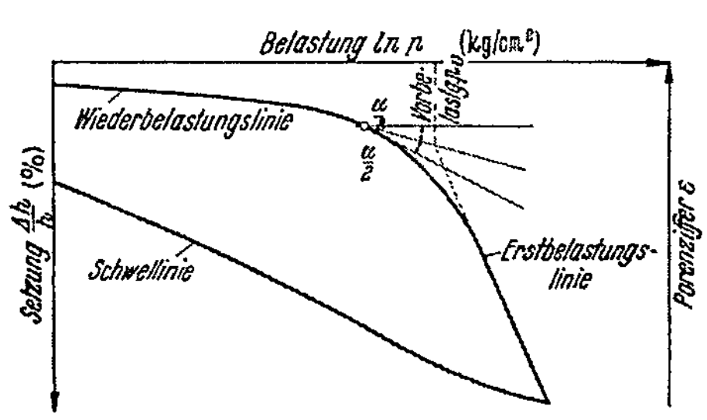

Abb. 128. Ermittlung der Vorbelastung p_v
nach A. CASAGRANDE.

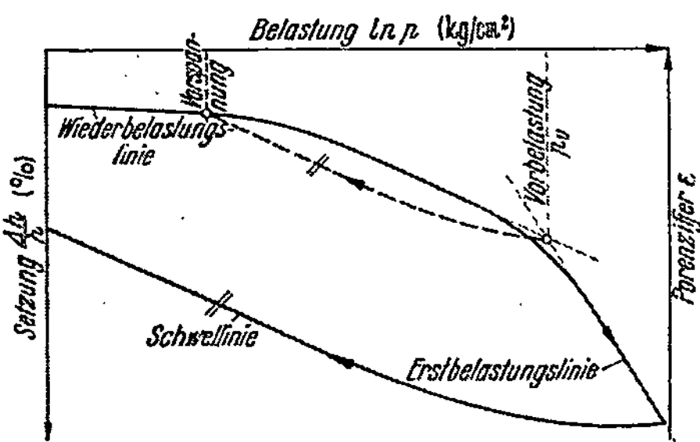

Abb. 129. Ermittlung der Vorbelastung und der
Vorspannung nach OHDE.

punkt zweier Geraden, die Vorspannung als Schnittpunkt der Dritten mit der
durch den ersten Schnittpunkt gelegten Parallelen zur Schwellinie.

Die Neigung der Tangente bei $\frac{1}{2}\Delta p$ oder der Sehne über den Last-
bereich Δp der Druck-Setzungslinie gegen die Lotrechte (s. Abb. 123) wird als
„Steifezahl E bei behinderter Seitendehnung" bezeichnet (über die Beziehungen
zur „Steifezahl des Baugrunds" und zur „Steifezahl bei unbehinderter Seitendehnung" s. S. 874 und Abb. 59):

$$E = \text{tg}\,\beta = \text{cotg}\,\alpha = \frac{\Delta p \cdot h}{\Delta \Delta h}. \tag{80}$$

Führt man $\Delta \Delta h/h = \Delta s$ als „bezogene Setzung" ein, so wird:

$$E = \Delta p / \Delta s. \tag{81}$$

Die Steifezahl E ist also definitionsgemäß auf die konstante Höhe h der Probe bei Versuchsbeginn bezogen. Bisweilen wird die Steifezahl (E_x) auch auf die während des Versuchs
sich einstellende veränderliche Probenhöhe $(h_x = h - \Delta h)$ bezogen (z. B. JELINEK [118]).

Der sich dadurch ergebende Unterschied ist bei festen Böden gering, kann aber bei sehr weichen Böden erheblich sein (Schultze [*119*]). Ist s die auf die Anfangshöhe bezogene Setzung, so gilt:

$$E/E_z = 1/(1 - s)^2. \tag{82}$$

Da weiche Böden in der Praxis jedoch nicht hoch belastet werden — z. B. nicht höher, als etwa einer Setzung s von 5 bis 10 % entsprechend, womit $E/E_z = 1{,}11$ bis $1{,}23$ wird —, hat diese Frage kaum eine praktische Bedeutung. Es lohnt sich deshalb auch nicht, die zur Berechnung der Steifezahl für eine veränderliche Bezugshöhe besondere Arbeit aufzuwenden.

Der reziproke Wert der Steifezahl ist die „*mittlere Setzungsziffer* $\varDelta s_m$"[1]. Sie gibt die mittlere Setzung des Bodens bei einer Laststeigerung um $1\ \mathrm{kg/cm^2}$ an:

$$\varDelta s_m = \mathrm{tg}\,\alpha = \frac{1}{E} = \frac{\varDelta\,\varDelta\,h}{h\cdot\varDelta p}\,. \tag{83}$$

Entsprechend erhält man aus dem Druck-Porenzifferdiagramm (s. Abb. 123) die „*Verdichtungsziffer* a"[2]:

$$a = \mathrm{tg}\,\alpha = -\frac{\varDelta\varepsilon}{\varDelta p}\,. \tag{84}$$

Zwischen a, E und $\varDelta s_m$ besteht die Beziehung:

$$a = \frac{1}{E}\,(1 + \varepsilon_0) = \varDelta s_m\,(1 + \varepsilon_0), \tag{85}$$

worin

ε_0 Porenziffer bei Versuchsbeginn.

Die Steifezahl E bei behinderter Seitendehnung ist wie auch die Steifezahl des Baugrunds mit der Belastung p veränderlich (s. S. 876). Eindeutige Angaben über E können nur gemacht werden, wenn es gelingt, die Verdichtungslinie durch eine Gleichung, die die Abhängigkeit von p wiedergibt, zu erfassen und zur Bestimmung von E heranzuziehen.

Die *Verdichtungslinie* ist eine durch Versuch gefundene Kurve. Wegen ihrer Bedeutung für die Beurteilung des Baugrunds hat man sich mehrfach bemüht, sie analytisch wiederzugeben. Nach Terzaghi erhält man für die Veränderung der Porenziffer im Druck-Porenzifferdiagramm:

$$\varepsilon = -\frac{1}{A}\ln(p + p_0) + C. \tag{86}$$

Hierin sind die Größen A, p_0 und C von der Belastung unabhängige, jedoch von der Anfangsporenziffer und der Bodenart abhängige Werte, die der durch den Versuch gewonnenen Kurve zu entnehmen sind.

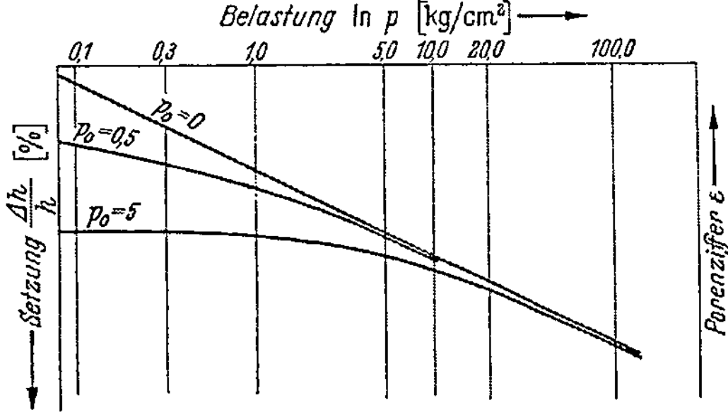

Abb. 130. Einfluß von p_0 auf das Verdichtungsdiagramm.

A wird ebenfalls als „Verdichtungsziffer" bezeichnet, darf aber nicht mit der Verdichtungsziffer a nach Gl. (84) verwechselt werden[3]. Während a die Neigung der Druck-

---

[1] Jelinek verwendet in der Übersetzung von Terzaghis „Theoretical Soil Mechanics" hierfür den Ausdruck „Verdichtungsziffer"; im Englischen: „Coefficient of Volume Compressibility m_v"; auch „Coefficient of Volume Decrease".

[2] Hierfür gebraucht Jelinek den Ausdruck „Verdichtungsbeiwert"; im Englischen: „Coefficient of Compressibility a_v."

[3] Im Englischen wird $1/A$ als „Compression Index" C_c bezeichnet. C_c gibt die Neigung des bei logarithmisch geteilter Abszisse geraden Teils der Druck-Porenzifferlinie gegen die Waagerechte an.

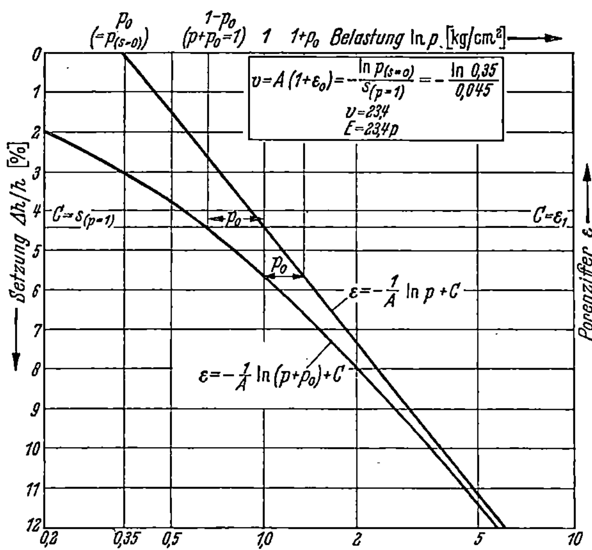

Abb. 131. Halbgraphische Ermittlung der Steifezahl (in Abhängigkeit vom Druck) aus der Druck-Setzungslinie.

Porenzifferlinie gegen die *Horizontale* bei linearer Teilung der Abszisse in jedem Punkte angibt, stellt A die Neigung des geraden Teils der Druck-Porenzifferlinie gegen die *Senkrechte* bei logarithmischer Teilung der Abszisse dar.

Durch p_0 wird die Gültigkeit der Gleichung auf den Bereich um $p = 0$ ausgedehnt, wo sonst $\varepsilon = \infty$ werden würde. Den Einfluß von p_0 auf die Gestalt der Kurve zeigt Abb. 130: Je größer p_0, desto mehr weicht die Verdichtungslinie von der Geraden ab, die sich nach Gl. (86) bei logarithmisch geteilter Abszisse und $p_0 = 0$ ergibt.

C ist nach Gl. (86) der Wert ε_1 der Porenziffer für $p + p_0 = 1$ bzw. die Ordinate der für $p_0 = 0$ erhaltenen Geraden an der Stelle $p = 1$ (Abb. 131).

Die obige von Terzaghi für die Druck-Porenzifferlinie angegebene Gleichung läßt sich für die Druck-Setzungslinie durch Einführen von $\dfrac{h - h_t}{h_t} = \varepsilon$ umformen in:

$$\frac{\Delta h}{h} = s = \frac{1}{A(1+\varepsilon_0)} \ln(p+p_0) + \frac{\varepsilon_0 - \varepsilon_1}{1+\varepsilon_0}. \tag{87}$$

Hieraus erhält man durch Umformung:

$$\frac{\Delta h}{h} = s = -\frac{S_{(p=1)}}{\ln p_{(s=0)}} \ln(p+p_0) + S_{(p=1)}, \tag{88}$$

worin

$S_{(p=1)}$ bezogene Setzung der Ersatzgeraden für $p_0 = 0$ bei $p = 1$ kg/cm²,
$p_{(s=0)}$ Belastung der Ersatzgeraden für $p_0 = 0$ bei $s = 0$.

$S_{(p=1)}$ und $p_{(s=0)}$ können aus der Druck-Setzungslinie nach Einzeichnen der Ersatzgeraden für $p_0 = 0$, wie Abb. 131 zeigt, leicht entnommen werden. Die Ersatzgerade ist durch die Versuchskurve bei den höheren Belastungen gegeben. Sie ist außerdem so einzuzeichnen, daß ihr horizontaler Abstand von der Versuchskurve — bei Beachtung des logarithmischen Maßstabs der horizontalen Achse — stets gleich ist. Die Abszisse muß von der Geraden bei dem gleichen Wert geschnitten werden; dies ist der gesuchte Wert p_0. Damit sind alle Werte in Gl. (88) bekannt. Natürlich können die in Gl. (86) und (87) unbekannten Glieder auch durch Aufstellen zweier Gleichungen mit Wertepaaren p und ε bzw. s erhalten werden, die man aus der Kurve abgreift. C bzw. ε_1 sind jeweils als Ordinate bei $p + p_0 = 1$ (s. o.) bekannt.

Aus $E = dp/ds$ [Gl. (81)] wird nach Differentiation von Gl. (87):

$$E = A(1+\varepsilon_0)(p+p_0). \tag{89}$$

Da [s. Gl. (87) und (88)] $A(1+\varepsilon_0) = -\dfrac{\ln p_{(s=0)}}{S_{(p=1)}} = C_1$ ist und aus der Druck-Setzungslinie nach Einzeichnung der Ersatzgeraden für $p_0 = 0$ ebenso wie p_0 abgegriffen werden kann (s. Beispiel in Abb. 131), ist mit Gl. (89) die Druckabhängigkeit der Steifezahl des Kompressionsversuchs leicht erfaßbar. Die Gleichung kann noch weiter vereinfacht werden, wenn man $p_0 = 0$ setzt, was — wie Abb. 130 zeigt — bedeutet, daß man auf die Wiedergabe der Kurve bei niedrigen Drücken verzichtet. Da p_0 bei bindigen Böden etwa der Kohäsion entspricht und diese in den meisten Fällen nicht sehr hoch ist, so kann für die höheren Belastungen die sehr einfache Gleichung benutzt werden:

$$E = A\,(1 + \varepsilon_0)\,p = C_1\,p\,. \tag{90}$$

Eine ähnliche Gleichung ist von OHDE [120] entwickelt worden:

$$E = v\,p^w\,. \tag{91}$$

Die Werte v und w sind ebenso wie A, ε_0 und p_0 Zahlen, die den Kurven des Versuchs zu entnehmen und unabhängig von der Belastung sind. Ähnlich wie in bindigen Böden bei TERZAGHI der Wert p_0 oft gleich Null gewählt werden kann, ist es bei OHDE zulässig, den Exponenten w gleich Eins zu setzen, was zu der einfachen, mit Gl. (90) übereinstimmenden Beziehung führt:

$$E = v\,p\,. \tag{92}$$

Was vorstehend für die Steifezahl der Belastungslinie gesagt wurde, gilt sinngemäß auch für die Entlastungs- und Wiederbelastungslinien. An Stelle der Steifezahl E tritt bei der Entlastung die „*Schwellzahl S*"; ihre Größe hängt von den Bedingungen ab, unter denen man die Entlastung stattfinden läßt (mit Wasser oder ohne Wasser; s. o.). Die Schwellzahl stimmt größenordnungsmäßig mit der Steifezahl für die Wiederbelastungslinie überein.

Nach OHDE [121] können v und w für die Hauptbodengruppen nach Tab. 12 geschätzt werden. Die Werte für die Entlastung können bis zur Vorbelastung angenähert auch für die Wiederbelastung benutzt werden. Der Wert A der TERZAGHIschen Gl. (86) und (89) ergibt sich aus Gl. (90) und (92), wonach $A\,(1 + \varepsilon_0) = v$ ist. p_0 gleicht in den bindigen Böden etwa der Kohäsion (s. S. 965), ist also i. a. ziemlich klein. p_0 wird dadurch, daß sich Einbaufehler und Störungen des Bodens bei der Entnahme vor allem bei den ersten Laststufen des Kompressionsversuchs bemerkbar machen, wo p_0 gegenüber p verhältnismäßig groß ist, ziemlich stark durch die Anfangsfehler des Versuchs beeinflußt.

Tabelle 12. *Ungefähre Größe von v und w für die Hauptbodenarten.* (Nach OHDE.)

	Erstbelastung		Entlastung	
	w	v	w	v
Bindiger Boden	0,85 bis 1,0 i. a. 1,0	5 bis 80	1,0	15 bis 400
Schwachbindiger Boden	0,8 bis 1,0	25 bis 150	0,75 bis 1,0	100 bis 600
Nichtbindiger Boden	0,55 bis 0,8	100 bis 300 (—750)	0,55 bis 0,7	650 bis 1100
Organischer und organisch verunreinigter Boden	0,85 bis 1,0	3 bis 15	1,0	10 bis 60

Die Werte der Tab. 12 lassen erkennen, daß die Steifezahlen und die Schwellzahl in weiten Grenzen schwanken. Im Belastungsbereich zwischen 1 und 4 kg/cm² läßt sich die Steifezahl etwa in den folgenden Grenzen angeben:

In bindigen Böden. . . . . 10 bis 150 kg/cm²,
in schwachbindigen Böden . . . . 50 bis 300 kg/cm²,
in nichtbindigen Böden . . . . 100 bis 1000 kg/cm²,
in organischen und organisch verunreinigten
bindigen Böden. . . . . 1 bis 30 kg/cm².

12. Untersuchung der Schubfestigkeit.

Die „Schubfestigkeit τ" des Bodens stellt seinen Widerstand gegen ein Ausweichen auf geraden oder gekrümmten Gleitflächen im Innern eines Erdkörpers dar. Durch die Schubfestigkeit des Bodens ist z. B. das Gleichgewicht von Damm- und Einschnittsböschungen ebenso bedingt wie der Erddruck auf Stützmauern oder in Fangedämmen. Sie ist auch die ausschlaggebende Größe für die Grenztragfähigkeit des Bodens, bei der ein Ausweichen von sog. „Gleitkeilen" (s. Abb. 58) durch Überwinden der Schubfestigkeit eintritt.

a) Grundlagen.

Zur Erfassung der Schubfestigkeit des Bodens geht man noch heute von dem schon 1776 aufgestellten Coulombschen Reibungsgesetz aus:

$$\tau = \mu\,\sigma + c. \tag{93}$$

Die Schubfestigkeit setzt sich hiernach, wie anschaulich auch die graphische Darstellung dieser Gleichung zeigt (Abb. 132), aus zwei Komponenten zusammen:

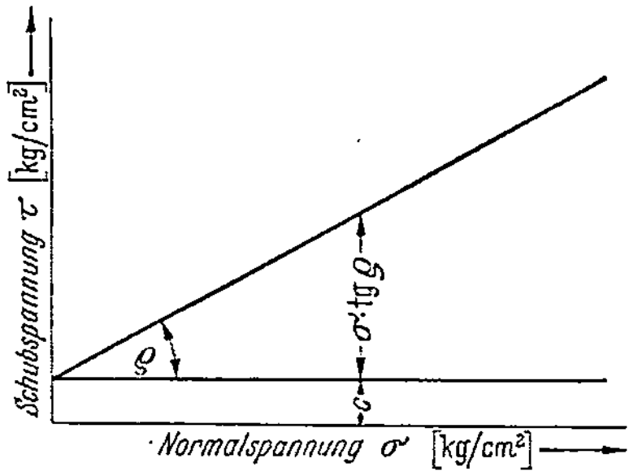

1. aus der „*Reibungsfestigkeit* τ_R"

$$\tau_R = \mu\,\sigma, \tag{94}$$

die allein von dem Normaldruck σ auf die Gleitfläche abhängig ist und deshalb stoffmäßig nur durch den „Reibungsbeiwert μ" gekennzeichnet wird;

2. aus der „*Haftfestigkeit c*" („Kohäsion"), die von dem Normaldruck in der Gleitfläche unabhängig ist und lange Zeit hindurch als Bodenkonstante angesehen wurde. Sie kann als die Schubfestigkeit definiert werden, die auch bei fehlendem Normaldruck in der Gleitfläche, d. h. bei $\sigma = 0$, vorhanden ist.

Der *Reibungsbeiwert* μ ist, wie aus Abb. 133 hervorgeht, durch das Verhältnis der in einer Gleitfläche wirkenden tangentialen Zug- oder Druckkraft (H_A) zu der auf dieselbe Gleitfläche wirkenden Normalkraft (N_A) gegeben; und zwar gilt μ gewöhnlich als der Größtwert dieses Verhältnisses, der auftritt, wenn die Tangentialkraft so weit gesteigert wird, daß die in der Unterlage sich ausbildende Reaktionskraft (H_R) überwunden wird, d. h. wenn der obere Körper auf der Unterlage zu gleiten beginnt. Wie Abb. 133 zeigt, kann, wenn der Winkel zwischen der Normalkraft und der Aktions- oder Reaktionskraft im Augenblick des Gleitens ϱ genannt wird, rein geometrisch:

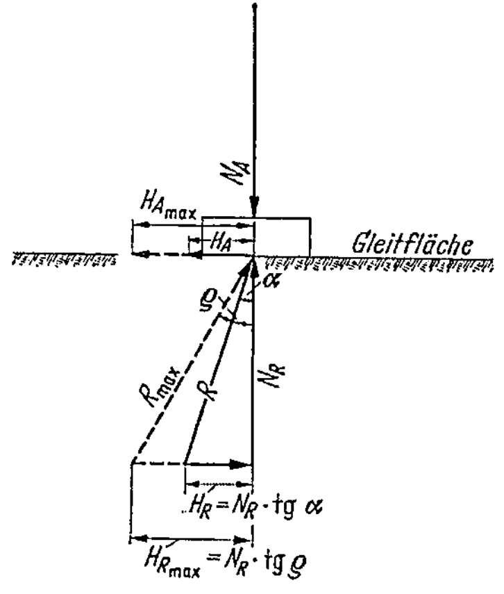

Abb. 132. Abhängigkeit der Schubspannung von der Normalspannung gemäß dem Coulombschen Gesetz.

Abb. 133. Veranschaulichung des Winkels der inneren Reibung (Reibungswinkel) eines kohäsionslosen Bodens.

$$\mu = \mathrm{tg}\,\varrho \tag{95}$$

gesetzt werden. Der Winkel ϱ wird als „*Winkel der inneren Reibung*" oder auch kurz als „*Reibungswinkel*" bezeichnet. Er hat — worauf besonders hingewiesen sei — i. a. keine reale Bedeutung; nur für völlig trockenen, losen Sand stimmt er mit dem Winkel, den eine mit diesem Sand geschüttete Böschung mit der Horizontalen bildet („Böschungswinkel"), überein (Abb. 134).

Das COULOMBsche Gesetz, das viele Jahrzehnte hindurch zur Festlegung des Schubwiderstands der Böden gedient hat, kann in seiner ursprünglichen Form heute nur noch begrenzt zur Wiedergabe der Schubfestigkeit der Böden benutzt werden, da — wie im einzelnen noch gezeigt wird — die Reibungsfestigkeit nicht immer allein von dem aufgebrachten Normaldruck abhängt und die Haftfestigkeit keine Bodenkonstante ist und da darüber hinaus die Schubfestigkeit nicht immer einwandfrei in die beiden Anteile Reibungs- und Haftfestigkeit zerlegt werden kann. Nur dort, wo die Böden keine Haftfestigkeit besitzen, d. h. in den nichtbindigen Böden, für die deshalb auch der Name „Reibungsboden" gebräuchlich ist, kann man auch heute noch das COULOMBsche Gesetz (mit $c = 0$) zur Festlegung der Reibungsfestigkeit ver-

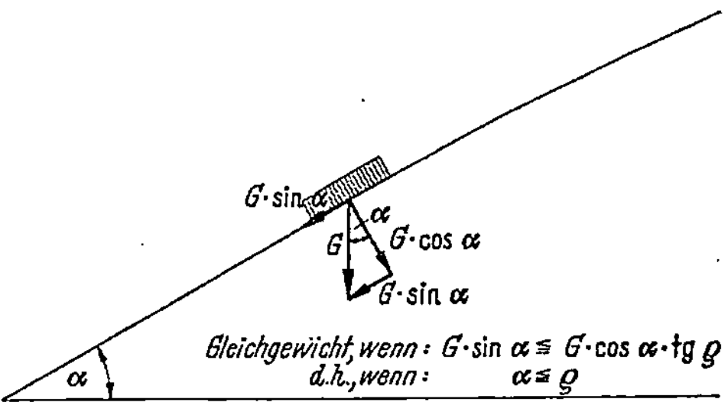

Abb. 134. Veranschaulichung des Böschungswinkels eines kohäsionslosen Bodens.

wenden. In den bindigen Bodenarten, die stets auch Haftfestigkeit besitzen, sind dagegen andere Ansätze notwendig, um die verschiedenen Faktoren, die sowohl die Reibungs- als auch die Haftfestigkeit beeinflussen, zu erfassen. Vor der Behandlung der verschiedenen Versuche zur Bestimmung der Schubfestigkeit muß zunächst auf diese Zusammenhänge eingegangen werden.

α) Reibungsfestigkeit nichtbindiger Böden.

Die Reibungsfestigkeit eines völlig kohäsionslosen Bodens beruht auf einem Widerstand, der bei einem idealisierten, völlig glatten, porenfreien Auf- und Aneinanderliegen der Bodenkörner nur von dem chemischen Aufbau des Materials abhängig sein kann, und auf einem zusätzlichen Widerstand („*Strukturwiderstand*")[1], der dadurch entsteht, daß die Körner zum Teil verkeilt, etwa nach Abb. 2, ineinanderliegen. Bei einer Schubbeanspruchung längs einer ebenen Gleitfläche müssen deshalb die Körner entweder selbst abgeschert werden, was bei ihrer hohen Eigenfestigkeit normalerweise nicht der Fall ist, oder sie müssen durch die Schubbelastung in eine andere Lage gebracht werden, wobei die Gleitfläche die Einzelkörner nur berührt, aber nicht schneidet. Wie Abb. 135 veranschaulicht, tritt hierbei in einem locker gelagerten Boden eine Verdichtung, in einem dicht gelagerten Boden eine Auflockerung ein.

○ vor dem Versuch ◉ nach dem Versuch

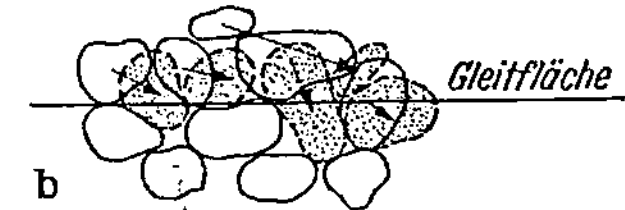

Abb. 135. Veranschaulichung der Auflockerung eines dichten Sandes (a) und der Verdichtung eines lockeren Sandes (b) bei Aufbringen einer Schubbelastung [126].

Dies läßt sich überzeugend in einem mit Sand und Wasser gefüllten Gummistrumpf zeigen. Ist der Sand dicht eingefüllt, so fällt bei einem leichten seitlichen Zusammendrücken der Wasserstand in einem mit der Probe verbundenen Standrohr, weil durch die Schubbeanspruchung eine Zunahme des Porenraums herbeigeführt wird, wodurch Wasser zusätzlich aufgenommen werden kann. Umgekehrt steigt bei einem locker eingebrachten Sand der Standrohrspiegel wegen der durch das Zusammendrücken der Probe hervorgerufenen Abnahme des Porenraums.

Infolge des im dichten Sand naturgemäß größeren Strukturwiderstands ist die Reibungsfestigkeit eines dichten Sands größer als die eines locker gelagerten Sands. Da aber während der Schubbelastung der Porenraum eines dichten Sands vergrößert wird, nimmt die Reibungsfestigkeit nach Überwinden des

---

[1] Im Englischen wird hierfür der bezeichnende Ausdruck „Interlocking" gebräucht.

anfangs besonders hohen Strukturwiderstands allmählich wieder ab (zwischen 0 und 25%) und erreicht etwa den gleichen Wert, der in lockerem Sand auftritt. Dichter Sand besitzt also im Gegensatz zu lockerem Sand im Verschiebung-Schubkraftdiagramm (Abb. 136) einen ausgesprochenen Größtwert. Dieser Größt-

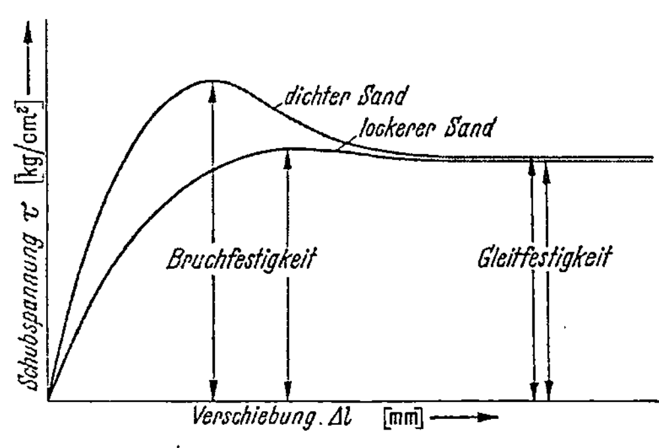

Abb. 136. Verformungsdiagramm in dichtem und lockerem Sand.

wert wird „*Bruchfestigkeit*" genannt, während für den späteren, einigermaßen konstanten Wert der Ausdruck „*Gleitfestigkeit*" üblich ist.

Praktisch besitzen dichter und lockerer Sand also die gleiche Gleitfestigkeit, nur ist diese im dichten Sand schon nach sehr kleinen Scherverschiebungen vorhanden. Dichter Sand besitzt aber eine erheblich größere Bruchfestigkeit als lockerer Sand. Normalerweise wird unter Reibungsfestigkeit stets die Bruchfestigkeit verstanden, ohne zu beachten, daß deren Vorhandensein an eine bestimmte Scherverschiebung gebunden ist, die in dichtem Sand leicht überschritten, in lockerem Sand u. U. nicht erreicht werden kann.

Hierauf ist es zurückzuführen, daß z. B. der Erddruck von hinterfülltem Sand auf ein völlig starres und unverschiebbares Bauwerk größer (um mindestens etwa 50%) ist als der Erddruck des gleichen Materials auf eine sehr nachgiebige Spundwand: Die großen Scherverschiebungen, die im lockeren Sand zum Hervorrufen des maximalen Reibungswiderstands und damit eines minimalen (Coulombschen) Erddrucks notwendig sind, können wohl hinter einer große Scherverschiebungen zulassenden Spundwand, jedoch nicht hinter einem jede Scherverschiebung verhindernden starren Bauwerk auftreten. Messungen am Bauwerk haben dies bestätigt (Muhs [*122*]).

Da im dichten Sand bei Wirksamwerden einer Schubbeanspruchung eine Auflockerung, im lockeren Sand dagegen eine Verdichtung auftritt, muß es eine Lagerungsdichte geben, bei der weder eine Verdichtung noch eine Auflockerung stattfindet, bei der also der Hohlraumgehalt während des Abscherens unverändert bleibt. Diese Dichte wird „*kritische Dichte*" genannt (A. Casagrande [*123*]).

Die kritische Dichte ist bei Standsicherheitsfragen von Bauwerken in wassergesättigtem Sand wichtig. Hat der Sand eine dichtere Lagerung, als der kritischen Dichte entspricht, so kann bei einer Schubbelastung nur eine Auflockerung eintreten, bei der das Porenwasser nicht zusätzlich belastet wird. Ist der Sand aber locker gelagert, ist also die Porenziffer größer als die kritische. Dichte, so wird durch eine sehr plötzliche Schubbelastung eine Hohlraumverminderung ausgelöst. Da das überschüssige Wasser nicht sofort ausfließen kann, tritt eine Druckbelastung des Porenwassers ein, d. h. der Korn-zu-Korndruck (s. S. 935) des Bodens und damit seine Reibungsfestigkeit werden vorübergehend herabgesetzt, u. U. sogar ganz aufgehoben, so daß der Sand „schwimmt". Auf diese Weise kann es zu einem plötzlichen Einsturz vorher standfester Bauwerke oder zu einem plötzlichen Flüssigwerden großer Erdmassen kommen (Umkippen von Stützmauern infolge Einschlags einer nur kleinen Bombe, Gefährdung von Erddämmen durch Erdbebenerschütterungen). Die Lagerungsdichte des Bodens muß deshalb in solchen Fällen stets ausreichend weit unterhalb der kritischen Dichte liegen. Über ihre Feststellung s. S. 977.

Der Reibungsbeiwert μ von völlig trockenem Sand und von im Grundwasser liegendem Sand ist gleich. Die Reibungsfestigkeit $\mu\,\sigma$ beider Fälle unterscheidet sich bei horizontaler Gleitfläche nur dadurch, daß im ersten Fall $\sigma = r_0\,h$, im zweiten Fall $\sigma = r_u\,h$ ist, wobei r_0 und r_u die Raumgewichte des Bodens über und unter Wasser sind [Gl. (41) und (44)].

In der Kapillarzone tritt infolge des Kapillardrucks p_k (s. S. 927) noch eine zusätzliche Reibungsfestigkeit auf. Sie wird „*scheinbare Kohäsion*" genannt, ist ihrer Erscheinung nach aber eine Reibungsfestigkeit mit der maximalen Größe $\mu\,p_k$. Sie ist nur vorhanden, wenn Kapillarkräfte wirksam sind, d. h. sie wird bei einem völligen Austrocknen oder bei einem Überfluten des Bodens abgebaut und deshalb in den erdstatischen Berechnungen gewöhnlich nicht berücksichtigt. Trotzdem ist ihre tatsächliche Bedeutung groß. Über ihre Messung und Größe im Sand s. KAHL und NEUBER [182].

β) Reibungsfestigkeit bindiger Böden.

Die Reibungsfestigkeit bindiger Böden wird, worauf erstmals KREY [124] und TERZAGHI [125] aufmerksam gemacht haben, durch den für diese Böden charakteristischen Porenwasserdruck beherrscht. Die Erscheinung des Porenwasserdrucks und der mit diesem verbundenen Begriffe „Konsolidierung" und „Korn-zu-Korndruck" ist schon auf S. 935 behandelt (s. Abb. 113). Seine größte Bedeutung erhält der Porenwasserdruck aber erst im Zusammenhang mit der Reibungsfestigkeit bindiger Böden, da für diese lediglich der Korn-zu-Korndruck wichtig ist, der gemäß der Konsolidierungstheorie nach Aufbringen einer Neubelastung $\varDelta\sigma$ nur allmählich von dem vor der Belastung vorhandenen Wert σ auf seine volle rechnerische Größe $(\sigma + \varDelta\sigma)$ zunimmt, und zwar in dem Maße, in dem der Porenwasserdruck abnimmt. Erst wenn letzter gleich Null ist, kann die Reibungsfestigkeit in voller Höhe, dem Gesamtdruck entsprechend, wirksam sein. Vorher ist die Reibungsfestigkeit entsprechend dem vom Porenwasserdruck σ_w übernommenen Lastanteil der Zusatzbelastung kleiner. Im Augenblick des Aufbringens der Neubelastung $\varDelta\sigma$ ist in völlig wassergesättigtem Boden theoretisch $\sigma_w = \varDelta\sigma$, die Reibungsfestigkeit also allein von dem vor der Zusatzbelastung vorhandenen Normaldruck σ abhängig. Dieser Zustand ist deshalb für die Gleit- oder Standsicherheit bindiger Böden stets besonders kritisch.

Zur Festlegung der Reibungsfestigkeit bindiger Böden ist es deshalb notwendig, das COULOMBsche Gesetz (hinsichtlich des Reibungsanteils) in der Form zu schreiben:

$$\tau_R = \mu\,\bar\sigma. \tag{96}$$

Hierin stellt $\bar\sigma$ den sog. „wirksamen Druck" oder „Korn-zu-Korndruck" dar; er ist gleich dem um den Porenwasserdruck σ_w verminderten Gesamtdruck, womit sich ergibt:

$$\tau_R = \mu\,(\sigma - \sigma_w). \tag{97}$$

Hiernach ist die Reibungsfestigkeit bindiger Böden davon abhängig, ob in ihnen Porenwasserdrücke wirksam sind oder nicht. Bei der sehr geringen Wasserdurchlässigkeit der bindigen Böden (s. S. 933) ist bei nicht ausgesprochen dünnen Schichten und der heute meist schnellen Fertigstellung der Bauwerke in der Regel davon auszugehen, daß Porenwasserdrücke entstehen; die Frage kann nur sein, in welcher Höhe sie auftreten. Es hängt dies von der Belastungsgeschwindigkeit des Baugrunds, d. h. dem Bautempo, und dem zeitlichen Verlauf der Konsolidierung der bindigen Bodenschichten, d. h. von deren Mächtigkeit und Wasserdurchlässigkeit, ab.

Entsprechend verhält es sich bei der Prüfung der Reibungsfestigkeit bindiger Böden im Laboratorium. Führt man die Prüfung schnell durch, d. h. belastet man vertikal und horizontal schnell, so erhält man hohe Porenwasserdrücke und kleine Reibungsbeiwerte; belastet man dagegen langsam, im Extremfall so langsam, daß kein Porenwasserdruck entstehen kann, d. h. der Konsolidierung entsprechend, so ergeben sich hohe Reibungsbeiwerte. So hat z. B. in einem nicht einmal sehr fetten und deshalb auch nicht übermäßig undurchlässigen Ton TSCHEBOTARIOFF [126] bei einem sehr langsam ausgeführten Versuch einen

Reibungsbeiwert von 0,57, bei einem sehr schnell ausgeführten Versuch dagegen einen Reibungsbeiwert von nur 0,34 erhalten; in einem fetten Ton wäre der Unterschied noch größer gewesen.

Das Ergebnis von Versuchen zur Bestimmung der Reibungsfestigkeit bindiger Böden hängt also in entscheidendem Maße von der Belastungsgeschwindigkeit ab. Zwei Grenzfälle sind denkbar und als Standardversuch üblich:

a) Ein so langsamer Versuch, daß die Probe dabei ohne Bildung von Porenwasserdruck untersucht werden kann;

b) ein so schneller Versuch, daß die Probe dabei nicht konsolidieren, sondern im ursprünglichen Zustand untersucht werden kann.

Der Versuch a) wird „*Langsam-Versuch*", im Englischen auch „Drained Test", der Versuch b) „*Schnell-Versuch*", im Englischen auch „Undrained Test", genannt. Die beiden englischen Bezeichnungen weisen darauf hin, daß der Boden beim Langsam-Versuch sein Wasser ohne Überdruck abgeben können muß („offenes System"), während beim Schnell-Versuch keine Wasserabgabe vorhanden sein darf, der Wassergehalt also konstant bleiben muß („geschlossenes System").

Die genannten Bedingungen gelten bei beiden Versuchsarten sowohl für die Normalbelastung als auch für die Tangentialbelastung, d. h. bei einem Langsam-Versuch darf mit dem (langsamen) Belasten auf Schub erst begonnen werden, nachdem die Probe unter der Normalbelastung konsolidiert ist, während bei einem Schnell-Versuch die (schnelle) Schubbelastung ausgeübt werden muß, bevor die Probe unter der Normalbelastung ihr Volumen und ihren Wassergehalt geändert hat.

Da die meisten Böden sich in der Natur aber schon im konsolidierten Zustand befinden, bevor sie durch eine schnell aufgebrachte Last auf Schub beansprucht werden, hat noch eine dritte Versuchsanordnung eine den Anordnungen a) und b) gleichwertige Bedeutung erlangt:

c) Der „*Schnell-Versuch mit konsolidiertem Boden*" („Consolidated Quick Test"), bei dem die Probe schnell auf Schub belastet wird, jedoch erst nach vollem Konsolidieren der Probe unter der Normalbelastung.

Von den verschiedenen, aus der Kombination der drei Versuchsarten a), b) und c) möglichen Versuchsanordnungen ist noch die folgende besonders zu nennen:

d) Der „*Versuch mit vorbelastetem, konsolidiertem Boden*". Dieser Versuch geht gedanklich von der Untersuchung ungestörter Proben aus, die im Untergrund entweder durch die natürliche Erdauflast oder durch eine frühere geologische Auflast vorbelastet waren (Vorbelastung σ_v) und deren Wassergehalt und Hohlraumgehalt bei der Entnahme erhalten geblieben sind (s. S. 935 und 943) und auch während des Versuchs unverändert erhalten bleiben sollen. Der Versuch wäre hiernach bei Belastungen $\sigma \leqq \sigma_v$ auszuführen und derart, daß vor dem Aufbringen der Schubbelastung keine Änderung von Wasser- und Hohlraumgehalt eintreten kann, d. h. als Schnell-Versuch. Doch sprechen andere Gründe dafür, ihn als Langsam-Versuch durchzuführen (weiteres hierüber s. S. 956).

Welche dieser vier Standardversuchsanordnungen im Einzelfall anzuwenden ist, hängt von der gegebenen Fragestellung ab, bleibt aber auch der grundsätzlichen Auffassung des Untersuchenden über die Art, wie er das Ergebnis verwenden will, überlassen. Die Versuchsanordnungen a), b) und c) erlauben in jedem Fall nur die Feststellung der Gesamtschubfestigkeit, während die Versuchsanordnung d) eine Aufteilung in Reibungs- und Haftfestigkeit bezweckt (Näheres hierüber s. S. 955). Eine langsame Versuchsdurchführung zielt auf die Ermittlung der „wahren" Schubfestigkeitsanteile ab, da nur bei Ausschaltung jeglicher Porenwasserdruckerscheinungen erwartet werden kann, eine von den Versuchsbedingungen unbeeinflußte Stoffkonstante zu erhalten (Hvorslev [*127*], Ohde [*128*]). Aus dieser so bestimmten Festigkeit können dann die Festigkeiten für schnelle Schubbelastungen entweder unter Annahme theoretischer Bedingungen über das Bruchverhalten des Bodens

(OHDE [113], [163], TROLLOPE [129]) oder aber unter Annahme theoretischer Bedingungen über den zu erwartenden Porenwasserdruck (HAMILTON [130], HILF [131], SKEMPTON [132], BISHOP [133]) und Anwendung von Gl. (97) berechnet werden. Es muß aber darauf aufmerksam gemacht werden, daß es eine *einheitliche* Auffassung über die zu den wahren Werten für die Reibungs- und Haftfestigkeit führende Versuchsanordnung oder -technik noch nicht gibt (weiteres hierüber s. S. 956). Wegen dieser Unsicherheiten wird bei der Durchführung eines Schnell-Versuchs von vornherein auf die Bestimmung der wahren Festigkeiten verzichtet und ohne Einschaltung heute noch nicht allgemein anerkannter theoretischer Annahmen die durch den Versuch erhaltene Festigkeit für die Gleit- und Standsicherheitsberechnung verwendet.

γ) *Haftfestigkeit bindiger Böden.*

Die Zusammenhänge werden noch weiter dadurch kompliziert, daß es einerseits auch in den bindigen Böden eine durch die Kapillarkräfte bedingte scheinbare Kohäsion gibt (s. S. 950), die wegen der größeren kapillaren Steighöhe aber in einem wesentlich stärkeren Bodenhorizont wirksam und außerdem erheblich größer als in den nichtbindigen Böden ist, und daß andererseits in den bindigen Böden „*echte Kohäsion*" vorhanden und diese nicht — wie es dem COULOMBschen Gesetz entspräche — konstant ist. Die (echte) Kohäsion oder Haftfestigkeit beruht auf der Wasserbindefähigkeit der Tonteilchen im Boden, die durch elektrochemische Kräfte oder Spannungszustände zu erklären ist (s. S. 822). Sie stellt die auch bei fehlender Normalbelastung und selbst unter Wassereinwirkung vorhandene *bleibende* Schubfestigkeit dar. In wirklichen Tonböden ist sie wesentlich größer als die Reibungsfestigkeit und fast allein für die Schubfestigkeit verantwortlich. Derartige Böden werden deshalb „Kohäsionsböden" genannt.

Durch KREY und TIEDEMANN wurde in der früheren Preußischen Versuchsanstalt für Wasser-, Erd- und Schiffbau in Berlin Anfang der 30er Jahre durch Versuche mit Proben, die zunächst bis σ_v langsam vorbelastet und nach Konsolidieren *schnell* entlastet und unter Drücken $\sigma < \sigma_v$ schnell abgeschert wurden, erstmals nachgewiesen, daß die Haftfestigkeit von der Vorbelastung σ_v, mit der der Boden einmal belastet gewesen ist, abhängt (SEIFERT [134]). Eine grundsätzliche Bestätigung fanden diese Versuche durch sehr umfangreiche, von HVORSLEV etwa 1935 an der TH Wien durchgeführte *Langsam*-Versuche [127].

Durch eine Belastung, die lange genug andauert, um Wasser- und Hohlraumgehalt der Belastung anzupassen, erhält hiernach ein bindiger Boden eine Festigkeit, die auch bei Verschwinden dieser Belastung erhalten bleibt.

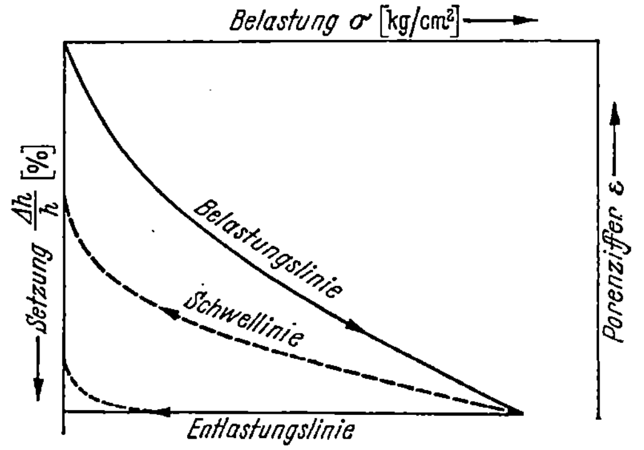

Dies gilt streng allerdings nur dann, wenn die mit der (langsamen) Entlastung verbundene Wasseraufnahme zu keiner Porenzifferzunahme (Schwellung) des Bodens führt, wenn also die Entlastungskurve des Bodens der Horizontalen in Abb. 137 folgt und

Abb. 137. Möglichkeiten des Verhaltens der Böden bei einer Entlastung.

nicht der gestrichelt eingezeichneten Schwellinie. Eine wirkliche Schwellung tritt nur in fetten Tonböden und auch dann meist nur bei kleineren Drücken ein, so daß — von dem Bereich kleiner Drücke abgesehen — in der Regel von einer horizontalen Entlastungslinie und auch Wiederbelastungslinie ausgegangen werden kann.

Die Haftfestigkeit c ist dann für Belastungen $\sigma < \sigma_v$, und zwar sowohl für eine Entlastung wie für eine Wiederbelastung, bei langsamer Schubbelastung[1] durch die Gleichung gegeben (KREY-TIEDEMANNsches Kriterium):

$$c = \mu_c\, \sigma_v. \tag{98}$$

Die durch Gl. (98) gegebene Haftfestigkeit ist in Analogie zu Gl. (94) und zur Definition der wahren Reibungsfestigkeit als *„wahre Haftfestigkeit"*, der Proportionalitätsfaktor μ_c als *„Haftfestigkeitsbeiwert"* zu bezeichnen. Ebenso wie μ als tg des Reibungswinkels ϱ kann μ_c als tg eines *„Haftfestigkeitswinkels ϱ_c"* aufgefaßt werden.

Ändert sich der Hohlraumgehalt während der Entlastung bzw. Wiederbelastung, so ist die Haftfestigkeit nach HVORSLEV (TERZAGHI [135]) nicht mehr der konstanten Vorbelastung σ_v proportional, sondern dem zum Herbeiführen des beim Abscheren jeweils vorhandenen Hohlraumgehalts erforderlichen *„äquivalenten Verdichtungsdruck"*. Der äquivalente Verdichtungsdruck ist der Druck σ_x, der benötigt wird, um eine im Zustand der Fließgrenze befindliche Probe auf einen beliebig ausgewählten Hohlraumgehalt ε_x zu bringen. Es ist ohne weiteres zu übersehen, daß der äquivalente Verdichtungsdruck mit dem Druck einer auf diese Weise im Kompressionsapparat untersuchten Probe identisch ist und für die Ent- und Wiederbelastung eine Hysteresisschleife besitzt (s. Abb. 125). Nach HVORSLEV besitzt die versuchsmäßig gewonnene Haftfestigkeit deshalb im Ent- und Wiederbelastungsbereich ebenfalls eine Hysteresisschleife (Abb. 138). Dadurch, daß die Haftfestigkeit nicht mehr wie in Gl. (98) dem konstanten Druck σ_v, sondern einem veränderlichen Druck σ_x proportional gesetzt wird, kann aber auch für diesen Fall ein konstanter Haftfestigkeitsbeiwert berechnet werden [127], [135]. Er

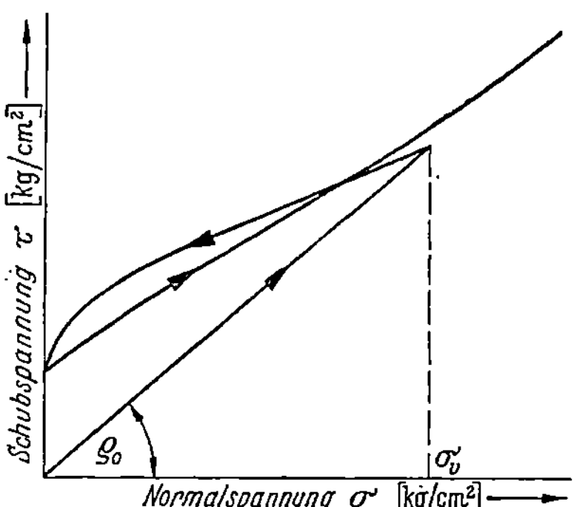

Abb. 138. Schubfestigkeitsdiagramm bei langsamer Belastung, Entlastung und Wiederbelastung nach HVORSLEV.

unterscheidet sich von dem nach KREY-TIEDEMANN um so mehr, je mehr die Ent- und Wiederbelastungslinie unter Wassersättigung von einer Horizontalen abweichen.

Das Problem wird noch verwickelter, wenn man beachtet, daß die Haftfestigkeit eine von der Spannungsrichtung unabhängige Größe ist und deshalb nicht von der größten Normalspannung, sondern der größten beim Versuch überhaupt auftretenden Hauptspannung abhängt (HAEFELI und SCHAERER [136], TROLLOPE [129]). Beim Scherversuch kann dadurch bei einem Abscheren unter einer Normalbelastung σ, die nur wenig kleiner als die Vorbelastung σ_v ist, die Hauptspannung größer als σ_v werden. Hierdurch kann dort bei *langsamer* Schubbelastung die Haftfestigkeit größer werden, als es der Vorbelastung σ_v entspricht.

δ) *Schubfestigkeit bindiger Böden.*

Wie in den nichtbindigen Böden (s. S. 950) hat man auch in den bindigen Böden zwischen der *„Bruchfestigkeit"* und der *„Gleitfestigkeit"* zu unterscheiden. Je plastischer der Boden ist, desto weniger deutlich tritt die Bruchfestigkeit im Verschiebung-Schubkraftdiagramm (Abb. 139) in Erscheinung; der Höchstwert der Schubfestigkeit wird dann meist erst nach ziemlich großen Verschiebungen erreicht und nur langsam überwunden, während bei stark vorbelasteten oder sandigen Tonen ein ausgesprochener Höchstwert auftreten kann, bei dem die Bruchfestigkeit ziemlich schnell erreicht wird und der Gleitwiderstand allmählich bis auf die Hälfte der Bruchfestigkeit heruntergeht.

Die Schubfestigkeit von gestörtem Ton beträgt oft nur einen Bruchteil des gleichen Tons in ungestörter Lagerung, was durch den Verlust der ursprüng-

---

[1] KREY und TIEDEMANN haben noch mit schneller Entlastung und schneller Schubbelastung gearbeitet. Über die Gründe für die Durchführung als Langsamversuch s. OHDE [113], [128], [163].

lichen Strukturfestigkeit erklärt wird. Das Verhältnis der Schubfestigkeit in. ungestörter Lagerung zur Schubfestigkeit in gestörter Lagerung wird „*Empfind-samkeit*" („Sensitivity") genannt. Sie liegt für die meisten Tonböden zwischen 1 und 2, kann aber bei stark empfindsamen Tonböden auf 8 bis 10 hinaufgehen.

Derartige Tone sind äußerst ge-fährlich, da schon eine geringe Stö-rung ihrer natürlichen Struktur eine erhebliche Herabsetzung ihrer natürlichen Schubfestigkeit mit sich bringt. Über die Bestimmung der Empfindsamkeit s. S. 981.

Nach Gl. (96) und (98) und dem, was bisher über die Reibungs- und Haftfestigkeit bindigen Bodens aus-geführt wurde, kann man sich die Gesamtschubfestigkeit eines solchen Bodens für den Fall einer Erst-belastung und für den Fall einer bis zu einer Belastung σ_v vorbelaste-ten und dann *langsam* entlasteten und u. U. auch *langsam* wieder-belasteten Probe für *langsame* Schubbelastung, d. h. *nach Aus-gleich aller Porenwasserspannungen,* nach Abb. 140 aufgeteilt denken. Wie hieraus hervorgeht, ist es für die Schubfestigkeit bindiger Böden von ausschlaggebender Bedeutung, ob man sich im Zustand einer Erst-belastung (Abb. 140a) oder einer Entlastung bzw. Wiederbelastung (Abb. 140b) befindet. Im letzten Fall verfügt man über eine erheb-lich größere Schubfestigkeit (um die Fläche ABC in Abb. 140b größer) als im ersten Fall; der Unterschied wird um so geringer, je mehr man sich der Vorbelastung nähert.

Der Zusammenhang der Abb. 140, d. h. die Schubfestigkeit bindiger Böden nach Ausgleich des Poren-wasserdrucks und ihre Trennung in wahre Reibungs- und wahre Haftfestigkeit, ist — wie aus Abb. 140b ohne weiteres entnommen werden kann — ohne den Anteil der scheinbaren Kohäsion durch die KREY-TIEDEMANNsche Gleichung gegeben. Für die Erstbelastung, wo $\sigma_v = \sigma$ ist, gilt:

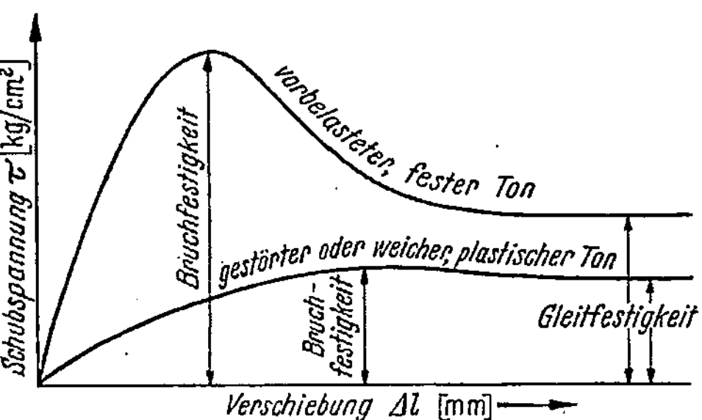

Abb. 139. Verformungsdiagramm in festem und weichem Ton.

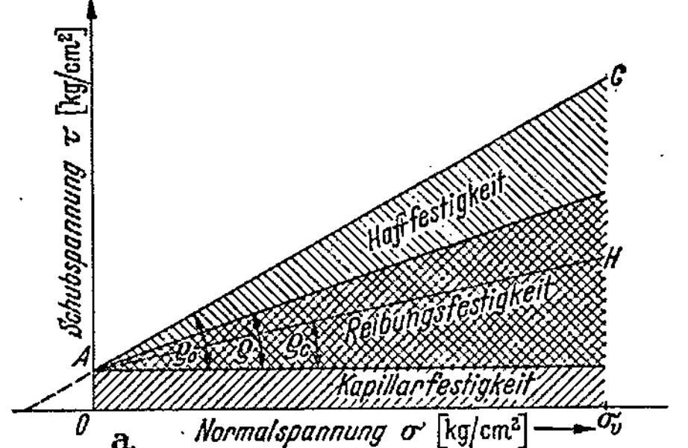

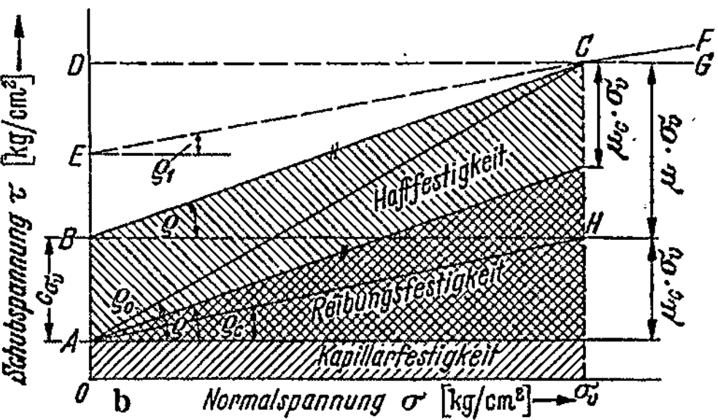

Abb. 140. Aufteilung der Schubfestigkeit in Kapillar-, Reibungs- und Haftfestigkeit bei einem erstbelasteten (a) und bei einem wiederbelasteten (b) bindigen Boden.

$$\tau = \tau_R + c = (\mu + \mu_c)\,\sigma. \tag{99}$$

Für die Entlastung oder Wiederbelastung, wo $\sigma_v \neq \sigma$ ist, gilt:

$$\tau = \tau_R + c = \mu\,\sigma + \mu_c\,\sigma_v. \tag{100}$$

Die scheinbare Kohäsion ist wie im nichtbindigen Boden (s. S. 950) tatsächlich eine Reibungsfestigkeit mit der maximalen Größe μp_k, wenn p_k die im Boden vorhandene Kapillarspannung ist.

Die grundsätzliche Aufgliederung der Schubfestigkeit in wahre Reibungs- und wahre Haftfestigkeit eines natürlichen bindigen Bodens, wie sie in Abb. 140 dargestellt ist (Winkel ϱ bzw. ϱ_c), läßt sich mit Hilfe der dafür in Frage kommenden Versuche mit gestörten oder ungestörten Proben im Laboratorium nur schwer eindeutig erreichen. Keine Schwierigkeit bereitet die Ermittlung der wahren Gesamtschubfestigkeit bei der Erstbelastung, d. h. der Linie AC in Abb. 140a, gemäß Gl. (99) durch einen Langsam-Versuch [Versuchsanordnung a) auf S. 952]. Der aus $(\mu + \mu_c)$ berechenbare Winkel:

$$\varrho_0 = \mathrm{arc\ tg}\,(\mu + \mu_c) \tag{101}$$

enthält aber den Anteil von Reibungs- und Haftfestigkeit. Er wird deshalb *„scheinbarer Reibungswinkel"* genannt. Seine praktische Bedeutung ist begrenzt.

Wie schon auf S. 953 ausgeführt wurde, ist es nicht immer notwendig, die wahren Werte zu wissen, da die Verwendung dieser Werte in den erdstatischen Berechnungen zu Annahmen über den tatsächlich bei der üblichen schnellen Bauausführung auftretenden Wert zwingt. Man zieht deshalb heute nicht selten vor, eine Trennung von Reibungs- und Haftfestigkeit überhaupt nicht zu suchen und stattdessen die Gesamtschubfestigkeit mit Hilfe von Schnell-Versuchen und unter möglichst weitgehend der Wirklichkeit angepaßten Bedingungen zu ermitteln.

Beim Schnell-Versuch mit vorbelastetem, konsolidiertem Boden [Versuchsanordnung d) auf S. 952] müßte man bei einer Belastung $\sigma < \sigma_v$, wenn Wasser- und Hohlraumgehalt während der Entlastung wegen der sofort auftretenden Kapillarkraft unverändert geblieben sind, theoretisch eine konstante Schubfestigkeit erhalten; ihre Größe müßte durch eine Parallele zur Abszissenachse durch den Punkt C in Abb. 140b gegeben sein (Linie CD). Tatsächlich erhält man aus noch nicht völlig geklärten Gründen eine geneigte Gerade (Linie CE). Sie liefert, wie aus Abb. 140b zu ersehen ist, eine größere Gesamtschubfestigkeit als der Langsam-Versuch mit einer vorbelasteten Probe $(AE > AB)$. Der Grund hierfür liegt darin, daß beim Schnell-Versuch der Boden unter einem negativen Porenwasserdruck (Porenwasserunterdruck) steht, der in umgekehrter Weise wie der positive Porenwasserdruck wirken, also eine zusätzliche Festigkeit aufbauen muß, während beim Langsam-Versuch kein Porenwasserdruck vorhanden ist. Wie Abb. 140b zeigt, ist die durch den Schnell-Versuch gewonnene Haftfestigkeit (AE) größer, der durch ihn gewonnene Reibungsbeiwert $(\mathrm{tg}\,\varrho_1)$ dagegen kleiner als beim Langsam-Versuch $(AB$ bzw. $\mathrm{tg}\,\varrho)$.

Hieraus folgt, daß die Untersuchung ungestörter Proben unterhalb ihrer Vorbelastung trotz des naheliegenden Gedankens, Wasser- und Hohlraumgehalt nicht zu ändern, als Langsam-Versuch vorgenommen werden sollte, d. h. unter Wassersättigung der Proben bei der Belastung σ_v bzw. den niedrigeren Belastungen σ. Sofern hierbei kein Schwellen auftritt, ist damit keine Abnahme der wahren Haftfestigkeit verbunden (s. o.), sondern es wird nur der Porenwasserunterdruck beseitigt.

Dagegen wird bei einer Belastung $\sigma > \sigma_v$ und Aufbringen der Schubbelastung vor Konsolidation der Probe ein positiver Porenwasserdruck hervorgerufen. Die Schubfestigkeit würde dadurch bei Belastungen $\sigma > \sigma_v$ kleiner sein als die des Langsam-Versuchs (etwa der Linie CF in Abb. 140b folgend). In sehr fettem Tonboden würde sich eine horizontale Linie (CG) ergeben.

Ein Schnell-Versuch mit erstbelastetem, konsolidiertem Boden [Versuchsdurchführung c) auf S. 952] ergibt wegen des positiven Porenwasserdrucks, der durch das Aufbringen der Schubbelastung erzeugt wird, einen geringeren scheinbaren Reibungswinkel als der Langsam-Versuch. Der Unterschied hängt davon ab, in welchem Umfang sich während der Schubbeanspruchung Porenwasserdruck entwickeln kann, d. h. von der Versuchsgeschwindigkeit und der Durchlässigkeit und den Abmessungen der Probe.

Ein Schnell-Versuch mit nichtkonsolidiertem Boden [Versuchsanordnung b) auf S. 952] führt in wenig durchlässigen Proben zu einer Reibungsfestigkeit Null, d. h. die zum Überwinden der Schubfestigkeit des Bodens notwendige Kraft ist von der Normalbelastung unabhängig und allein von der Haftfestigkeit abhängig.

Die vorstehenden Betrachtungen gelten streng nur für wassergesättigten bindigen Boden. In nicht wassergesättigten Böden geht die Bedeutung des Porenwasserdrucks zurück, und die Schubfestigkeitslinien für den Langsam- und Schnell-Versuch nähern sich einander. Mit abnehmendem Haftfestigkeitsbeiwert des Bodens verliert auch die Frage der Vorbelastung an Bedeutung. Die Feststellung der Schubfestigkeit bindiger Böden vereinfacht sich also gegenüber den vorstehend geschilderten Schwierigkeiten um so mehr, je weniger bindig der Boden ist, d. h. je weniger Ton er enthält.

b) Versuche zur Bestimmung der Schubfestigkeit.

Zur Ermittlung der Schubfestigkeit des Bodens im Laboratorium gibt es verschiedene Versuchsmethoden, von denen jede einzelne ihre Vor- und Nachteile besitzt und für bestimmte Böden und Fragestellungen besonders geeignet ist und bevorzugt wird. Als Standardversuche sind zu nennen:

a) der „Scherversuch" mit der Abart des „Kreisring-Scherversuchs",

b) der „dreiaxiale Druckversuch" mit der Abart des „Zellversuchs",

c) der „Zylinderdruckversuch".

Zu diesen Versuchen tritt im Felde die Bestimmung der Schubfestigkeit durch die Flügelsonde (s. S. 868).

α) *Scherversuch.*

Beim „Scherversuch" (Abb. 141) wird eine dünne Bodenscheibe in einer sog. „Scherbüchse" (Grundfläche F) mit einer während des Versuchs konstant bleibenden Normalkraft N belastet. Die Scherbüchse besteht aus zwei gegeneinander verschieblichen Teilen, von denen der eine fest liegt, der andere beweglich ist und durch eine bis zum Bruch des Bodens gesteigerte Horizontalkraft H belastet wird. Die Bodenprobe wird dadurch längs einer

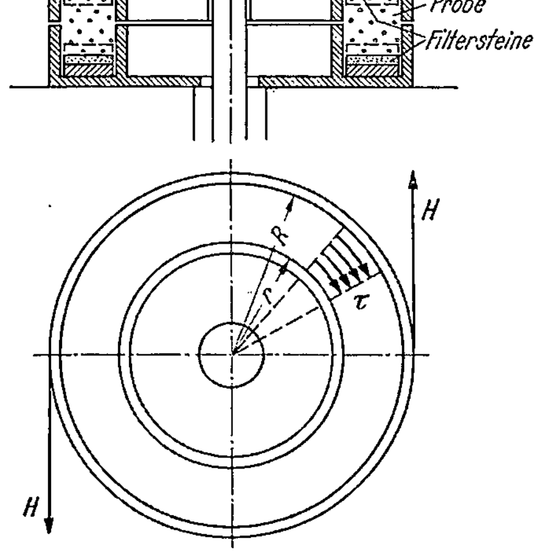

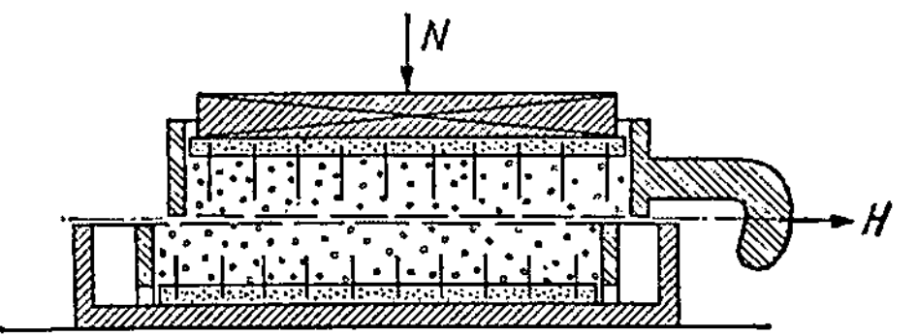

Abb. 141. Prinzip des direkten Scherversuchs.

erzwungenen Gleitfläche bei konstantem N durch eine reine Scherkraft beansprucht und in dieser Gleitfläche schließlich abgeschert. Die mittlere Schubspannung dabei ist:

$$\tau = H_{\max}/F. \qquad (102)$$

Abb. 142. Prinzip des Kreisring-Scherversuchs.

Bei der Auswertung der Scherversuchs wird angenommen, daß diese Spannung die beim Abscheren ungünstigste Schubbeanspruchung darstellt. Wiederholt man den Versuch mit verschiedenen Proben unter verschiedenen Normalspannungen $\sigma = N/F$, so erhält man die zum Auftragen der Abhängigkeit $\tau = f(\sigma)$ nach Gl. (93) (s. Abb. 132) notwendigen Wertepaare τ und σ. Hierbei können sowohl τ als auch σ als langsame oder schnelle Belastungen aufgebracht werden (s. S. 952). Je nach dem gewählten Verfahren erhält man die Schubfestigkeitslinie für den Langsam- oder für den Schnell-Versuch (s. Abb. 140).

Auf dem gleichen Prinzip, d. h. auf einem reinen Abscheren einer dünnen Bodenscheibe, beruht auch der „*Kreisring-Scherversuch*" (Abb. 142). Bei ihm wird lediglich die Schubfestigkeit einer kreisringförmigen Bodenprobe nicht durch eine Horizontalkraft H, sondern durch ein horizontales Torsionsmoment M überwunden. Die dabei in dem Kreisring (Radien R, r) auftretende mittlere Schubspannung ist:

$$\tau_m = \frac{M}{\pi(R^2 + r^2)(R - r)}. \qquad (103)$$

Gerät. Der erste nach unserem heutigen Urteil brauchbare Scherapparat wurde in den 20er Jahren in der früheren Preußischen Versuchsanstalt für Wasser-, Erd- und Schiffbau in Berlin von Krey [124] gebaut (Abb. 143). Er hat für viele spätere Scherapparate als Vorbild gedient. Der bewegliche, auf Rollen gelagerte, untere Teil der Scherbüchse ist bei ihm durch zwei Stahlbänder mit zwei Segmenthebeln verbunden, an denen Gewichtsschalen hängen, durch deren Belastung die Probe entweder in der einen oder in der anderen Richtung abgeschert werden kann. Die Normalbelastung erfolgt an einem dritten Hebel ebenfalls mit Gewichten. Die Scherbüchsen können aber auch in einem besonderen Vordruckapparat lotrecht in der gewünschten Höhe belastet und erst zum eigentlichen Abscheren in den Scherapparat eingesetzt werden.

Abb. 143. Scherapparat nach Krey. (Aus Mitteilungen der Preußischen Versuchsanstalt für Wasser-, Erd- und Schiffbau Berlin, H. 20. 1935.)

In Deutschland ist neben dem Scherapparat von Krey vor allem ein von A. Casagrande (Buchanan [137]) konstruierter Scherapparat benutzt worden (Abb. 144), der mit verschiedenen Verbesserungen auch heute noch in vielen Anstalten anzutreffen ist. Im Gegensatz zum Kreyschen Gerät sind bei dem Casagrandeschen Gerät eine Anzahl von Scherbüchsen in einem gemeinsamen Rahmen vereint, wo sie unabhängig voneinander lotrecht belastet und nacheinander durch eine verschiebbar angeordnete Zugvorrichtung abgeschert werden können. Die lotrechte Belastung wird mit Hilfe eines Hebels hervorgerufen, dessen Eigengewicht durch ein Gegengewicht aufgehoben ist. Die waagerechte Zugkraft, die an dem oberen beweglichen Rahmen der Scherbüchse angreift, wird bei der ursprünglichen Form durch ein auf einem zweiten Hebel laufendes Gewicht, bei neueren Konstruktionen durch einen Wasserbehälter, der an einem Hebel hängt und langsam aufgefüllt wird (Abb. 144), oder durch einen Druckölzylinder erzeugt.

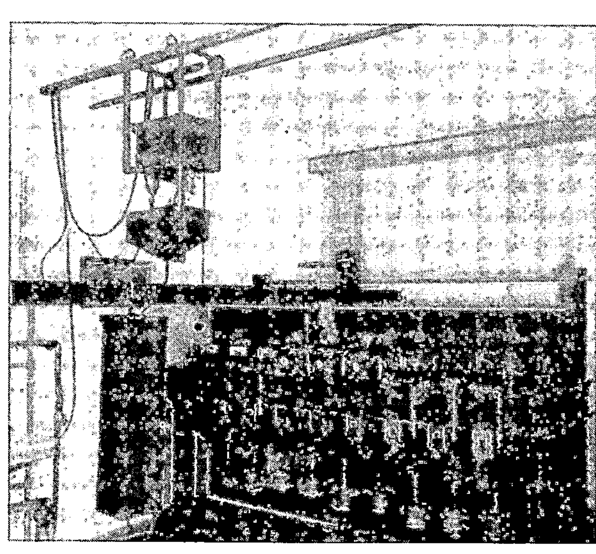

Abb. 144. Gestell mit neun Scherapparaten nach A. Casagrande mit automatischer Wasserbelastung und Selbstregistrierung (Degebo); konstante Belastungsgeschwindigkeit.

In England ist eine gegenüber der KREYschen und CASAGRANDEschen Bauart geänderte Anordnung üblich geworden (Abb. 145 a und b). Hier wird der untere Teil der Scherbüchse durch eine entweder durch Hand oder durch einen Motor angetriebene Druckspindel bewegt, während der obere Teil nicht völlig starr, sondern durch einen elastischen Ring abgestützt wird. Die Verformung des Rings wird mit einer Meßuhr gemessen und gibt die in der Scherfuge wirksame tatsächliche Schubkraft an, d. h. ohne Beeinflussung durch die Reibung des unteren Schlittens auf der Unterlage. Die lotrechte Belastung erfolgt über ein Gehänge mit Gewichtsplatten.

Durch die beiden Versuchsanordnungen — KREY und CASAGRANDE einerseits, englische Bauweise andererseits — ist ein grundsätzlicher Unterschied der mit diesen Apparaten möglichen Scherversuche bedingt. Die erste Anordnung

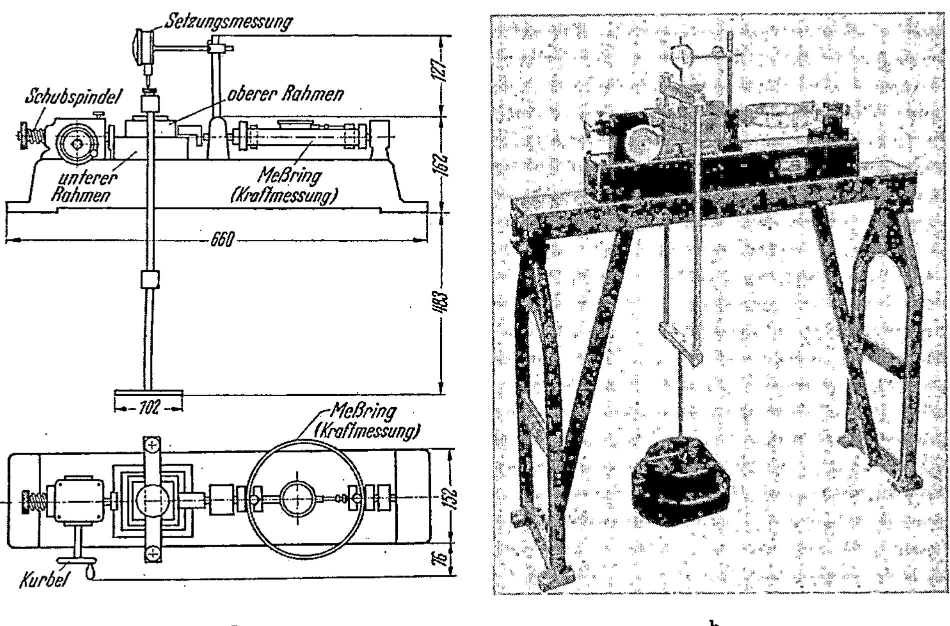

Abb. 145 a u. b. Übliche englische Bauart des Scherapparats; konstante Verschiebungsgeschwindigkeit (Hersteller Wykeham Farrance Engineering Ltd., Slough, England).

führt zu dem „*Versuch mit konstanter Belastungsgeschwindigkeit*", d. h. die Schubbelastung wird durch Auflegen stets gleicher Gewichte gesteigert. Bei der zweiten Anordnung erhält man bei einem gleichmäßigen, nicht unterbrochenen Vorschub der Spindel dagegen den „*Versuch mit konstanter Verschiebungsgeschwindigkeit*". In der Baupraxis kann zwar eher davon ausgegangen werden, daß die Belastungen und nicht die durch sie hervorgerufenen Verformungen einigermaßen konstant mit der Zeit anwachsen. Trotzdem besitzt die Versuchsanordnung mit konstanter Verschiebungsgeschwindigkeit gegenüber der demnach näherliegenden Versuchsanordnung mit konstanter Belastungsgeschwindigkeit einen wichtigen Vorteil: Nur bei ihr ist es ohne Schwierigkeiten möglich, den Spannungsabfall nach dem Bruch im dichten Sand oder im festen Ton (s. Abb. 136 bzw. 139) und damit die Bruchfestigkeit und die Gleitfestigkeit in Verbindung mit den zugehörigen Verschiebungen einfach und genau zu messen. Bei der KREYschen bzw. CASAGRANDEschen Belastungsanordnung muß dagegen die Verschiebung-Schubkraftlinie infolge der konstant bleibenden

Gewichtsbelastung nach dem Bruch waagerecht weiterlaufen, es sei denn, die Belastung wird bei Erreichen des Bruchs durch Fortnehmen von Gewichten in einem solchen Maße verringert, daß der Bruchvorgang dadurch nicht abgebrochen wird; dies ist aber nur schwer erreichbar.

Aus diesem Grunde werden heute Versuchsanordnungen mit konstanter Verschiebungsgeschwindigkeit meist vorgezogen und die ursprünglichen Apparate von Krey und Casagrande in entsprechend geänderter Form gebaut.

Abb. 146. Gestell mit sechs Scherapparaten nach Muhs mit automatischer Belastung und Selbstregistrierung; konstante Belastungs- oder Verschiebungsgeschwindigkeit (Hersteller Chemisches Laboratorium für Tonindustrie, Berlin).

Ein Scherapparat mit konstanter Verschiebungsgeschwindigkeit wurde im Franzius-Institut der Technischen Hochschule Hannover auch schon etwa 1930 benutzt (Petermann [138]), um den Abfall der Reibungsfestigkeit im dichten Sand nach dem Bruch zu untersuchen. Von Muhs (Maguin [164]) wurde 1954

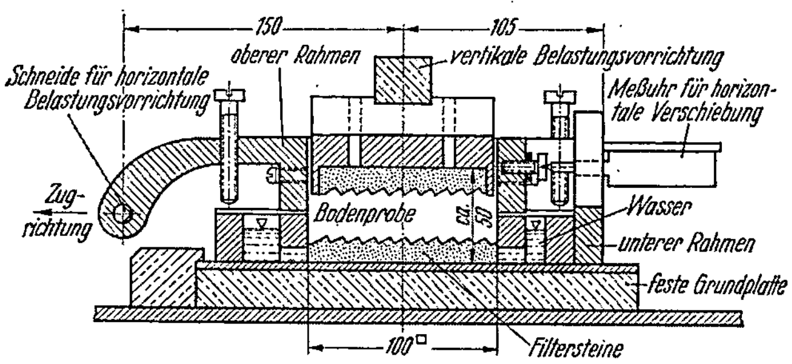

Abb. 147. Scherbüchse des Scherapparats von A. Casagrande.

ein Scherapparat entwickelt (Abb. 146), der sowohl Versuche mit konstanter Belastungsgeschwindigkeit als auch Versuche mit konstanter Verformungsgeschwindigkeit erlaubt und bei dem außerdem die Vorschubgeschwindigkeit einer Zugspindel im Verhältnis 1:1000 regelbar ist, so daß ausgesprochen langsame und schnelle Versuche ausgeführt werden können. Bei diesem Apparat werden ferner die Schubkräfte und die Scherverschiebungen in Abhängigkeit von der Zeit selbsttätig aufgezeichnet.

Der wichtigste Teil eines Scherapparats ist die *Scherbüchse*. Um eine möglichst gleichmäßige, in der gesamten Scherfläche wirkende und nicht an den Stirnflächen der Scherbüchse konzentrierte Einleitung der Schubspannungen zu erreichen und um ein etwaiges Stauchen der Probe an den Stirnflächen zu verhindern, muß die Schubkraft durch entsprechend geformte Steine (Abb. 147) oder durch Stahlschneiden, die in metallene Filterplatten eingesetzt sind (Abb. 148), auf die Probe übertragen werden. Die Höhe der Probe soll möglichst klein sein, etwa 1 bis 1,5 cm, um ein Abscheren in der gewünschten Ebene herbeizuführen und ein etwaiges bloßes Verformen der Probe („progressiver Bruch") zu ver-

Abb. 148. Scherbüchse des Scherapparats von MUHS.

hindern (Abb. 149). Für Langsam-Versuche muß die Probe von durchlässigen Filtersteinen (s. Abb. 147), für Schnell-Versuche von undurchlässigen Platten (s. Abb. 148) eingeschlossen sein. Als Querschnitt wurde zunächst nur der quadratische Grundriß (10 cm $\times$ 10 cm oder 7 cm $\times$ 7 cm) angewandt (s. Abb. 147). Heute wird vielfach der kreisförmige Querschnitt ($F = 100$ cm^2) bevorzugt (s. Abb. 148), da er für den Einbau ungestörter Proben geeigneter ist und da bei ihm auch gestört eingebautes Material wesentlich gleichmäßiger nach einem der

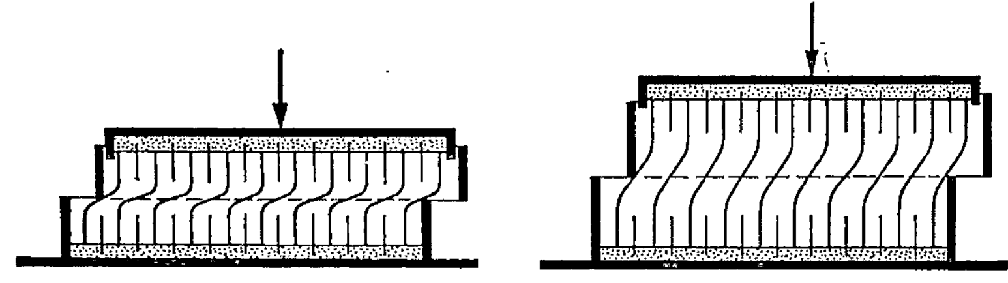

Abb. 149. Veranschaulichung des Einflusses einer zu großen Probenhöhe.

Standardverfahren (s. S. 923) verdichtet werden kann als bei einem rechteckigen Querschnitt, wo in den Ecken keine einwandfreie Verdichtung möglich ist.

Grundsätzlich die gleichen Gesichtspunkte, d. h. niedrige Probenhöhe, Filtersteine oder Stahlschneiden zum Erzeugen einer gleichmäßig über die Probe verteilten Schubspannung, durchlässige oder undurchlässige Lagerung der Probe, sind bei dem Kreisring-Scherapparat zu beachten, der erstmals von TIEDEMANN 1933 in der Preußischen Versuchsanstalt für Wasser-, Erd- und Schiffbau in Berlin entwickelt wurde [139], nachdem schon vorher an anderen Stellen Torsions-Scherversuche mit vollen Kreisflächen durchgeführt worden waren, deren Auswertung aber wegen der schwierigen Erfassung der Schubspannungsverteilung unbefriedigend geblieben ist. Der Vorteil des Kreisring-Schergeräts liegt darin, daß auch nach großen Scherverschiebungen noch Boden auf Boden gleitet, während sich bei dem normalen Scherapparat ein mit der Scherverschiebung größer werdender Teil der Probe über dem Metall der Unterlage bewegt. Doch fällt dieser Vorteil bei den meisten Böden nicht ins Gewicht, da der Bruch bei ihnen schon nach verhältnismäßig kleinen Scherverschiebungen eintritt (etwa 0,25 bis 0,5 cm), so daß die Beeinträchtigung der tatsächlichen Scherfläche nur gering ist (z. B. $2^{1}/_{2}$ bis 5% bei einer quadratischen Scherbüchse mit 10 cm Seitenlänge oder 3,2 bis 6,4% bei einer kreisförmigen Scherbüchse mit 10 cm ∅). Da der Einbau einer Probe in den Kreisring-Scherapparat auch schwieriger als der in die normalen Scherapparate ist, haben sich die später auch von Hvorslev [127], Haefeli [140] und Ohde gebauten Kreisring-Scherapparate nicht durchsetzen können. Sie sind nur dort angebracht, wo die Bruch- und Gleitfestigkeit von hochplastischem Ton oder von organischen Böden untersucht werden muß, die erst nach sehr großen Scherverschiebungen erreicht wird.

Die bisher genannten Versuchsanordnungen gelten nur für mehr oder weniger feinkörniges Material, d. h. für Sand, Schluff und Ton. Im Kies oder in Geröllen oder Gesteinsschutt sind entsprechend größere, der größten Korngröße angepaßte Apparate notwendig. Abb. 150 zeigt einen Scherapparat mit einer Scherfläche von 1 m^2 zur Untersuchung von Steingeröll auf der Baustelle für einen Erddamm. Sowohl der lotrechte Druck als auch die Schubkraft werden durch hydraulische Pressen erzeugt.

Abb. 150. Großscherapparat (Scherfläche 1 m × 1 m) für Feldversuche mit Grobmaterialien. (Gebaut von der Firma Johann Keller G.m.b.H., Frankfurt/Main.)

Versuchsdurchführung und Auswertung. Bei der Versuchsdurchführung ist zwischen Versuchen mit nichtbindigen Böden und Versuchen mit bindigen Böden zu unterscheiden.

Nichtbindiger Boden wird zur Vermeidung von scheinbarer Kohäsion trocken in die Scherbüchsen eingebaut, wobei — zur Ermittlung des Hohlraumgehalts — das Trockengewicht der Probe und der Raum, den sie nach dem Einbau einnimmt, bestimmt wird. Ungestörte Proben müssen dagegen im erdfeuchten Zustand eingebaut werden, da ihr Einbau nur unter Ausnutzung der scheinbaren Kohäsion gelingt; zu ihrer Ausschaltung werden die Proben dann nach dem Einbau für die Dauer des Versuchs unter Wasser gesetzt. Anschließend werden die Proben — mindestens drei, besser vier — verschieden hoch — gewöhnlich zwischen 0,5 kg/cm² und 3 kg/cm² — belastet. Die Höhe der Belastung ist bei den kohäsionslosen nichtbindigen Böden ziemlich gleichgültig, da eine etwaige Vorbelastung nur die Haftfestigkeit, nicht aber die Reibungsfestigkeit beeinflußt (s. S. 955).

Da sich nichtbindiger Boden sofort setzt, kann bald nach der Belastung mit dem Abscheren begonnen werden. Vorher wird mit den bei allen Apparaten dafür vorgesehenen Stellschrauben der obere Rahmen der Scherbüchse etwas angehoben (mindestens dem Durchmesser des gröbsten Korns entsprechend), um die Reibung von Metall auf Metall auszuschalten. Bei Versuchen mit konstanter Belastungsgeschwindigkeit werden die Stufen, mit denen die Schubkraft schrittweise bis zum Bruch gesteigert wird, der jeweiligen senkrechten Belastung angepaßt, oft mit $^1/_{40}$ der Normalbelastung. Sie können in kürzeren oder längeren Zeitabständen aufgebracht werden, ohne daß das Ergebnis davon nennenswert beeinflußt wird; gewöhnlich wird die Schubkraft in Abständen von 1 min gesteigert. Bei Versuchen mit konstanter Verschiebungsgeschwindigkeit kann ein Vorschub des beweglichen Teils der Scherbüchse von 0,1 bis 1,0 mm/min gewählt werden.

Aus den vor jeder Neubelastung bzw. in regelmäßigen Zeitabständen gemessenen Verschiebungen und Schubspannungen wird für alle gewählten Auflasten σ zunächst das „Verschiebung-Schubkraftdiagramm" gezeichnet, das — der Dichte des Sands und der Versuchsdurchführung entsprechend (s. S. 959) — einer der beiden Linien in Abb. 136 folgt.

Aus den einzelnen Diagrammen kann die Schubspannung τ beim Bruch oder beim Gleiten entnommen und im „Schubfestigkeitsdiagramm" in Abhängigkeit von σ aufgetragen werden (s. Abb. 140). In den nichtbindigen Böden ergibt sich bei gleichem Hohlraumgehalt der Proben als Verbindungslinie der so erhaltenen Punkte eine durch den Nullpunkt verlaufende Gerade, die unter dem Reibungswinkel ϱ des Materials gegen die Horizontale geneigt ist. Bei Verwendung der Gleitwerte erhält man einen etwas kleineren Winkel als bei Verwendung der Bruchwerte.

Bei *Scherversuchen mit bindigen Böden* geht man in gleicher Weise wie bei den nichtbindigen Böden vor, nur hat man zu unterscheiden, ob man einen Langsam- oder einen Schnell-Versuch durchzuführen beabsichtigt. .

Beim *Langsam-Versuch* werden *gestörte Proben* — zweckmäßig drei — gewöhnlich im Zustand der Fließgrenze oder mit einer vorgeschriebenen Dichte, die durch eines der Standard-Verdichtungsverfahren herbeigeführt wird (s. S. 923), eingebaut, stufenweise, z. B. auf 1, 2 und 3 kg/cm², belastet und zur Ausschaltung der scheinbaren Kohäsion unter Wasser gesetzt. Nach jeweiliger Konsolidierung werden die Proben abgeschert, wobei die Schubkraft erst erhöht wird, wenn die Verschiebung aus der jeweils vorhergehenden Laststufe zum Stillstand gekommen ist. Für Versuche mit konstanter Verschiebungsgeschwindigkeit wird ein Vorschub von 0,005 mm/min bis 0,01 mm/min als zweckmäßig angegeben. Näheres hierüber s. GIBSON u. HENKEL [183].

Als Ergebnis erhält man im Verschiebung-Schubkraftdiagramm Linien nach Abb. 139. Im Schubfestigkeitsdiagramm ergibt sich die Linie *A—C* der Abb. 140a, die unter dem scheinbaren Reibungswinkel ϱ_0 des Materials gegen die Horizontale geneigt ist (Abb. 151).

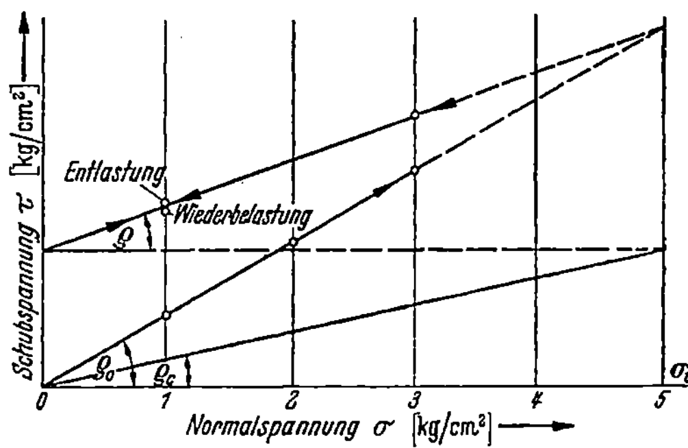

Abb. 151. Ergebnis von sechs Scherversuchen mit gestörtem bindigem Boden.

Zur Bestimmung der wahren Reibungs- und Haftfestigkeit belastet man am besten drei weitere Proben stufenweise unter Wasser verhältnismäßig hoch auf eine Vorbelastung σ_v, z. B. auf 5 kg/cm², und entlastet nach erfolgter Konsolidation zwei von ihnen unter der Möglichkeit der Wasseraufnahme auf z. B. 1 und

3 kg/cm², während man die letzte Probe auf Null entlastet und dann wiederum auf 1 kg/cm² belastet. Man hat dann den Bereich vermieden, wo eine größere Schwellung und damit eine Abnahme der Haftfestigkeit eintreten könnte (s. S. 953), ebenso aber den Bereich, wo nicht die Vorbelastung die Haftfestigkeit bestimmt, sondern u. U. die beim Abscheren selbst hervorgerufene größte Hauptspannung (s. S. 954); außerdem erfaßt man durch die zwei bei $\sigma = 1$ kg/cm² vorhandenen Versuchspunkte eine etwaige Hysteresisschleife des Bodens gemäß Abb. 138.

Nach Konsolidation der Proben und langsamem Abscheren erhält man je nach Bodenart und je nach den Belastungsbedingungen (konstante Belastungs- oder Verschiebungsgeschwindigkeit) im Verschiebung-Schubkraftdiagramm Linien nach Abb. 139 und im Schubfestigkeitsdiagramm die Linie BC in Abb. 140b. Sie ist unter dem wahren Reibungswinkel ϱ gegen die Horizontale geneigt und schneidet auf der Ordinatenachse die der Vorbelastung σ_v zugehörige Haftfestigkeit ab. Aus ihr kann der Haftfestigkeitswinkel $\varrho_c = \operatorname{arc\,tg} \mu_c$ (s. S. 954) leicht geometrisch bestimmt werden (s. Abb. 151).

Bei der *Untersuchung ungestörter Proben* kann in gleicher Weise vorgegangen werden. Wichtig ist, zunächst durch einen Kompressionsversuch festzustellen, ob der Boden geologisch vorbelastet ist (s. S. 943). Dann setzt man die Proben bei einer Belastung, die ihrer natürlichen Auflast oder geologischen Vorbelastung p_v im Untergrund entspricht, unter Wasser, erlaubt den Ausgleich der Porenwasserspannungen, schert eine Probe bei der Belastung $\sigma = p_v$ langsam ab, belastet zwei weitere Proben bis zu Belastungen $\sigma > p_v$, schert sie dort langsam ab und erhält als Ergebnis die Gerade für den scheinbaren Reibungswinkel ϱ_0 (Abb. 152).

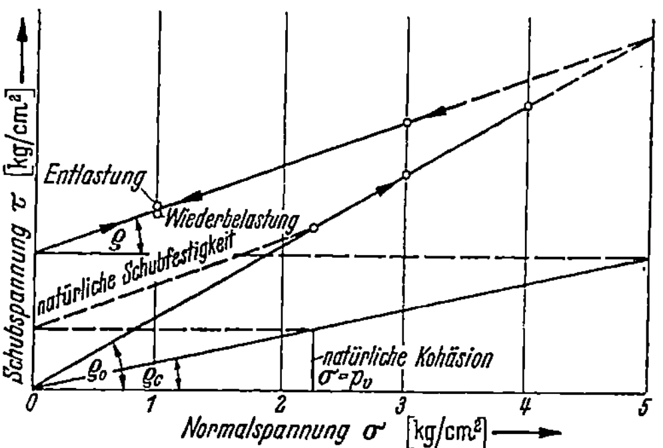

Abb. 152. Ergebnis von sechs Scherversuchen mit ungestörtem bindigem Boden.

Drei andere Proben belastet man mit einer ziemlich hohen Vorbelastung σ_v und schert sie wie oben nach langsamer Entlastung bzw. Wiederbelastung ab. Es ergibt sich dadurch ϱ und ϱ_c (s. Abb. 152).

Beim *Schnell-Versuch* hat man die porösen Filtersteine oder -platten durch undurchlässige Einsätze zu ersetzen, um eine Wasserabgabe während des Versuchs zu unterbinden. Jedoch ist es schwierig, im Scherapparat eine Drainage völlig zu verhindern, besonders bei hohen Vertikalbelastungen. Aus diesem Grunde und da die Schubfestigkeit beim Schnell-Versuch auch ohnehin vom Normaldruck unabhängig ist (s. S. 956), führt man die Schnell-Versuche meist bei geringen Vertikallasten durch. Die Schubkraft wird bei Versuchen mit nicht-konsolidiertem Boden sofort nach Aufbringen der Vertikalbelastung, im anderen Falle nach Konsolidation des Bodens unter der Vertikallast, gesteigert, etwa mit einer Geschwindigkeit von 0,25 bis 1 mm/min.

Als Ergebnis erhält man für nichtkonsolidierten und wassergesättigten Boden eine waagerechte (z. B. Linie BH in Abb. 140b), bei konsolidiertem, mit σ_v vorbelastetem Boden eine geneigte Linie (entsprechend Linie EC oder CF in Abb. 140b), die im Falle einer Erstbelastung durch den Nullpunkt geht. Jede dieser Linien kann je nach der vorliegenden Fragestellung für die Schubfestigkeit des betreffenden Bodens bei schneller Schubbelastung kennzeichnend sein.

Nach Ohde [113], [163] kann auf Grund theoretischer Betrachtungen die Schubfestigkeit bei schneller Schubbelastung und hierbei volumenkonstantem

Material von der Schubfestigkeit bei langsamer Schubbelastung (wahre Schubfestigkeit) abhängig gemacht werden. Es ist:

$$\tau \cong \frac{\psi}{1 + \mu^2}\left(\mu\,\sigma\,\frac{1 + \lambda_0}{2} + c\right). \tag{104}$$

Hierin ist σ die Belastung *vor* der neuen zusätzlichen Belastung und λ_0 die Ruhedruckziffer (s. S. 976). ψ ist ein Faktor, der von dem Verhältnis der Steifezahl und Schwellzahl bei behinderter Seitendehnung (s. S. 944 und 947) abhängt. ψ kann in hoch vorbelastetem, konsolidiertem Boden annähernd $= 1$ gesetzt werden, sonst ist $\psi < 1$, im Mittel $\cong 0{,}85$, bei erstbelasteten stark bindigen Böden $\cong 0{,}7$. Der Schubwiderstand kann hiernach infolge des Porenwasserdrucks bei plötzlichen Schubbeanspruchungen bei einem wahren Reibungswinkel von z. B. 25° auf 82% ($\psi = 1$) bis 58% ($\psi = 0{,}7$) des Wertes abnehmen, der bei langsamer Schubbelastung vorhanden sein würde.

Bei allen Scherversuchen in bindigen Böden ist sofort nach dem Versuch die Probe auszubauen und ihr Wassergehalt zu bestimmen, um zu prüfen, ob die Bedingungen eines stetig veränderlichen Wassergehalts (Langsam-Versuch) oder eines konstanten Wassergehalts (Schnell-Versuch) erfüllt sind. In wassergesättigten Böden erlaubt die Wassergehaltsbestimmung bei Schätzen des spezifischen Gewichts zugleich die Bestimmung der Porenziffer durch Anwendung von Gl. (51).

Die Größe des Reibungswinkels hängt bei nichtbindigen Böden von der Korngröße, der Kornform (vgl. Abb. 3 und 4) und der Lagerungsdichte ab. Die Werte können im Extremfall zwischen 28° und 45° schwanken; doch ist es im Normalfall nicht angebracht, mit einem Wert $< 30°$ (lockerer Sand) oder $> 35°$ (dichter Sand) zu rechnen, es sei denn, der Wert ist versuchsmäßig nachgewiesen. Die scheinbare Kohäsion kann in mittel- bis feinkörnigem Sand in der Kapillarzone mit 0,03 kg/cm² angenommen werden (KAHL und NEUBER [*182*]). In bindigen Böden hängt der versuchsmäßig festgestellte Reibungswinkel — abgesehen von der Kornzusammensetzung (vor allem dem Tongehalt), dem Wasser- und Hohlraumgehalt (Sättigungsgrad) und der Vorgeschichte (vorbelastet oder nicht) — von der Versuchsdurchführung ab. Schnell-Versuche ergeben in wassergesättigtem bindigem Boden einen scheinbaren Reibungswinkel von 0°, Schnell-Versuche mit konsolidiertem Boden einen Winkel zwischen etwa 12° und 22°, während Langsam-Versuche einen Winkel von 25° bis 35° liefern können. Der wahre Reibungswinkel bindiger Böden kann je nach dem Kornaufbau 10° bis 25° betragen, die wahre Kohäsion etwa 0,05 bis 1,0 kg/cm².

β) *Dreiaxialer Druckversuch.*

Beim „dreiaxialen Druckversuch" (Abb. 153) wird im Innern eines Druckgefäßes eine zylinderförmige, schlanke Bodenprobe, die durch einen Gummistrumpf von der umgebenden Flüssigkeit getrennt ist, zunächst durch Flüssigkeitsdruck allseitig gleichmäßig belastet ($\sigma_I = \sigma_{II} = \sigma_{III}$). Durch Steigerung des in senkrechter Richtung wirkenden Drucks σ_I wird die Probe dann so lange axial auf Druck beansprucht, bis sie zu Bruch geht. Nach den Gesetzen der Festigkeitslehre geschieht dies in einer Gleitfläche, die unter dem Winkel

$$\vartheta = 45° + \frac{\varrho}{2} \tag{105}$$

gegen die Horizontale geneigt ist. In ihr wird das Verhältnis der in dieser Fläche wirkenden Schubspannung τ_ϑ zu der auf diese Fläche wirkenden Normalspannung σ_ϑ, d. h. der Wert $\tau_\vartheta/\sigma_\vartheta = \operatorname{tg}\varrho$, ein Maximum und überschreitet im Augenblick des Bruchs die Schubfestigkeit des Bodens. Diese ist also in diesem Augenblick gleich dem Verhältnis τ/σ in der unter dem Winkel ϑ geneigten Gleitfläche. Die Normalspannung σ_ϑ und die Schubspannung τ_ϑ können mit Hilfe der aus der Festigkeitslehre bekannten Spannungsgleichungen bestimmt werden, wenn die Hauptspannungen $\sigma_{II} = \sigma_{III}$ (Seitendruck) und σ_I (Vertikaldruck) sowie der Winkel ϑ bzw. ϱ [Gl. (105)] bekannt sind (s. Abb. 153).

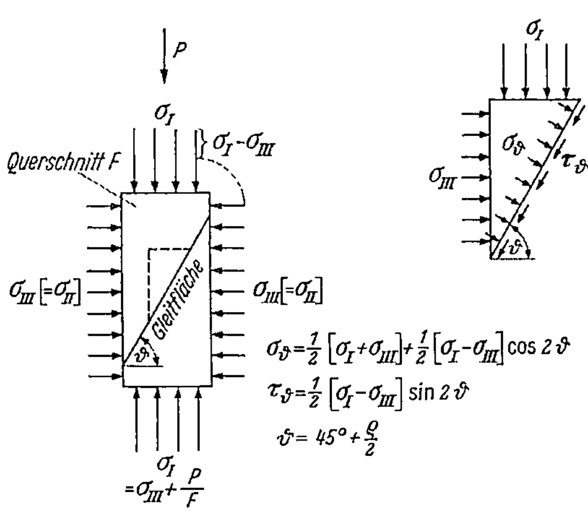

Abb. 153. Kräftespiel beim dreiaxialen Druckversuch.

ϑ bzw. ϱ sind jedoch nicht bekannt, sondern gesucht. Man hat deshalb mindestens einen zweiten Versuch mit einem anderen Wertepaar σ'_{III} und σ'_I durchzuführen. Zeichnet man für die beiden Versuche die Mohrschen Spannungskreise (Abb. 154) mit den Durchmessern $(\sigma_I - \sigma_{III})$ bzw. $(\sigma'_I - \sigma'_{III})$, so ergeben sich aus den Berührungspunkten der gemeinsamen Tangente an die beiden Kreise rein graphisch die Größen τ_ϑ, σ_ϑ und ϑ. Mit Hilfe von Gl. (105) könnte dann ϱ bestimmt werden. Man erhält ϱ aber einfacher aus dem Verhältnis $\tau_\vartheta/\sigma_\vartheta$, d. h. aus der Neigung der gemeinsamen Tangente, die die gesuchte Schubfestigkeitslinie des Bodens darstellt, und zwar — den Versuchsbedingungen entsprechend — entweder für den Langsam-Versuch oder für den Schnell-Versuch (s. S. 952).

Beim dreiaxialen Druckversuch werden also im Gegensatz zum Scherversuch die Normalkraft und die Scherkraft in der Gleitfläche nicht gemessen, sondern auf dem Umweg über die bekannten Hauptspannungen berechnet. Hierzu wird durch Aufbringen einer Druckkraft ein Spannungszustand herbeigeführt, bei dem die Bodenprobe durch *Überwinden des Schubwiderstands* zerstört wird. Hieraus folgt, daß die beschriebene Auswertung nur dann streng zutrifft, wenn tatsächlich ein sogenannter „Scherbruch" eintritt (s. Abb. 173a), daß aber das Ergebnis um so unzuverlässiger wird, je mehr die Probe durch einfaches Ausbauchen und

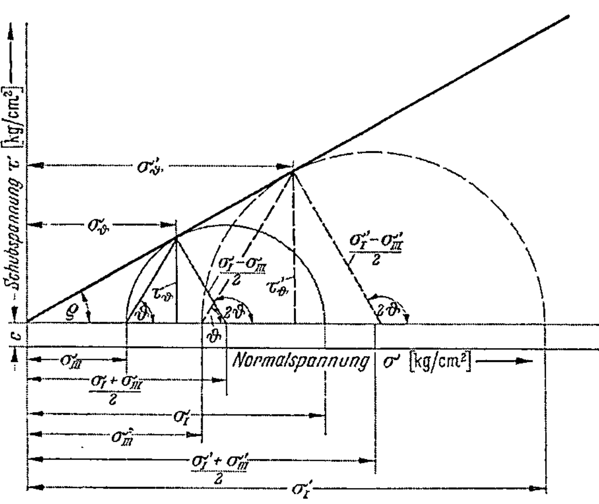

Abb. 154. Auswertung der Ergebnisse zweier dreiaxialer Druckversuche mit Hilfe der Mohrschen Spannungskreise.

ohne eigentlichen Scherbruch (s. Abb. 173b) verformt wird. Die beim dreiaxialen Druckversuch ausgeübte Beanspruchung gleicht auch weniger als die beim Scherversuch den Beanspruchungen, die im Innern eines in seiner Standsicherheit gefährdeten Erdkörpers in den Gleitflächen vorhanden sind. Wegen der größeren Einfachheit des der Auswertung zugrunde gelegten Kräftespiels ist ferner die Auswertung des Scherversuchs übersichtlicher und einfacher. Er erfordert außerdem eine wesentlich einfachere Versuchsapparatur. Wenn trotzdem der dreiaxiale Druckversuch im Laufe des letzten Jahrzehnts dem Scherversuch gegenüber sehr stark an Bedeutung gewonnen hat, so deshalb, weil er die einwandfreie

Durchführung von Schnell-Versuchen besser gestattet — beim Scherversuch ist hierbei eine Veränderung des Wassergehalts während des Abscherens kaum ganz zu verhindern —, weil er außerdem erlaubt, den Porenwasserdruck und damit den wirklichen Korn-zu-Korn-Druck [s. Gl. (97)] während des Versuchs laufend zu messen, und weil er schließlich die Möglichkeit gibt, die Veränderung des Probenvolumens während des Versuchs zu verfolgen. Außerdem sind bei ihm im Gegensatz zum Scherversuch die Hauptspannungen genau bekannt und dadurch die Spannungen in beliebigen Schnittflächen berechenbar.

Die oft gestellte Frage, ob der Scherversuch oder der dreiaxiale Druckversuch vorzuziehen ist, kann deshalb nicht allgemein gültig beantwortet werden. Unabhängig von der Aufgabenstellung im einzelnen ist aber der Scherversuch von vornherein immer dann vorzuziehen, wenn kein mit der recht schwierigen Durchführung (s. u.) des dreiaxialen Druckversuchs völlig vertrautes Personal vorhanden ist. Der dreiaxiale Druckversuch erscheint ferner in den Böden weniger angebracht, in denen Porenwasserdruckerscheinungen nur eine geringe Rolle spielen, d. h. in den nicht oder nur schwach bindigen Böden. Verzichtet man ferner auf die — nicht immer völlig befriedigende — Messung des Porenwasserdrucks und führt statt dessen zur Ermittlung der wahren Schubfestigkeitswerte einen Langsam-Versuch durch, so erweist sich die große Probenhöhe beim dreiaxialen Druckversuch als großer Nachteil, da die Konsolidation ganz erheblich länger als beim Scherversuch dauert (bei einem Verhältnis der Höhen von 5 : 1 zweier Proben benötigt man z. B. die 25fache Zeit für die Konsolidation unter der Normalbelastung). Der dreiaxiale Druckversuch ist deshalb vor allem bei Schnell-Versuchen mit bindigen Böden — mit oder ohne Messung des Porenwasserdrucks — angebracht, d. h. stets dann, wenn eine Beeinträchtigung der Schubfestigkeit durch Porenwasserdruckerscheinungen zu erwarten ist, besonders dann, wenn man neben der Schubfestigkeit auch den bei deren Ermittlung vorhandenen Porenwasserdruck kennen will.

Die Frage der Übereinstimmung der Ergebnisse des Scherversuchs und des dreiaxialen Druckversuchs ist Gegenstand einer großen Reihe von Untersuchungen geworden, ebenso wie die Auswertung bzw. die Auslegung der Meßergebnisse des dreiaxialen Druckversuchs (s. dazu im besonderen „Proceedings of the Conference on the Measurement of the Shear-Strength of Soils in Relation to Practice" in London 1950 [141], ferner HAEFELI und SCHAERER [136], OHDE [113], [163], BJERRUM [142]). Zu einer übereinstimmenden, allgemeingültigen Auffassung ist man aber trotzdem bisher noch nicht gekommen.

Gerät. Jeder dreiaxiale Druckapparat (Abb. 155) besteht aus einem zylindrischen Gefäß (Plexiglas oder Stahl), das durch eine Fußplatte und eine Kopfplatte abgeschlossen ist. In dem Zylinder, der gewöhnlich mit Wasser gefüllt ist, befindet sich die mit einer dünnen Gummihaut überzogene und so gegen das Wasser geschützte Bodenprobe. Nur bei ausgesprochenen Langsam-Versuchen ist der Gebrauch von Glyzerin angebracht, weil die Gummihaut gegenüber Wasser auf die Dauer nicht völlig undurchlässig ist. Die Probe ruht auf einer sockelartigen Erhöhung der Fußplatte und ist mit einem Kopfstück abgedeckt. Am Kopf und Fuß der Probe befinden sich Filterplatten, die über das Kopfstück und die Fußplatte mit einem oder zwei Kapillarrohren in Verbindung stehen und bei wassergesättigten Proben entweder die Wasserabgabe oder -aufnahme der Probe anzeigen oder aber ermöglichen, den Porenwasserdruck zu messen (s. u.). Zur senkrechten Belastung der Probe dient ein in der Kopfplatte ruhender Belastungsstempel, der wie beim Scherversuch in verschiedener Weise und mit konstanter Belastungs- oder Verschiebungs-

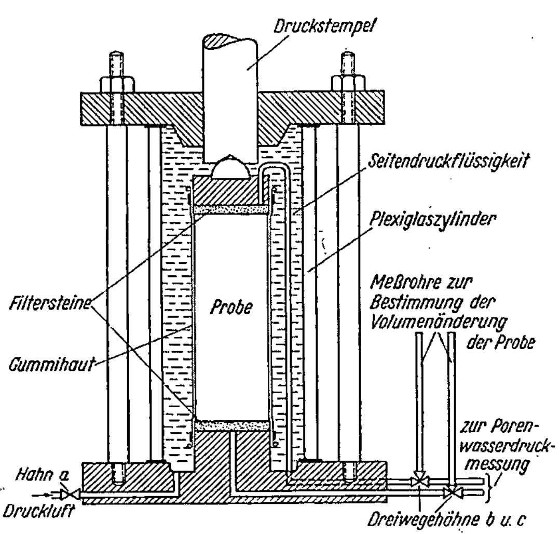

Abb. 155. Versuchsanordnung beim dreiaxialen Druckapparat.

geschwindigkeit (s. S. 959) zur Wirkung gebracht werden kann. Seine Verschiebung gegenüber dem starren Zylinder gibt gleichzeitig die Zusammendrückung der Probe an. Der Seitendruck auf die Probe wird durch Belastung der die Bodenprobe umgebenden Flüssigkeit — gewöhnlich durch Druckluft mit Hilfe einer Druckluftflasche oder eines Kompressors — ausgeübt und durch ein Manometer gemessen.

Der erste dreiaxiale Druckapparat zur Untersuchung von Böden (Abb. 156) wurde Ende der 20er Jahre von Ehrenberg in der Preußischen Versuchsanstalt für Wasser-, Erd- und Schiffbau in Berlin gebaut (Seifert [134]), zwar in erster Linie, um Kompressionsversuche mit hohen Proben, aber ohne Störungen infolge der Wandreibung ausführen zu können, jedoch gleichzeitig auch, um die Schubfestigkeit von solchen Böden zu bestimmen, die für die Untersuchung im Kreyschen Schergerät (s. S. 958) ungeeignet waren. Von Collorio [143] wurden in Anlehnung an die Versuche Ehrenbergs bereits in den Jahren 1928 bis 1930 dreiaxiale Druckversuche mit Proben von 30 cm $\varnothing$ und 90 cm Höhe im Zusammenhang mit den Standsicherheitsuntersuchungen für die Erddämme der Söse- und Odertalsperre durchgeführt, allerdings ohne Messung des Porenwasserdrucks. Die ersten Versuche zur Messung des Porenwasserdrucks in einer belasteten Bodenprobe wurden 1936 von Rendulic [144], [145] bei der Degebo in Berlin in einem vom Erdbaulaboratorium der Technischen Hochschule Wien zur Verfügung gestellten dreiaxialen Druckapparat vorgenommen. Seitdem haben sich sowohl europäische als auch amerikanische Stellen um den weiteren Ausbau der dreiaxialen Druckapparate verdient gemacht.

In Deutschland, wo weniger Erddammaufgaben und mehr Gründungsprobleme im Vordergrund standen, wo also vor allem ungestörte Proben untersucht werden mußten, hat man fast ausschließlich Apparate zur Untersuchung verhältnismäßig kleiner

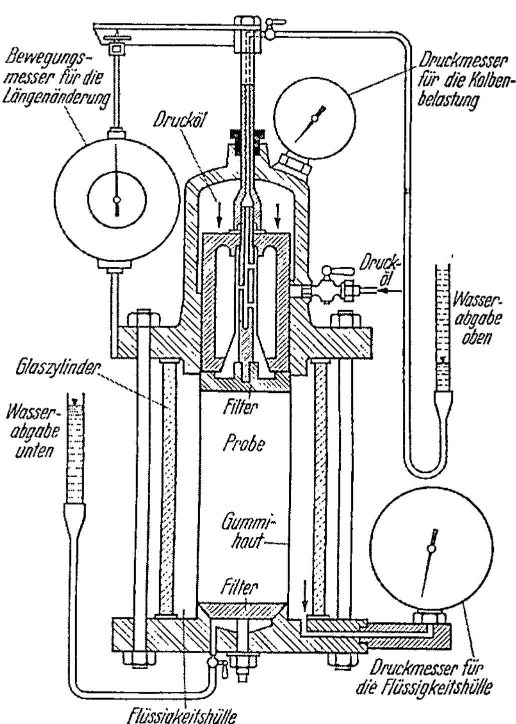

Abb. 156.
Erster dreiaxialer Druckapparat nach Ehrenberg [134].

Proben gebaut ($F = 10$ cm², $d = 3{,}57$ cm). Sie haben den Vorteil, daß aus einer ungestörten Probe von 114 mm $\varnothing$ (s. Abb. 26) mindestens drei Proben für drei dreiaxiale Druckversuche ausgestochen werden können. Bei den verhältnismäßig geringen Kräften, die bei kleinen Proben auftreten, kam man mit einfachen, von Hand angetriebenen Belastungsvorrichtungen aus, die deshalb in Deutschland üblich geworden sind. Abb. 157 zeigt einen derartigen Apparat. Bei ihm wird die vertikale Druckkraft durch Drehen einer Spindel erzeugt, die über ein Zuggehänge und eine Druckfeder auf den Belastungsstempel wirkt. Die Spindel kann so gedreht werden, daß entweder die Meßuhren, die die Zusammendrückung der Feder anzeigen, eine konstante Geschwindigkeit ergeben oder daß die Meßuhren, die die Setzung der Probe messen, sich mit konstanter Geschwindigkeit bewegen; im ersten Fall erhält man einen Versuch mit konstanter Belastungsgeschwindigkeit, im zweiten Fall einen Versuch mit konstanter Verschiebungsgeschwindigkeit. Besonders hinzuweisen ist auf einen schon 1939 gebauten vollautomatischen und selbstregistrierenden Apparat von EHRENBERG und SPOEREL (Abb. 158 [*146*]).

In den USA, aber auch in England und der Schweiz hat sich die Entwicklung mehr nach den Aufgaben des Erddammbaus gerichtet, wo künstlich verdichtetes und meist nicht sehr feinkörniges Material untersucht werden muß. Beides bedingt größere Proben. So ist dort neben der Untersuchung von Proben mit kleinen

Durchmessern auch die Prüfung von Proben mit etwa 10 cm (4 in.) ⌀ üblich geworden. Die dabei auftretenden Kräfte erfordern einen maschinellen Antrieb der Belastungsvorrichtung, was zu technisch vollkommeneren Apparaten geführt hat. Bei dem Apparat nach Abb. 159 wird die Probe mit ihrem Untersatz mit konstanter Geschwindigkeit gehoben; die dabei auf den Belastungsstempel wirkenden Druckkräfte werden auf den darüber angebrachten Meßring übertragen und gemessen. Auch die Belastungsmaschine nach Abb. 63 kann für dreiaxiale Druckversuche benutzt werden. Eine genaue Beschreibung von z. T. voll automatischen Apparaten, die von der Versuchsanstalt für Wasserbau und Erdbau der ETH Zürich entwickelt wurden (Durchmesser 3,57 cm, 5,64 cm und 8,0 cm), enthält [*136*] und besonders [*147*].

Bei noch gröberen Materialien, wie Steingeröllen oder groben Ton-Sand-Kies-Mischungen,

sind noch größere Apparate notwendig. Die dann

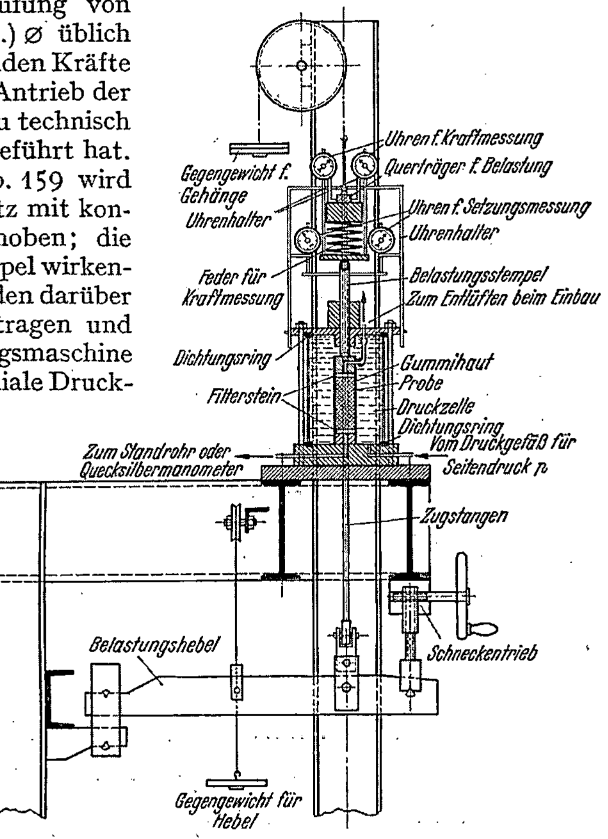

Abb. 157. Dreiaxialer Druckapparat der Degebo.

bei den üblichen Seitendrücken bis etwa 5 kg/cm² notwendig werdenden senkrechten Drücke sind derartig hoch, daß die Belastungsvorrichtung sehr aufwendig wird. Man begnügt sich deshalb mit der Untersuchung bei kleinen Seitendrücken (<1 at) und beschreitet den versuchstechnisch sehr bequemen Ausweg, den Boden innerhalb der Gummihülle unter einen während des Versuchs konstant bleibenden Unterdruck zu setzen. Dieser ersetzt dann den sonst üblichen seitlichen Flüssigkeitsdruck. Der eigentliche dreiaxiale Druckapparat wird dadurch sehr einfach (Abb. 160a und b). Er besteht aus einer Kopf- und Fußplatte und zwei zusammengesetzten Zylinderschalen, die zwischen Kopf- und Fußplatte eingesetzt werden können und bei dem Einbau des Materials innen mit einer Gummihaut bekleidet sind. Die zwei Zylinderschalen dienen lediglich dazu, die Probe während des Einbaus zu stützen. Nach dem Einbau wird die Gummihaut an der Kopf- und Fußplatte luftdicht befestigt und im Innern mit Hilfe einer Vakuum- oder Wasserstrahlpumpe ein Vakuum von bestimmter Höhe erzeugt. Die Probe wird hierdurch, d. h. durch die dem Vakuum entsprechenden Korn-zu-Korndrücke, standfest, so daß der Blechmantel entfernt und die Probe belastet werden kann.

Bei allen Apparaten muß die Höhe der Probe zum Durchmesser in einem bestimmten Verhältnis stehen. Die Höhe soll mehr als das 1,5fache, besser das 2,5fache des Durchmessers betragen, um den Bereich an den Stirnflächen, wo die Reibung zwischen Boden und Filterstein die Spannungsverteilung im Sinne einer Verbesserung der Tragfähigkeit beeinflußt, von der Bruchbildung auszuschalten.

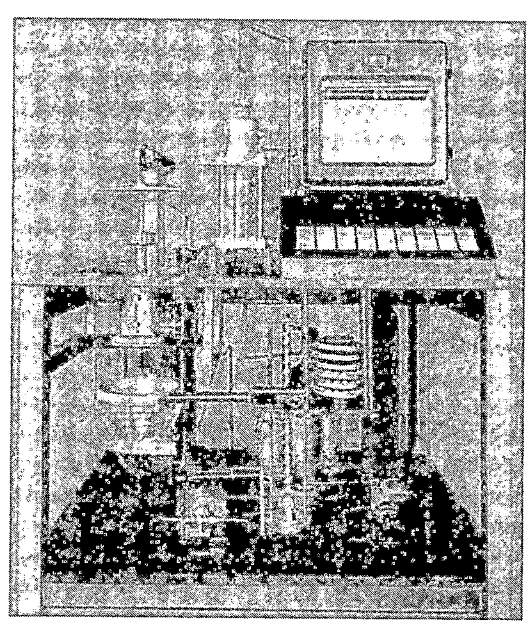

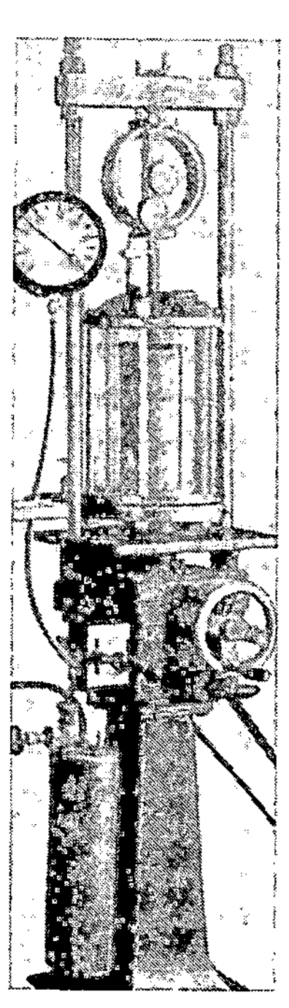

Abb. 158. Vollautomatischer und selbstregistrierender dreiaxialer Druckapparat nach Ehrenberg-Spoerel aus dem Jahr 1939.

Abb. 159. Übliche englische Bauart des dreiaxialen Druckapparats zur Untersuchung von Proben bis zu rd. 10 cm $\varnothing$; konstante Verformungsgeschwindigkeit (Hersteller Wykeham Farrance Engineering Ltd., Slough, England).

Eine Schwierigkeit besteht im *Konstanthalten des Seitendrucks* über längere Zeiten. Oft tritt eine Druckabnahme durch einen Flüssigkeitsverlust längs der Wandung des Belastungsstempels ein. Man kann ihn dadurch vermeiden, daß man dort eine Öldichtung anordnet und das Öl stets mit einem Druck belastet, der etwas größer als der Seitendruck auf die Probe ist. Eine einfachere Maßnahme besteht darin, daß man die Oberfläche des Druckwassers mit einer Ölschicht abdeckt, so daß an Stelle von Wasser Öl unter dem Seitendruck ausströmen müßte, was wegen der wesentlich größeren Zähigkeit des Öls erheblich schwieriger ist. Neuerdings haben sich auch einfache, etwa 0,5 cm hohe Gummiringe (sog. „0-Ringe") bewährt, die mit geringem Überstand in eine Nut des den Stempel umgebenden Kopfstücks eingelegt sind. Zum genauen Konstanthalten des Drucks dienen größere zwischengeschaltete Luftkessel und Spezialventile (Stein [148]). Die Schwierigkeit, die Luftmenge, welche das Wasser in der vorgeschriebenen Höhe belastet, über längere Zeiten unter dem gleichen Druck zu halten, kann man vermeiden, wenn man an Stelle einer Druckluftflasche oder eines Kompressors ein hydraulisches Druckgefäß nach Abb. 110 oder eine Quecksilbersäule zur Erzeugung des Seitendrucks benutzt. Hängt man den oberen Teil der Quecksilbersäule an einer geeigneten Feder auf (Abb. 161), so bleibt der

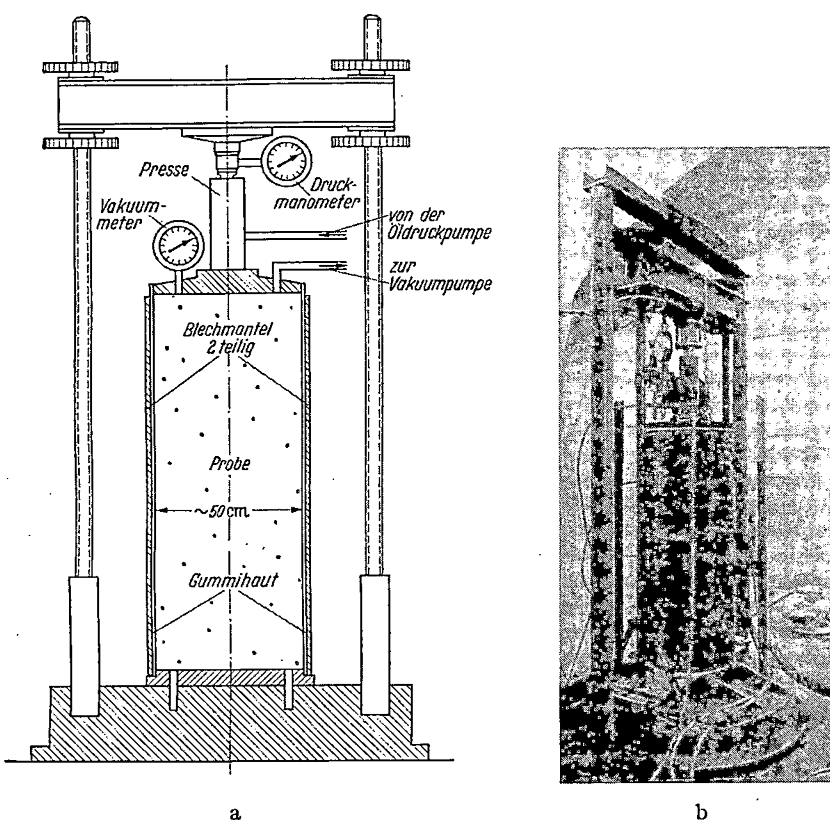

Abb. 160a u. b. Anordnung für dreiaxiale Druckversuche mit grobkörnigen Böden und großen Proben (Vakuummethode). Gerät des Institutes für Verkehrswasserbau, Grundbau und Bodenmechanik der Technischen Hochschule Aachen.

Druck selbst dann konstant, wenn infolge irgendeiner Undichtigkeit ein Wasserverlust eintritt, da dann sofort aus dem oberen Gefäß eine entsprechende Quecksilbermenge nachfließt, so daß die Feder entlastet wird, sich entspannt und die alte, ursprüngliche Lage des Quecksilberspiegels wieder herbeiführt (BISHOP und HENKEL [165]).

Die von RENDULIC (s. S. 968) entwickelte Versuchsanordnung zur *Messung des Porenwasserdrucks* während des dreiaxialen Druckversuchs beruht auf einem Ausgleichen des Porenwasserdrucks durch einen entsprechenden Luftdruck. Ihr Hauptbestandteil ist ein sehr empfindliches Quecksilbermanometer, das eine Messung des Porenwasserdrucks gestattet, ohne daß dabei Porenwasser aus der Probe in das Manometer fließt (Abb. 162). Der Quecksilberspiegel wird hierzu in einem Kapillarrohr durch Luftdruck, der mit Hilfe eines feinen Reduzierventils sehr genau ein-

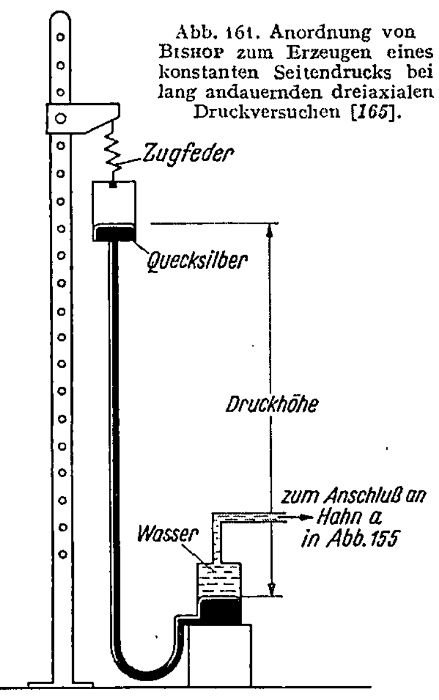

Abb. 161. Anordnung von BISHOP zum Erzeugen eines konstanten Seitendrucks bei lang andauernden dreiaxialen Druckversuchen [165].

gestellt werden kann, konstant gehalten. Der auf das Quecksilber vom Porenwasser ausgeübte Druck äußert sich dann in einem Ansteigen des Quecksilbers im eigentlichen Meßrohr. Die Meßeinrichtung kann mit Hilfe eines Drei-Wege-Hahns an jedes dreiaxiale Druckgerät angeschlossen werden (s. Abb. 155) und zum Messen des Porenwasserdrucks oberhalb oder unterhalb der Probe, d. h. am oberen oder unteren Filterstein, benutzt werden. Der dritte Anschluß des Drei-Wege-Hahns führt zu einer Meßpipette und dient zur Bestimmung des aus der Probe ausgedrückten Wassers

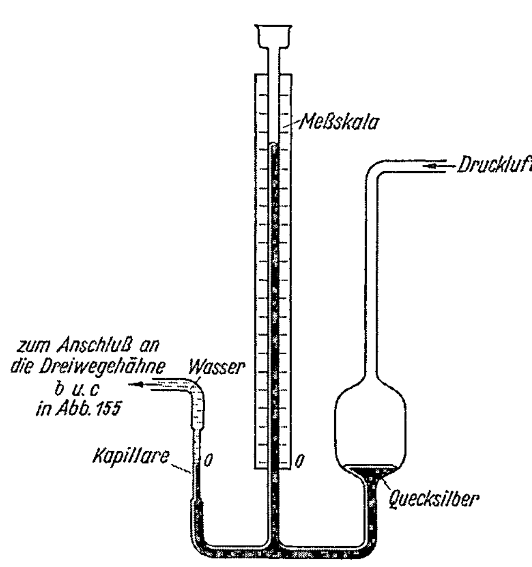

Abb. 162. Anordnung von Rendulic zum Messen des Porenwasserdrucks bei dreiaxialen Druckversuchen [145].

(s. u.). Diese schon 1936 entwickelte Meßeinrichtung ist mit geringen Änderungen auch heute noch viel in Gebrauch.

Auf dem gleichen Prinzip beruht die Messung des Porenwasserdrucks mit Hilfe elektrisch anzeigender Meßdosen, in denen der Porenwasserdruck auf eine empfindliche Meßmembrane wirkt, die durch einen gleichen großen Luftdruck im Gleichgewicht gehalten wird (s. S. 890, Abb. 73). Diese Meßanordnung ist heute bei den meisten automatisch bedienten dreiaxialen Druckgeräten üblich.

Gleichzeitige Messungen des Porenwasserdrucks an beiden Enden der Probe zeigen oft Unterschiede, die nicht erklärt werden können und dann eine völlig eindeutige Auswertung eines Schnell-Versuchs im Hinblick auf die Bestimmung des Korn-zu-Korndrucks aus dem gemessenen Gesamt- und Porenwasserdruck unmöglich machen. Da für die Schubfestigkeit auch nicht der Porenwasserdruck an dem Kopf- oder Fußende der Probe, sondern im Bereich der Gleitfläche entscheidend ist, ist zunächst (1944) von Taylor im Massachusetts Institute of Technology [149] und später (1952) von Bjerrum (Bjerrum, Huggler und Sevaldson [150], Bjerrum [142]) eine Meßvorrichtung entwickelt worden, die das Messen des Porenwasserdrucks im Innern der Probe gestattet. Das eigentliche Meßelement besteht aus einer 15 cm langen und 1,5 mm dicken Injektionsnadel, deren unteres Ende zugelötet und als scharfe Spitze ausgebildet ist, so daß sie durch die Gummihaut hindurch in die zum Versuch vorbereitete Probe hineingestochen werden kann (Abb. 163). Der untere Teil der Nadel ist mit einer großen Zahl feinster Bohrungen versehen, der obere Teil durch eine Schlauchleitung mit einem Kapillarrohr und einer daran schließenden Druckluftanlage verbunden, mit deren Hilfe in gleicher Weise wie mit dem Quecksilbermanometer von Rendulic (s. Abb. 162) der vom Porenwasserdruck im Innern der Probe beeinflußte Wasserstand in dem Kapillarrohr konstant gehalten werden kann. Voraussetzung für eine einwandfreie Messung ist, daß das System von der Nadelspitze bis zum Kapillarrohr völlig luftfrei mit Wasser gefüllt ist.

Neben der Porenwasserdruckmessung ist die *Messung der Volumenänderung der Probe* während des Versuchs von Bedeutung, da sie zeigt, ob mit der Belastung eine Auflockerung oder eine Verdichtung des Bodens verbunden ist. Die Messung ist bei wassergesättigtem Boden und bei Durchführung eines Langsam-Versuchs, bei dem eine Veränderung des Wassergehalts erlaubt ist, einfach. An der mit dem oberen oder unteren Filterstein verbundenen Meßpipette (s. Abb. 155 und 156) wird die Veränderung des Wasserspiegels verfolgt und das daraus sich ergebende Volumen der Volumenänderung der Probe gleichgesetzt.

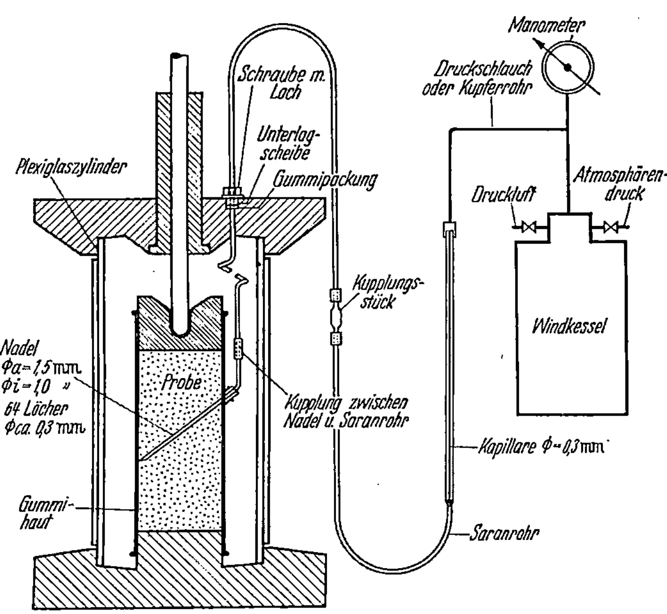

Abb. 163. Anordnung von Bjerrum zum Messen des Porenwasserdrucks bei dreiaxialen Druckversuchen mit Hilfe einer Injektionsnadel [150].

Bei nicht wassergesättigtem Boden und Durchführung von Schnell-Versuchen ist dieses Verfahren nicht mehr anwendbar, da hier ja eine Änderung des Wassergehalts durch Schließen der betreffenden Hähne verhindert wird. Man ist dann gezwungen, die Veränderung des Wasserstands der Seitendruckflüssigkeit unter Berücksichtigung der Ausdehnung des Plexiglaszylinders in einer besonderen Meßpipette zu verfolgen (Abb. 164).

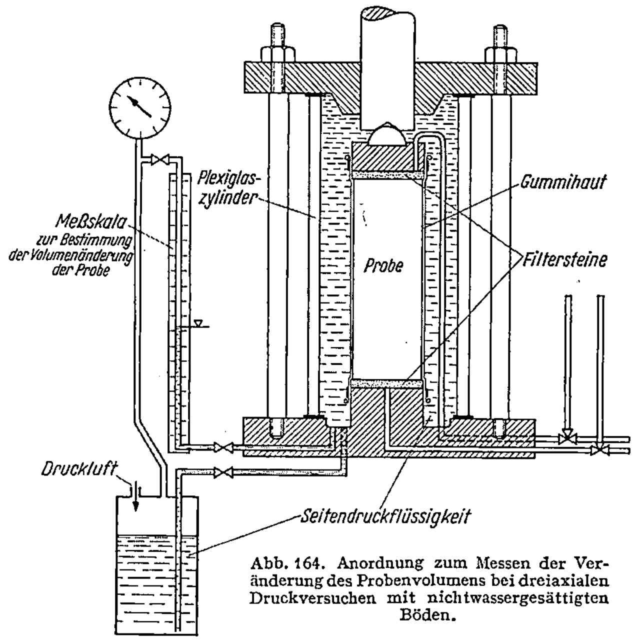

Versuchsdurchführung. Bei der Prüfung ungestörter Proben sticht man mit einem den Abmessungen der späteren Probe gleichenden Ausstechzylinder eine Probe aus dem ungestörten Material aus und bearbeitet die beiden Stirnflächen derart, daß sie einander genau parallel sind. In körnige Bestandteile

Abb. 164. Anordnung zum Messen der Veränderung des Probenvolumens bei dreiaxialen Druckversuchen mit nichtwassergesättigten Böden.

enthaltenden Böden kann es auch angebracht sein, die Probe auf einer sich drehenden Scheibe mit Hilfe eines Spatels oder einer Drahtsäge zu einem Zylinder zurecht zu schneiden (Abb. 165). Die aus dem Ausstechzylinder ausgedrückte Probe wird nach Wägung mit einer Gummihaut überzogen. Hierzu benutzt man einen Zylinder von etwas größerem lichten Querschnitt, in den man die Gummihaut einführt, wobei die beiden überstehenden Enden über die Ränder des Zylinders zurückgeschlagen werden (Abb. 166). Erzeugt man an dem am Zylindermantel befindlichen Anschluß mit Hilfe einer Wasserstrahlpumpe einen Unterdruck, so preßt sich der Gummi eng an die Wandung des Zylinders, so daß dieser leicht über die Probe geschoben werden kann. Nach Beseitigen des Unterdrucks und Abrollen der umgeschlagenen Enden der Gummihaut wird die Probe von dieser dicht umschlossen.

Abb. 165. Vorbereiten einer ungestörten Probe für den dreiaxialen Druckversuch.

Die Probe kann nun in den dreiaxialen Druckapparat eingesetzt werden, nachdem vorher das System von der Wasservorratsflasche bis zum Filterstein luftfrei mit entlüftetem Wasser gefüllt worden ist. Das untere Ende der Gummihaut wird über die sockelartige Erhöhung der Fußplatte gerollt und wasserdicht angeschlossen, der mit Wasser gesättigte obere Filterstein mit dem Kopfstück auf die Probe aufgelegt und dann das obere Ende der Gummihaut ebenfalls wasserdicht an dem Kopfstück befestigt. Durch Erzeugen eines Unterdrucks durch Anschluß einer Wasserstrahlpumpe an das obere System kann die in oder an der Probe noch befindliche Luft beseitigt und anschließend das Gesamtsystem mit Wasser gesättigt werden. Nachdem der äußere Zylinder, die Kopfplatte, der Belastungsstempel, die Belastungsanordnung und die Meßuhren in Stellung gebracht sind, ist die Probe zum Versuch fertig vorbereitet. Wichtig ist, daß Kopf- und Fußplatte dabei in eine genau parallele Lage gebracht werden, damit der Belastungsstempel die Probe nur in lotrechter Richtung beansprucht.

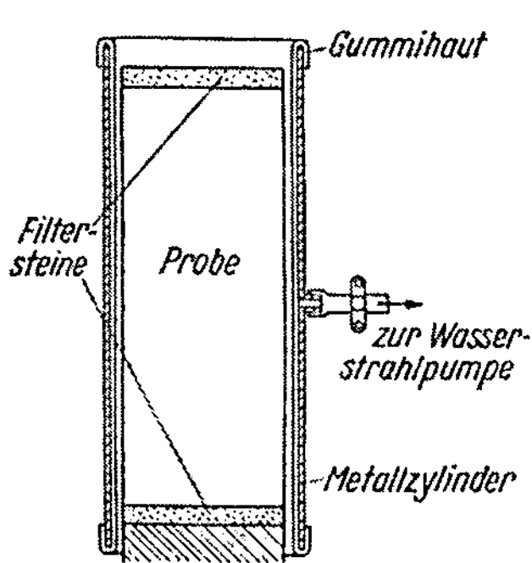

Abb. 166. Anordnung zum störungsfreien Überziehen der Probe mit einer Gummihaut.

Bei der Prüfung gestörten Materials befestigt man die Gummihaut an dem mit dem unteren Filterstein bedeckten Sockel der Fußplatte und legt um den Sockel und die Gummihaut einen aus zwei Hälften bestehenden Zylinder. Das obere Ende der Gummihaut wird über den Rand des Zylinders zurückgeschlagen und dann die vorher abgewogene Probenmenge in den Zylinder unter möglichst gleichmäßiger Verdichtung eingefüllt. Nach Abdecken der Probe mit dem oberen Filterstein und dem Kopfstück und Befestigen des oberen

Endes der Gummihaut an dem Kopfstück kann die Probe wie oben entlüftet und dann mit Wasser gesättigt werden. Anschließend werden die beiden Zylinderhälften entfernt, die Probenabmessungen gemessen und der äußere Zylinder, der Belastungsstempel, die Belastungsvorrichtung sowie die Meßuhren angebracht. Bei weichen bindigen und bei nichtbindigen Proben ist es zweckmäßig, während dieser Schritte die Probe unter einem leichten Unterdruck zu halten, um zu verhindern, daß sie sich nach Wegnehmen der beiden Zylinderschalen bereits verformt. Dieser Unterdruck wird dann erst bei Aufbringen des seitlichen Drucks langsam wieder entfernt.

Bei gröberem Material und größeren Proben wird die Verdichtung in einem besonderen zwei- oder dreiteiligen Zylinder, ähnlich wie beim PROCTOR-Verfahren (s. S. 920), vorgenommen (Abb. 167a). Der obere, weniger verdichtete Teil der Probe wird nicht verwendet (Abb. 167b), und die künstlich hergestellte ungestörte Probe, wie oben beschrieben, mit einer Gummihaut umschlossen (Abb. 167c).

Sowohl bei gestört wie bei ungestört eingebautem Material ist es notwendig, neben dem Probengewicht den Wassergehalt, der deshalb besonders bestimmt werden muß, zu kennen, um mit Gl. (27) das Trockengewicht der Probe und dann mit Hilfe der Probeabmessungen und dem spezifischen Gewicht in entsprechender Weise, wie es in Tab. 11 für den Kompressionsversuch gezeigt ist, den Hohlraumgehalt und bei nicht wassergesättigten Proben den Sättigungsgrad berechnen zu können.

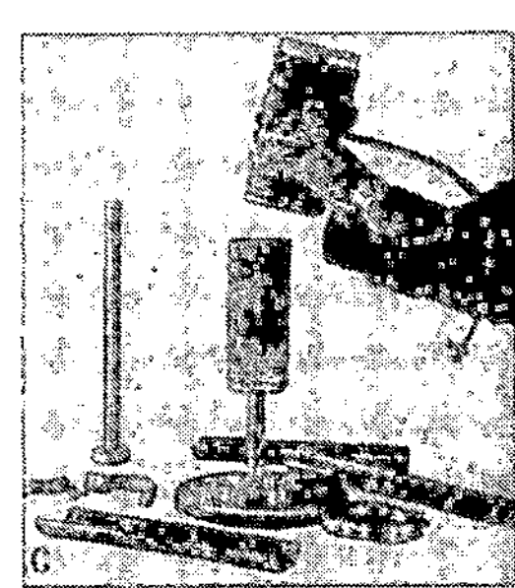

Abb. 167. Herstellen einer gestörten, vorschriftsmäßig verdichteten Probe (a und b) und Überziehen mit einer Gummihaut (c) gemäß Abb. 166.

Zu Beginn des eigentlichen Versuchs wird die Probe mit dem gewünschten Seitendruck belastet. Bei einem Schnell-Versuch (Typ b von S. 952) wird sofort nach Erreichen dieses Drucks mit dem Aufbringen der lotrechten Belastung begonnen, wobei die Hähne, die den Austritt des Wassers am oberen und unteren Filterstein kontrollieren, geschlossen gehalten werden. Die Volumenmessung muß deshalb bei diesen Versuchen gemäß Abb. 164 erfolgen. Als Belastungsgeschwindigkeit wird bei Versuchen mit konstanter Verschiebungsgeschwindigkeit eine Zusammendrückung von $^1/_2$ bis 1%/min, bei Versuchen mit konstanter Belastungsgeschwindigkeit eine Lasterhöhung von $^1/_{15}$ der Druckfestigkeit/$^1/_2$ min empfohlen (LAMBE [93]). Die lotrechte Belastung wird bis zum Bruch der Probe gesteigert. Die Setzungen werden in bestimmten Zeitabständen gemessen.

Bei dem Schnell-Versuch mit konsolidiertem Boden (Typ c auf S. 952) wird in gleicher Weise verfahren, nur wird hier vor Steigern der lotrechten Belastung die Konsolidation des Bodens unter dem allseitigen Flüssigkeitsdruck abgewartet.

Bei beiden Versuchsarten ist die Messung des Porenwasserdrucks nach einem der auf S. 971 angegebenen Verfahren möglich.

Bei Ausführung eines Langsam-Versuchs (Typ a auf S. 952) wird die lotrechte Belastung nach erfolgter Konsolidation des Bodens unter dem allseitigen Druck nur so langsam gesteigert, daß keine Porenwasserdrücke entstehen, d. h. erst nach jeweiliger Beendigung der Setzung aus der vorhergehenden Laststufe. Wegen der verhältnismäßig großen Höhe der Proben beim dreiaxialen Druckversuch kann dadurch ein Langsam-Versuch mehrere Tage andauern. Zur Beschleunigung der Konsolidierung ordnet man an der Wandung der Probe zwischen oberem und unterem Filterstein meist eine Verbindung in Form kleiner Sanddrains an, durch die das Porenwasser schneller abfließen kann.

Die vorstehend beschriebene Versuchsdurchführung des dreiaxialen Druckversuchs, d. h. die Steigerung des lotrechten Drucks bei konstantem Seitendruck, ist die allgemein übliche. Doch werden auch andere Versuchsarten angewandt, so z. B. diejenige, bei der an Stelle des äußeren allseitigen Drucks im Innern der Probe ein Vakuum erzeugt wird (s. S. 969, Abb. 160). Eine andere Versuchsart bringt allseitig eine hohe Belastung auf, hält den Vertikaldruck konstant und vermindert den Seitendruck bis zum Bruch des Bodens. Collorio [143] hat bereits Ende der 20er Jahre auf diese Weise gearbeitet (s. S. 968).

Eine in Holland und Belgien üblich gewordene Abart des dreiaxialen Druckversuchs ist der sogenannte „Zellversuch" (Abb. 168). Bei ihm wird eine zylindrische Probe (6,7 cm ⌀) stufenweise schnell vertikal verhältnismäßig hoch belastet und der dabei in dem geschlossenen Raum für die Seitendruckflüssigkeit auftretende Druck gemessen. Nach Konsolidation der Probe wird der Seitendruck dadurch etwas ermäßigt, daß mit Hilfe eines Ventils einige Tropfen Wasser aus dem Raum für die Seitendruckflüssigkeit abgelassen werden. Dieser Vorgang wird so oft wiederholt, bis der Seitendruck nach dem Schließen des Ventils plötzlich beginnt zuzunehmen. Der Seitendruck, bei dem dies geschieht, wird als Grenzwert des Gleichgewichts angesehen und mit dem zugehörigen Vertikaldruck zur Zeichnung eines Mohrschen Spannungskreises benutzt. Der Versuch wird mit derselben Probe mehrfach, bei stets höheren Ver-

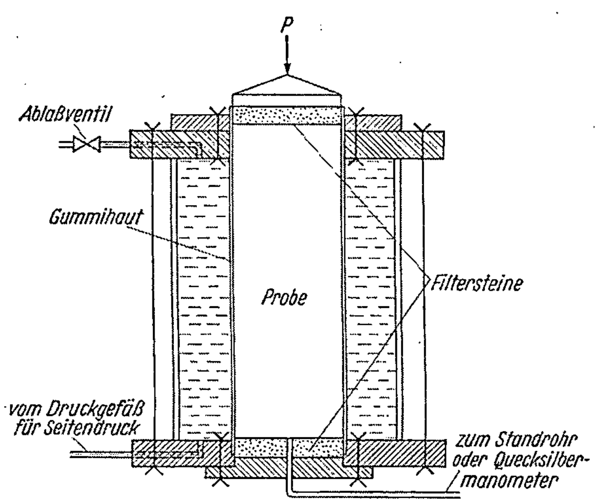

Abb. 168. Versuchsanordnung beim Zellversuch.

tikaldrücken, wiederholt. Er besitzt also den Vorteil, mit einer einzigen Probe eine ganze Reihe von Spannungskreisen ermitteln zu können. Der Zellversuch wird jedoch von vielen Stellen, besonders in England und den USA, abgelehnt. In Holland wird der Versuch damit begründet, daß bei den dortigen sehr weichen Tonböden ein wirklicher Scherbruch, wie er beim Dreiaxialversuch herbeigeführt wird, unzulässig große Verformungen ergibt, während die sehr kleinen Verformungen, die beim Zellversuch den Bruch kennzeichnen, der Wirklichkeit entsprechen (Geuze und Tjong Kie [151], de Beer [152]).

Die Messung des Seitendrucks σ_{III} bei steigendem Vertikaldruck σ_I in einem Gerät nach Abb. 168 erlaubt auch die Messung der „Ruhedruckziffer λ_0", die das Verhältnis zwischen den im Erdreich bei unendlich ausgedehnter Belastung auftretenden waagerechten und senkrechten Bodenspannungen angibt:

$$\lambda_0 = \sigma_{III}/\sigma_I. \tag{106}$$

Nach derart durchgeführten Messungen (Jänke, Martin und Plehm [153]) ist λ_0 bei bindigen Böden nur bei der Erstbelastung konstant ($\sim 0{,}7$). Bei nichtbindigen Böden ist bei der Erstbelastung und der Wiederbelastung nach völliger Entlastung λ_0 ebenfalls konstant ($< 0{,}5$), während bei der Entlastung $\lambda_0 > 0{,}5$ wird. In bindigem Boden kann bei weitgehender Entlastung $\lambda_0 > 1$ werden.

Da die Beziehung besteht:

$$\lambda_0 = 1/(m - 1), \tag{107}$$

kann durch die Messung von λ_0 auch die POISSONsche Zahl m (s. S. 874) versuchsmäßig bestimmt werden.

Auswertung. Ähnlich wie beim Scherversuch wird nach Beendigung eines Versuchs zunächst die Verformungslinie gezeichnet, die hier als Druck-Setzungslinie auftritt. Aufgetragen wird die auf die Ausgangshöhe h bezogene Zusammendrückung Δh in Abhängigkeit vom Druck σ_I (Abb. 169a). Letzter wird meist auf den durch die seitliche Ausbauchung der Probe sich allmählich vergrößernden Probenquerschnitt bezogen. Es ist:

$$\sigma_I' = \sigma_I\left(1 - \frac{\Delta h}{h}\right). \qquad (108)$$

In gleicher Weise wie beim Scherversuch (siehe Abb. 136 und 139) hängt die Form der Druck-Setzungslinie von der Beschaffenheit des Bodens (locker oder dicht in nichtbindigem Boden bzw. weich oder fest in bindigem Boden) und der Art der Belastungsvorrichtung [konstante Belastungs- oder Setzungsgeschwindigkeit (s. S. 959)] ab. Aus der Druck-Setzungslinie wird die Bruchlast abgegriffen. Tritt beim Versuch kein eigentlicher Scherbruch ein, sondern nur ein stetes Ausbauchen, so wird von LAMBE [*93*] eine Setzung von 15%, von A. CASAGRANDE [*91*] eine Setzung von 20% als Bruchwert angenommen.

Aus der Veränderung des Probenvolumens (gemessen in den Standrohren nach Abb. 155 bzw. 164) kann die Veränderung des Hohlraumgehalts entweder in ml oder in % des Anfangs-Hohlraumgehalts berechnet und in Abhängigkeit von der Setzung $\Delta h/h$ aufgetragen werden (Abb. 169b). Die Darstellung zeigt, ob während des Versuchs eine Auflockerung oder Verdichtung eingetreten ist. Sie ermöglicht auch die Ermittlung der „*kritischen Dichte*" (s. S. 950), indem man die Volumenänderungen beim Bruch für eine Reihe von Versuchen mit gleichem Seitendruck, aber verschiedenem Anfangs-Hohlraumgehalt in Abhängigkeit vom Anfangs-Hohlraumgehalt aufträgt und aus diesem Diagramm den Hohlraumgehalt entnimmt, bei dem die Volumenänderung beim Bruch gleich Null ist. Er stellt die kritische Dichte dar. Diese ist jedoch keine feste Bodenkennziffer, sondern von den Seitendruckverhältnissen des Sands in der Natur abhängig.

Wird bei einem Schnell-Versuch oder einem Schnellversuch mit konsolidiertem Boden der Porenwasserdruck σ_w gemessen, so können aus den „aufgebrachten" Drücken die „wirksamen" Drücke berechnet werden. Es ist:

$$\bar{\sigma}_I = \sigma_I - \sigma_w \qquad (109)$$

$$\bar{\sigma}_{III} = \sigma_{III} - \sigma_w. \qquad (110)$$

Die mit diesen (wirksamen) Spannungen aus Versuchen mit verschiedenen Seitendrücken sich ergebenden MOHRschen Spannungskreise liefern die wahre Schubfestigkeit (Abb. 170), während die ohne Messung des Porenwasserdrucks und mit Hilfe der aufgebrachten Spannungen festgestellten Schubfestigkeiten (Abb. 171) nur für die Schubfestigkeit bei schnellen Schubbeanspruchungen als

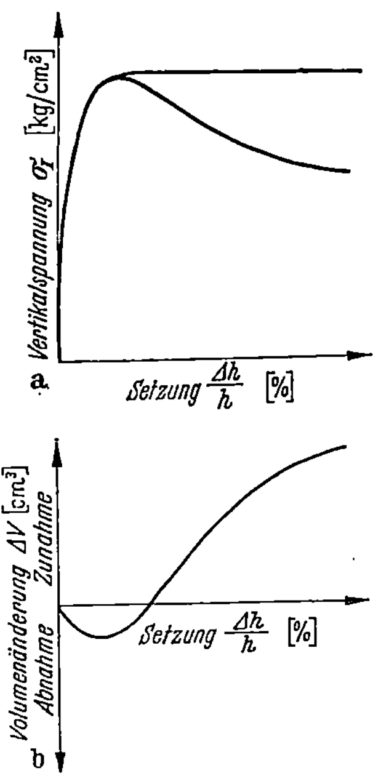

Abb. 169. Verformungsdiagramm (a) und Volumenänderung (b) beim dreiaxialen Druckversuch.

zutreffend angesehen werden dürfen. Bei Schnellversuchen mit nicht konsolidiertem und voll wassergesättigtem Boden erhält man eine horizontale Schubfestigkeitslinie. Über die Möglichkeit, den Porenwasserdruck beim dreiaxialen Druckversuch durch Gleichungen zu erfassen, s. SKEMPTON [132].

Gemäß einem Vorschlag des US Bureau of Reclamation (HOLTZ [154]) wird in vielen ausländischen Laboratorien für die Zeichnung der Spannungskreise der Zeitpunkt verwendet, wo das Verhältnis $\bar{\sigma}_I/\bar{\sigma}_{III}$ einen Höchstwert aufweist. Da

$$\bar{\sigma}_I/\bar{\sigma}_{III} = \frac{\sigma_I - \sigma_w}{\sigma_{III} - \sigma_w} = \frac{\sigma_{III} + \dfrac{P}{F_m} - \sigma_w}{\sigma_{III} - \sigma_w} \qquad (111)$$

$$= 1 + \frac{\dfrac{P}{F_m}}{\bar{\sigma}_{III}}$$

ist, ist die Aufzeichnung des Verformungsdiagramms nicht erforderlich, sondern es genügt, aus den Versuchsprotokollen den Punkt $\left(\dfrac{P}{F_m}/\bar{\sigma}_{III}\right)_{\text{max}}$ zu suchen. Als Begründung für dieses Verfahren wird die durch viele Messungen bestätigte Erscheinung eines Volumenminimums (Punkt m in Abb. 172a) angesehen, das auch

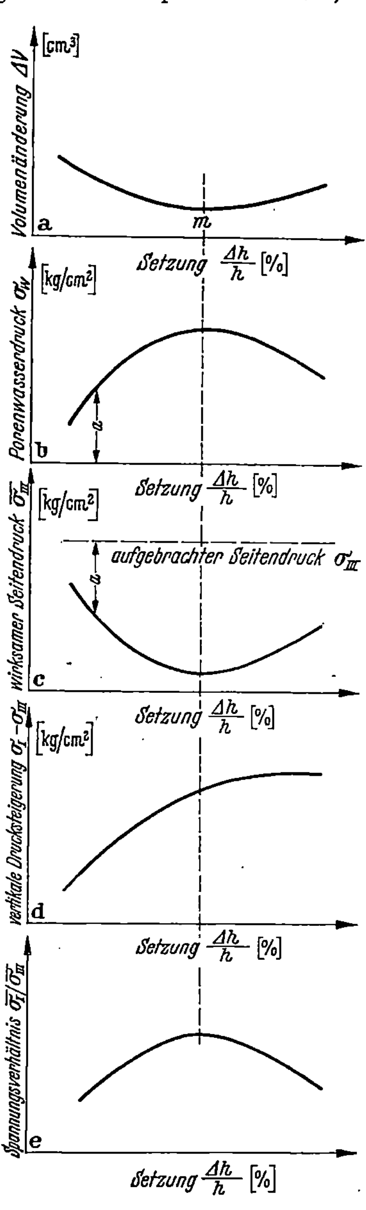

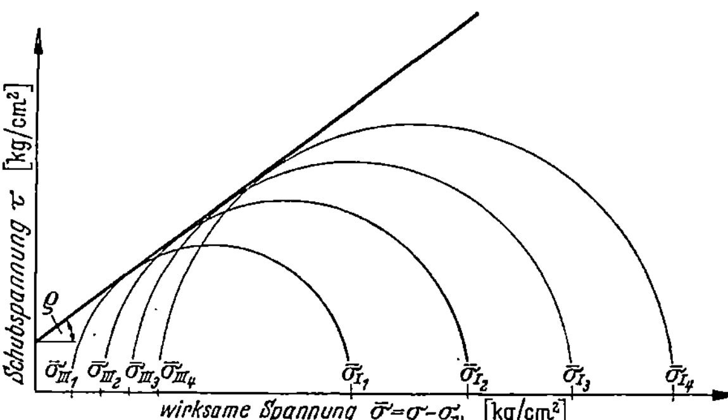

Abb. 170. MOHRsche Spannungskreise für langsame dreiaxiale Druckversuche oder für schnelle Versuche mit Messung des Porenwasserdrucks.

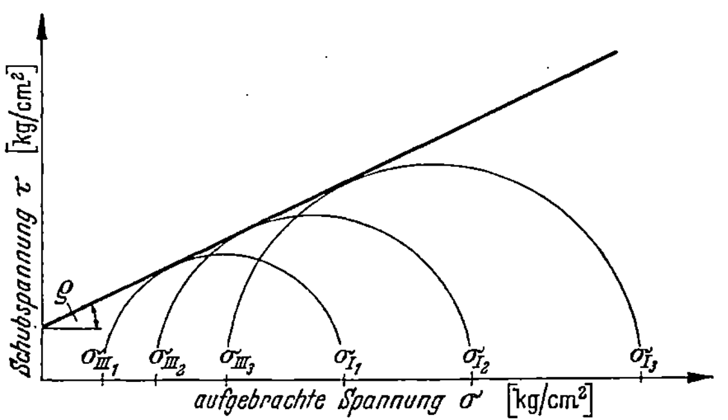

Abb. 171. MOHRsche Spannungskreise für schnelle dreiaxiale Druckversuche mit konsolidiertem Boden ohne Messung des Porenwasserdrucks.

Abb. 172. Beziehungen zwischen Volumenänderung, Porenwasserdruck, wirksamem Seitendruck, Drucksteigerung und Hauptspannungsverhältnis [154].

vorstellungsgemäß mit dem versuchsmäßig nachgewiesenen Maximum des Porenwasserdrucks (Abb. 172b) und damit mit einem Minimum des wirksamen Seitendrucks (Abb. 172c) übereinstimmen muß. Die darauf einsetzende Volumenvergrößerung wird deshalb als Beginn des Bruchs gedeutet, der nach den Untersuchungen des US Bureau of Reclamation sehr eng mit dem Maximum des Verhältnisses $\bar{\sigma}_I/\bar{\sigma}_{III}$ (Abb. 172e) harmoniert.

Als Ergebnis eines Langsam-Versuchs erhält man bei Zeichnung der MOHR-schen Spannungskreise mit den aufgebrachten Spannungen, die hier gleich den wirksamen Spannungen sind, die wahre Schubfestigkeit, d. h. für einen erstbelasteten Boden bei Ausschaltung der Kapillarspannung eine durch den Nullpunkt laufende Gerade (Linie AC in Abb. 140a) und für einen vorbelasteten Boden eine auf der Ordinate die Haftfestigkeit c abschneidende Gerade (Linie BC in Abb. 140b). Im ersten Fall gilt die Beziehung:

$$\sigma_I/\sigma_{III} = \text{tg}^2\left(45° + \frac{\varrho}{2}\right). \tag{112}$$

In Fällen, wo eine durch den Nullpunkt laufende Schubfestigkeitslinie erwartet werden darf, kann der Reibungswinkel ϱ (bei nichtbindigen Böden) bzw. der scheinbare Reibungswinkel ϱ_0 (bei bindigen Böden) annähernd nach dieser Gleichung, d. h. auf Grund nur eines einzigen Versuchs, bestimmt werden.

Eine genaue Analyse des Einflusses der Vorgeschichte bzw. Vorbehandlung des Bodens auf das Ergebnis der verschiedenen Arten von dreiaxialen Druckversuchen enthält A. CASSAGRANDE und WILSON [155].

γ) Zylinderdruckversuch.

Der „Zylinderdruckversuch" stellt einen dreiaxialen Druckversuch für den Sonderfall dar, daß der Seitendruck σ_{III} ($= \sigma_{II}$) gleich Null ist. Es handelt sich also um einen einaxialen Druckversuch mit unbehinderter Seitendehnung. Es ist aus diesem Grunde nicht möglich, zur Bestimmung der Schubfestigkeit in gleicher Weise wie beim dreiaxialen Druckversuch einen zweiten MOHRschen

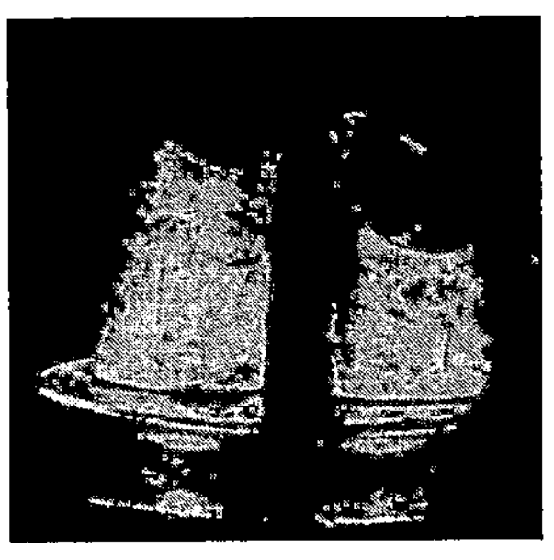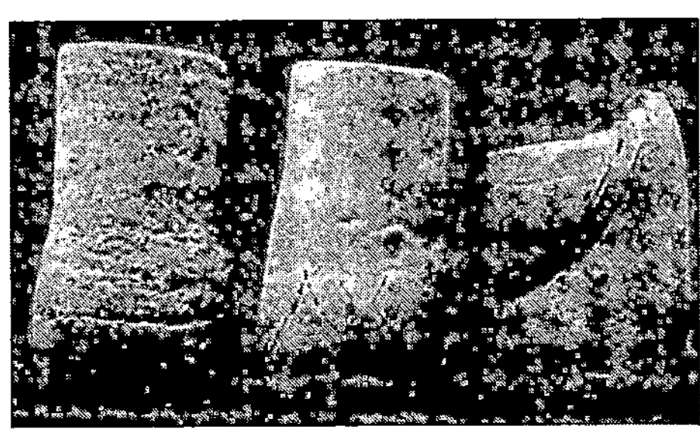

a   b

Abb. 173. Durch Zylinderdruckversuche verformte Proben mit eindeutiger Bruchfläche (a) und mit seitlicher Ausbauchung und nicht eindeutiger Bruchfläche (b).

Spannungskreis zu zeichnen und die Schubfestigkeitslinie als gemeinsame Tangente von zwei oder mehreren Spannungskreisen zu erhalten. Zu ihrer Konstruktion müßte man den Winkel ϱ in Gl. (105) vielmehr berechnen und den Winkel ϑ dazu an der untersuchten Probe messen. Dies ist einwandfrei aber nur bei Proben möglich, die eine eindeutige Bruchfläche ergeben (Abb. 173a) und nicht — ohne Bildung einer Bruchfläche — seitlich ausbauchen (Abb. 173b).

Der Zylinderdruckversuch hat trotz dieser scheinbaren Beschränkung auf einige Sonderfälle eine große praktische Bedeutung erlangt, und zwar in erster Linie zur Prüfung von solchen Böden, die bei einem Schnell-Versuch (s. S. 952) eine horizontale Schubfestigkeitslinie besitzen. Die Schubfestigkeit ist dann ganz als Haftfestigkeit zu deuten („ϱ = 0-Boden") und durch die Gleichung gegeben:

$$\tau = \frac{1}{2}\, \sigma_{\text{Bruch}}\,. \tag{113}$$

Der Bruchwinkel ϑ müßte — wenn meßbar — für diesen Fall gemäß Gl. (105) gleich 45° sein. Ist dies nicht der Fall, so könnte mit $\sigma_{\text{III}} = 0$, $\sigma_{\text{I}} = \sigma_{\text{Bruch}}$ *ein*

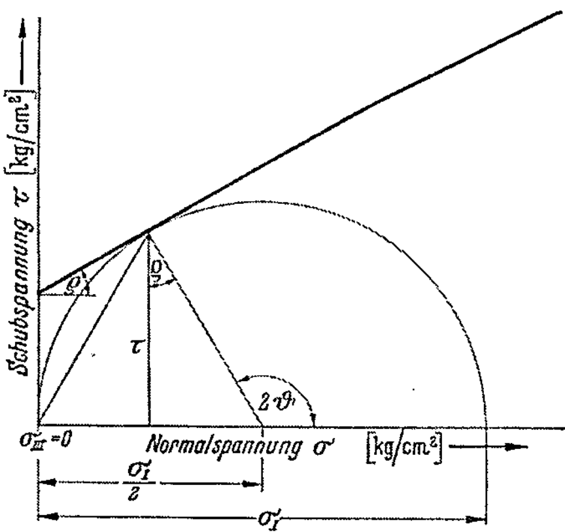

Abb. 174. Mohrscher Spannungskreis für einen Zylinderdruckversuch mit bindigem Boden.

Mohrscher Spannungskreis gezeichnet und an diesen eine Tangente unter dem gemäß Gl. (105) aus ϑ berechneten Winkel ϱ gelegt werden (Abb. 174). Die Schubfestigkeit des Bodens (ohne Trennung in Reibungs- und Haftfestigkeit) ist dann (s. Abb. 174):

$$\tau = \frac{1}{2}\, \sigma_{\text{Bruch}} \cos \varrho\,. \tag{114}$$

Für Böden mit einem Reibungswinkel $\varrho \leqq 20°$ ($\cos\varrho$ = 0,94) und selbst bis 30° ($\cos\varrho$ = 0,87) gilt demnach τ = 0,47 bis 0,435 σ_{Bruch}, d. h. Gl. (113) ist hinsichtlich der Gesamtschubfestigkeit näherungsweise auch noch gültig, wenn es sich um keinen reinen Kohäsionsboden (ϱ = 0-Boden) handelt.

Hierauf beruht die eigentliche Bedeutung des Zylinderdruckversuchs. Er stellt den einfachsten Versuch zur Ermittlung der Schubfestigkeit ungestörter Proben für schnelle Belastungen dar. Oft wird die derart ermittelte Schubfestigkeit als Schubfestigkeit des Bodens schlechthin bezeichnet. Bei ϱ = 0-Böden stellt sie die Haftfestigkeit des betreffenden Bodens dar und erlaubt eine besonders einfache Untersuchung von Standsicherheitsproblemen in derartigen Böden (Skempton [57]). Vergleiche der aus dem Zylinderdruckversuch bestimmten Schubfestigkeit mit der aus festgestellten Gleitflächen berechneten Schubfestigkeit haben zu einer guten Übereinstimmung geführt (Terzaghi [156]).

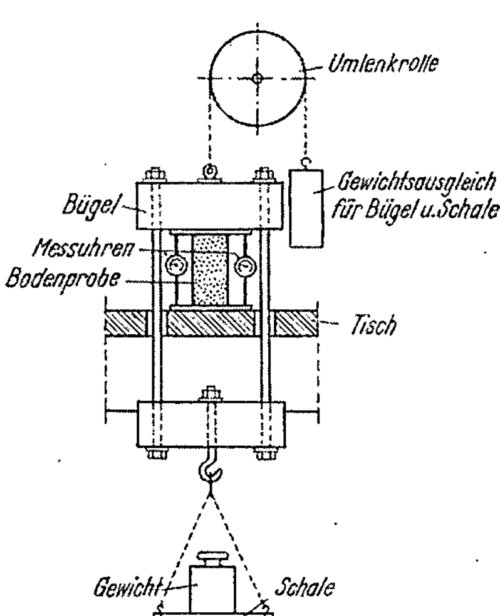

Abb. 175. Einfache Anordnung für den Zylinderdruckversuch.

Der Zylinderdruckversuch kann in jedem dreiaxialen Druckapparat bei Ausschaltung des Seitendrucks ausgeführt werden. Jedoch benutzt man meist einfachere Geräte, in einfachster Weise nach Abb. 175. Wegen der Einfachheit der Versuchsdurchführung, die die Anwendung des Versuchs im Felde sofort nach der Entnahme ungestörter Proben nahelegt, sind verschiedene transportable Geräte entwickelt worden (z. B. Abb. 176).

Die Probengröße und Versuchsdurchführung sowie die Verformungslinien (Druck-Setzungslinien) entsprechen nahezu völlig dem dreiaxialen Druckversuch (s. S. 973). Ein Austrocknen der Probe während des Versuchs kann durch Überziehen mit einer Gummihaut oder Wachsschicht verhindert werden. Doch sind Langsam-Versuche, bei denen ein Austrocknen vor allem befürchtet werden muß, beim Zylinderdruckversuch ziemlich selten. Gewöhnlich wird versucht, den Versuch in etwa 10 min abzuschließen.

Der Zylinderdruckversuch wird vor allem auch zur Untersuchung der „Empfindsamkeit" von Tonböden (s. S. 955) benutzt, indem zunächst mit einer ungestörten Probe und dann mit der durchgekneteten Probe bei gleichem

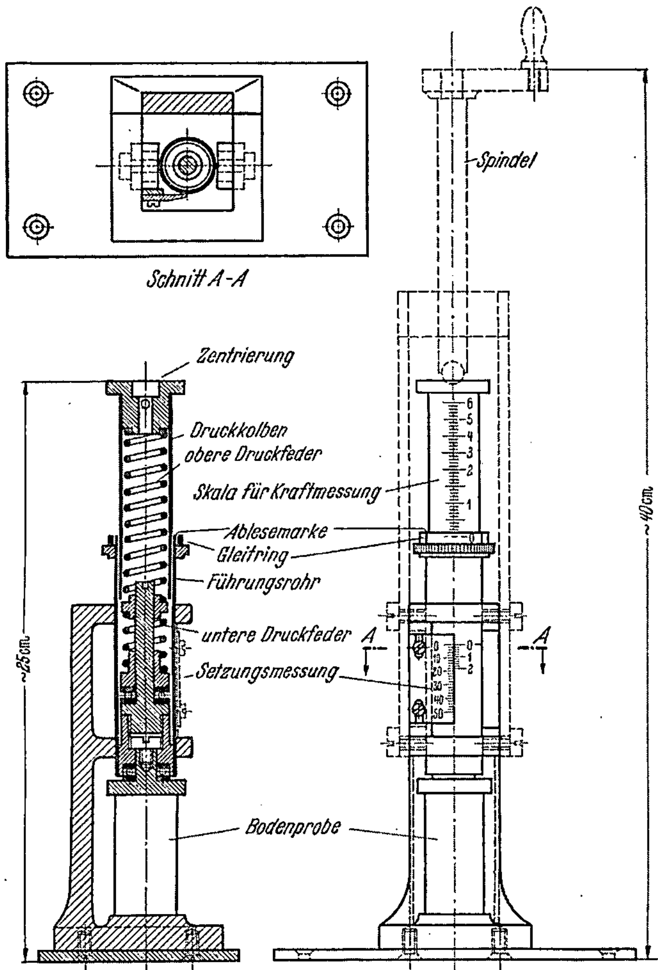

Abb. 176. Gerät von Hvorslev für einaxiale Druckversuche im Feld.
(Aus M. J. Hvorslev: Pocket-size piston samplers and compression test apparatus. Proc. 2. Int. Conf. Soil Mech. Found. Engg., Bd. VII, S. 78. Rotterdam 1948.)

Hohlraum- und Wassergehalt ein Versuch ausgeführt wird. Die Empfindsamkeit wird gewöhnlich als das Verhältnis der Bruchfestigkeit des ungestörten Materials zu der des gestörten Materials beim Zylinderdruckversuch angegeben.

Die Zylinderdruckfestigkeit, die, wenn kein eigentlicher Scherbruch auftritt, in gleicher Weise wie beim dreiaxialen Druckversuch bei 15 oder 20% Zusammendrückung angenommen wird, kann auch als Grundlage zur Klassifizierung der Konsistenz von Tonböden benutzt werden. Lambe [93] gibt hierfür die nebenstehende Einteilung an.

Konsistenz	Schubfestigkeit (0,5 × Bruchfestigkeit) kg/cm²
Sehr weich	<0,125
Weich	0,125 bis 0,25
Mittelfest	0,25 bis 0,5
Steif	0,5 bis 1,0
Sehr steif	1,0 bis 2,0
Hart	>2,0

Da der Zylinderdruckversuch einen Druckversuch mit unbehinderter Seitendehnung darstellt, ist es möglich, aus ihm eine der Elastizitätsziffer der festen Stoffe entsprechende Größe zu gewinnen. In Anlehnung an die „Steifezahl des Baugrunds" (s. S. 874) und die „Steifezahl bei behinderter Seitendehnung" (s. S. 944) wird sie „*Steifezahl bei unbehinderter Seitendehnung*" genannt. Sie ist durch die Neigung der Tangente an den ersten Ast der Druck-Setzungslinie oder durch die Hysteresisschleifen bei Ent- und Wiederbelastungen gegeben (Abbildung 177). Für Setzungsberechnungen wird zur Bestimmung der sofortigen Setzung manchmal auch eine Elastizitätsziffer verwandt, die aus derjenigen Sehne bestimmt wird, die die Druck-Setzungslinie etwa bei der Hälfte der Bruchspannung schneidet (Skempton [157]). In allen diesen Fällen ist:

$$E_{\text{unbeh.}} = \text{tg}\,\beta = \frac{\Delta\sigma}{\Delta\Delta h}\,h. \quad (115)$$

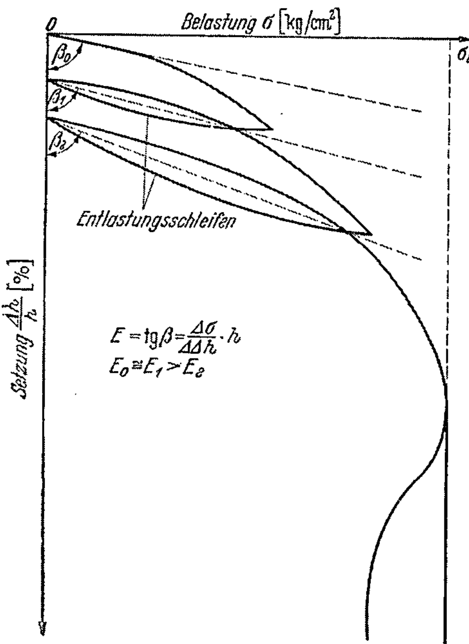

Abb. 177. Ermittlung der Steifezahl bei unbehinderter Seitendehnung aus dem Verformungsdiagramm des Zylinderdruckversuchs.

Über die Beziehungen zwischen $E_{\text{Baugr.}}$, $E_{\text{beh.}}$ und $E_{\text{unbeh.}}$ s. Gl. (13), (14) und (15) sowie Abb. 59.

Schrifttum.

[1] von Moos, A., u. F. de Quervain: Technische Gesteinskunde. Basel: Birkhäuser 1948.
[2] Bernatzik, W.: Baugrund und Physik. Zürich: Schweizer Druck- und Verlagshaus 1947.
[3] Correns, C.: Die Tone. Geol. Rdsch. Bd. 29 (1928) S. 201.
[4] Knight, B. H.: Soil Mechanics for Civil Engineers. London: Edward Arnold & Co. 1948.
[5] Bureau of Reclamation: Earth Manual. Verbesserte Auflage. Denver 1953.
[6] ASTM: Procedures for Testing Soils. Philadelphia 1950.
[7] Schultze, E., u. H. Muhs: Bodenuntersuchungen für Ingenieurbauten. Berlin/Göttingen/Heidelberg: Springer 1950.
[8] Fuller, W. B., u. S. E. Thompson: The Laws of Proportioning Concrete. Trans. Amer. Soc. Civ. Engrs. Bd. 59 (1907) S. 67.
[9] Terzaghi, K. v.: Erdbaumechanik auf bodenphysikalischer Grundlage. Leipzig u. Wien: Fr. Deuticke 1925.
[10] Lorenz, H., u. Ph. Ebert: DIN 1054 — Gründungen. Zulässige Belastung des Baugrundes. Mit Erläuterungen. Berlin: Ernst & Sohn 1953.
[11] Reich, H., u. R. v. Zwerger: Taschenbuch der Angewandten Geophysik. Leipzig: Akadem. Verlagsges. Becker & Erler 1943.
[12] Kahl, H., H. Muhs u. M. Spoerel: Die Bohrungen für Baugrunduntersuchungen und die Entnahme ungestörter Bodenproben. Bohrtechnik — Brunnenbau Bd. 2 (1951) S. 177.
[13] Burkhardt, E.: Entnahme von Bodenproben in ungestörter Verfassung. Bautechn. Bd. 11 (1933) S. 14.
[14] Hvorslev, M. I.: Subsurface Exploration and Sampling of Soils for Civil Engineering Purposes. Waterways Experiment Station. Vicksburg 1949.
[15] Simon, K.: Schrittweises Kernen und Messen bodenphysikalischer Kennwerte des ungestörten Untergrunds. Abhdl. Hess. Landesamt. Bodenforsch., H. 6. Wiesbaden 1953.
[16] Loos, W.: Praktische Anwendung der Baugrunduntersuchungen. Berlin: Springer 1935.

[17] BRENNECKE, L., u. E. LOHMEYER: Der Grundbau, 1. Bd., 1. Teil. Berlin: Ernst & Sohn 1938.

[18] OLSSON, J.: Method for Taking Earth Samples with the Most Undisturbed Natural Consistency. Proc. 2. Congr. on Large Dams, Bd. IV, S. 157. Washington 1936.

[19] JAKOBSON, B.: Influence of Sampler Type and Testing Method on Shear Strength of Clay Samples. Proc. Königl. Schwed. Geotechn. Inst., Nr. 8. Stockholm 1954.

[20] KJELLMAN, W., T. KALLSTENIUS u. O. WAGER: Soil Sampler with Metal Foils; Device for Taking Undisturbed Samples of Very Great Length. Proc. Königl. Schwed. Geotechn. Inst., Nr. 1. Stockholm 1950.

[21] EHRENBERG, J.: Geräte zur Entnahme von Bodenproben für bodenphysikalische Untersuchungen. Bautechn. Bd. 11 (1933) S. 303.

[22] BISHOP, A. W.: A New Sampling Tool for Use in Cohesionless Sands below Ground Water Level. Géotechnique Bd. 1 (1948) S. 125.

[23] VAN DE BELD, R.: Method of Sampling in Sandy Layers below the (Ground) Water-Table. Delft: Labor. voor Grondmechanica 1953.

[24] HVORSLEV, M. I.: Undisturbed Sand Sampling below the Water Table. Waterways Experiment Station, H. 35. Vicksburg 1950.

[25] HOGENTOGLER, C. A., u. K. v. TERZAGHI: Interrelationship of Load, Road and Subgrade. Publ. Roads Bd. 10 (1929) S. 37.

[26] ALLEN, H.: Report of Committee on Classification of Materials for Subgrades and Granular Type Roads. Proc. Highway Res. Board, Bd. 25. 1945.

[27] CASAGRANDE, A.: Classification and Identification of Soils. Trans. Amer. Soc. Civ. Engrs. Bd. 113 (1948) S. 901.

[28] KRIPNER, K. H.: Beitrag zur Kennzeichnung einiger Festigkeitseigenschaften von Böden verschiedenen geologischen Alters. Geol. u. Bauw. Bd. 9 (1937) S. 60.

[29] KÜNZEL, E.: Der „Prüfstab", ein einfaches Mittel zur Bodenprüfung. Bauwelt Bd. 21 (1936) S. 327.

[30] PAPROTH, E.: Der Prüfstab Künzel, ein Gerät für Baugrunduntersuchungen. Bautechn. Bd. 21 (1943) S. 327.

[31] HAEFELI, R., G. AMBERG u. A. v. MOOS: Eine leichte Rammsonde für geotechnische Untersuchungen. Schweiz. Bauztg. Bd. 69 (1951) S. 497.

[32] STUMP, S.: A Method for Determining the Resistance of the Subsoil by Driving. Proc. 2. Int. Conf. Soil Mech. Found. Engng., Bd. III, S. 212. Rotterdam 1948.

[33] HOFFMANN, R.: Der Rammschlag. Forsch.-Hefte Stahlbau, H. 6, S. 55. Berlin 1943.

[34] HAEFELI, R., u. H. FEHLMANN: A Combined Penetration Process for the Exploration of the Foundation Soil. Proc. 3. Int. Conf. Soil Mech. Found. Engng., Bd. I, S. 232. Zürich 1953.

[35] HOFFMANN, R., u. H. MUHS: Die mechanische Verfestigung sandigen und kiesigen Untergrundes. Bautechn. Bd. 22 (1944) S. 149.

[36] SCHUBERT, K.: Beitrag zur brauchbaren Bestimmung von Kennwerten sandigen Baugrundes durch Rammsonden. Dissertation T.H. Dresden 1955.

[37] TERZAGHI, K. v., u. R. PECK: Soil Mechanics in Engineering Practice. New York: John Wiley & Sons 1948.

[38] TERZAGHI, K. v.: Die Tragfähigkeit von Pfahlgründungen. Bautechn. Bd. 8 (1930) S. 475.

[39] TERZAGHI, K. v.: 50 Jahre Baugrunduntersuchung. Proc. 3. Int. Conf. Soil Mech. Found. Engng., Bd. III, S. 227. Zürich 1953.

[40] Laboratorium voor Grondmechanica, Delft: The Predetermination of the Required Length and the Prediction of the Toe Resistance of Piles. Proc. 1. Int. Conf. Soil Mech. Found. Engng., Bd. I, S. 181. Cambridge (Mass.) 1936.

[41] PLANTEMA, G.: Construction and Method of Operating of a New Deep-Sounding Apparatus. Proc. 2. Int. Conf. Soil Mech. Found. Engng., Bd. I, S. 277. Rotterdam 1948.

[42] VERMEIDEN, I.: Improved Sounding Apparatus, as Developed in Holland since 1936. Proc. 2. Int. Conf. Soil Mech. Found. Engng., Bd. I, S. 280. Rotterdam 1948.

[43] BEGEMANN, IR. H. K. S. PH.: Improved Method of Determining Resistance to Adhesion by Sounding through a Loose Sleeve Placed behind the Cone. Proc. 3. Int. Conf. Soil Mech. Found. Engng., Bd. I, S. 213. Zürich 1953.

[44] BUISSON, M.: Appareils Français de Pénétration Enseignements Tirés des Essais de Pénétration. Ann. l'Inst. Techn. Bâtiment et Travaux Publ. Bd. 6 (1953) S. 299.

[45] HVORSLEV, M. I.: Cone Penetrometer Operated by Rotary Drilling Rig. Proc. 3. Int. Conf. Soil Mech. Found. Engng., Bd. I, S. 236. Zürich 1953.

[46] MUHS, H.: Arbeiten der Degebo in den Jahren 1938—1948. Bautechnik-Arch., H. 3, S. 20. Berlin: Ernst & Sohn 1949.

[47] KAHL, H., u. H. MUHS: Über die Untersuchung des Baugrundes mit einer Spitzendrucksonde. Bautechn. Bd. 29 (1952) S. 81.

[48] Kahl, H.: Derzeitiger Stand des Spitzendruck-Sondierverfahrens. Schr.-Reihe Fortschr. u. Forsch. im Bauwes., Reihe D, H. 25: Grundbau, Teil II. Stuttgart: Franckhsche Verlagshdlg. 1955.

[49] Hoffmann, R.: Die geotechnischen Arbeitsmethoden der Schwedischen Staatsbahnen. Bauingenieur Bd. 11 (1930) S. 761.

[50] Godskesen, O.: 10 Jahre Baugrunduntersuchungen bei den Dänischen Staatsbahnen. Bautechn. Bd. 15 (1937) S. 568.

[51] Godskesen, O.: Fjervaegts-Kegle-Tallet ligger ofte naerved Brudbelastningen for levet Byggegrund. Ingeniøren Bd. 60 (1951) H. 20.

[52] Degebo: Festigkeitsprüfer für die Schubfestigkeit des Baugrundes. DRP 508711, 1929.

[53] Cadling, L., u. St. Odenstad: The Vane Borer. Proc. Königl. Schwed. Geotechn. Inst., Nr. 2. Stockholm 1950.

[54] Carlson, L.: Determination in Situ of the Shear Strength of Undisturbed Clay by Means of a Rotating Auger. Proc. 2. Int. Conf. Soil Mech. Found. Engng., Bd. I, S. 265. Rotterdam 1948.

[55] Skempton, A. W.: Vane Tests on the Alluvial Plain of the River Forth near Grangemouth. Géotechnique Bd. 1 (1948) S. 111.

[56] Murphy, V. A.: Penetrometer and Vane Tests, Applied to Railway Earthworks. Proc. 1. Australia-New Zealand Conf. Soil Mech. Found. Engng., S. 135. Melbourne 1952.

[57] Skempton, A. W.: The $\varrho = 0$ Analysis of the Stability and its Theoretical Basis. Proc. 2. Int. Conf. Soil Mech. Found. Engng., Bd. I, S. 72. Rotterdam 1948.

[58] Kögler, F., u. A. Scheidig: Baugrund und Bauwerk. Berlin: Ernst & Sohn 1938.

[59] Muhs, H., u. M. Kany: Einfluß von Fehlerquellen beim Kompressionsversuch. Schr.-Reihe Fortschr. u. Forsch. im Bauwes., Reihe D, H. 17: Grundbau, Vorschriften u. Versuche, Teil I, S. 125. Stuttgart: Franckhsche Verlagshdlg. 1954.

[60] Muhs, H., u. H. Kahl: Ergebnisse von Probebelastungen auf großen Lastflächen zur Ermittlung der Bruchlast im Sand. 1. u. 2. Bericht. Schr.-Reihe Fortschr. u. Forsch. im Bauwes., Reihe D, H. 17: Grundbau, Vorschriften u. Versuche, Teil I, S. 59. Stuttgart: Franckhsche Verlagshdlg. 1954.

[61] Schleicher, F.: Zur Theorie des Baugrundes. Bauingenieur Bd. 7 (1926) S. 931.

[62] Muhs, H.: Setzungsmessungen an den Flaktürmen in Berlin. Bauingenieur Bd. 27 (1952) S. 118.

[63] Muhs, H., u. R. Davidenkoff: Untersuchungen über das Setzungsverhalten des Baugrundes. Bautechn. Bd. 29 (1952) S. 25.

[64] Palmer, L. A.: Field Loading Tests for the Evaluation of the Wheel Load Capacities of Airport Pavements. Proc. ASTM, Ber. 79. 1947.

[65] Westergaard, H. M.: Om Beraegning af Plaader. Ingeniøren Bd. 42 (1923) S. 513.

[66] Teller, L. W., u. E. C. Sutherland: The Structural Design of Concrete Pavement. Publ. Roads Bd. 16 (1935) S. 145.

[67] Jelinek, R.: Berechnung der Stärke von Betondecken für Straßen- und Flugplätze. Aus: Forsch. u. Praxis im Betonstraßenbau, S. 53. Bielefeld: Kirschbaum 1953.

[68] McLeod, N. W.: An Investigation of Airport Runways in Canada. Proc. 2. Int. Conf. Soil Mech. Found. Engng., Bd. IV, S. 167. Rotterdam 1948.

[69] Palmer, L. A.: Pavement Evaluation by Loading Tests at Naval and Marine Corps Air Stations. Proc. 2. Int. Conf. Soil Mech. Found. Engng., Bd. II, S. 222. Rotterdam 1948.

[70] California State Highways Department: The C.B.R. Test as Applied to the Design of Flexible Pavements for Airports. Techn. Memorandum Nr. 213—221. 1945.

[71] McFadden, G., u. T. B. Pringle: Evaluation of Flexible Pavements for Airfields. Proc. 2. Int. Conf. Soil Mech. Found. Engng., Bd. V, S. 172. Rotterdam 1948.

[72] Loxton, H. T., M. D. McNicholl u. I. S. Bickerstaff: Procedures for Determining the California Bearing Ratios of Soils in Unsaturated Conditions. Proc. 1. Australia-New Zealand Conf. Soil Mech. Found. Engng., S. 164. Melbourne 1952.

[73] Cochrane, R. H. A.: The Design of Aerodrome Pavements. J. Inst. Engr. Australia Bd. 24 (1952) S. 129.

[74] Roberts u. Hosking: Forward Road Planning in Victoria. J. Inst. Engr. Australia Bd. 25 (1953) S. 97.

[75] Belcher, D. I.: Measurement of Soil Moisture and Density by Neutron and γ-Ray Scattering. Aus: Frost Action on Soil. Highway Res. Board, Sonderheft 2, S. 98. Washington 1952.

[76] Wendt, I.: Versuche zur Dichtebestimmung an Sandschüttungen durch Messung der Absorption von Gammastrahlung. Geol. Jb. Bd. 70 (1954) S. 1.

[77] Lorenz, H.: Über die Messung der Lagerungsdichte des Baugrundes mittels radioaktiver Isotope. Baumasch. u. Bautechn. Bd. 1 (1954) S. 173.

[78] NEUBER, H.: Zur praktischen Anwendung atomphysikalischer Strahlungen im Bau-wesen unter besonderer Berücksichtigung der Baugrunduntersuchungen. Baumasch. u. Bautechn. Bd. 1 (1954) S. 179.

[79] SIEDEK, P.: Messen des Porenwasserüberdruckes. Bautechnik-Arch., H. 8, S. 30. Berlin: Ernst & Sohn 1952.

[80] BRETH, H., u. G. KÜCKELMANN: Der Porenwasserdruck in Erddämmen. Bautechn. Bd. 31 (1954) S. 25.

[81] MUHS, H.: Die Messung des Porenwasserdrucks im Felde, insbesondere in Erddämmen. Baumasch. u. Bautechn. Bd. 1 (1954) S. 145 u. 181.

[82] BIEMOND, G.: Direct Measuring of Internal Water Pressures in Clay. Proc. 1. Int. Conf. Soil Mech. Found. Engng., Bd. I, S. 111. Cambridge (Mass.) 1936.

[83] CASAGRANDE, A.: Soil Mechanics in the Design and Construction of the Logan Airport. J. Boston Soc. Civ. Engr. Bd. 36 (1949) S. 192 (s. besonders Anhang).

[84] RINGELING, I. C. N.: Measuring Groundwater Pressures in a Layer of Peat, Caused by an Imposed Load. Proc. 1. Int. Conf. Soil Mech. Found. Engng., Bd. I, S. 106. Cambridge (Mass.) 1936.

[85] EHRENBERG, J.: Messungen an Staudämmen. Z. VDI Bd. 84 (1940) S. 495.

[86] SPEEDIE, M. G.: Experience Gained in the Measurement of Pore Pressures in a Dam and its Foundation. Proc. 2. Int. Conf. Soil Mech. Found. Engng., Bd. I, S. 287. Rotterdam 1948.

[87] WALKER, F. C., u. W. W. DAEHN: Ten Years Pore Pressure Measurements. Proc. 2. Int. Conf. Soil Mech. Found. Engng., Bd. III, S. 245. Rotterdam 1948.

[88] PLANTEMA, G.: Electrical Pore Water Pressure Cells: Some Designs and Experiences. Proc. 3. Int. Conf. Soil Mech. Found. Engng., Bd. I, S. 279. Zürich 1953.

[89] US Waterways Experiment Station: Pressure Cells for Field Use. H. 40. Vicksburg 1955.

[90] BRETH, H.: Die Untersuchungen und Messungen für den Staudamm Roßhaupten. Aus: Vorträge Baugrundtagung 1953, Hannover. Dtsch. Ges. f. Erd- u. Grundbau e. V., S. 12. Hamburg 1953.

[91] CASAGRANDE, A., u. T. W. FADUM: Notes on Soil Testing for Engineering Purposes. Soil Mech. Ser. Nr. 8. Cambridge (Mass.): Harvard Univ. 1940.

[92] Amer. Ass. State Highway Officials: Standard Specifications for Highway Materials and Methods of Sampling and Testing. 7. Ausg. Washington 1955.

[93] LAMBE, T. W.: Soil Testing for Engineers. New York: John Wiley & Sons 1951.

[94] Richtlinien für den Bau und die Unterhaltung von Erdstraßen (Vorl. Fassg.). Aus H. LEUSSINK u. E. GOERNER: Erdstraßenbau, S. 47. Berlin-Bielefeld-Detmold: Erich Schmidt 1949.

[95] GESSNER, H.: Die Schlämmanalyse. Leipzig: Akad. Verl.-Ges. 1931.

[96] BOUYOUCOS, G. I.: The Hydrometer as a New and Rapid Method for Determining the Colloidal Content of Soils. Soils Scis. Bd. 23 (1927) S. 319.

[97] CASAGRANDE, A.: Die Aräometer-Methode zur Bestimmung der Kornverteilung von Böden. Berlin: Springer 1934.

[98] SPOEREL, M.: Die Tauchwägung. Straße u. Autobahn Bd. 3 (1952) S. 329.

[99] OLPINSKI, K.: A Rapid Field Method for the Determination of the Moisture Content of Soils on Constructional Works. The Surveyor and Minicipal and County Engr., 27. 4. 1945.

[100] ATTERBERG, A.: Die Plastizität der Tone. Int. Mitt. Bodenkde. Bd. 1 (1911) S. 10.

[101] CASAGRANDE, A.: Research on the Atterberg Limits of Soil. Publ. Roads Bd. 13 (1932) S. 121.

[102] VOGL, C. I.: Gründungen in schrumpf- und schwellfähigen Böden. Mitt. Hann. Vers.-Anst. Grundb. u. Wasserb., H. 7, S. 1. 1955.

[103] SKEMPTON, A. W.: A Foundation Failure due to Clay Skrinkage Caused by Poplar Trees. Proc. Inst. Civ. Engrs. Bd. 3 (1954), Teil 1, S. 66.

[104] PROCTOR, R. R.: Design and Construction of Rolled Earth Dams. Engng. News Rec. Bd. 111 (1933) S. 245.

[105] WALKER, F. C., u. W. G. HOLTZ: Control of Embankment Material by Laboratory Testing. Trans. Amer. Soc. Civ. Engrs. Bd. 118A (1953) S. 1.

[106] HOLTZ, W. G.: The Determination of Limits for the Control of Placement Moisture in High Rolled-Earth Dams. Proc. ASTM Bd. 48 (1948) S. 1248.

[107] CASAGRANDE, A.: Notes on the Design of Earth Dams. Soil Mech. Ser. Nr. 35. Cambridge (Mass.): Harvard Univ. 1951.

[108] GIBBS, H. I.: The Effect of Rock Content and Placement Density on Consolidation and Related Pore Pressure in Embankment Construction. Proc. ASTM Bd. 50 (1950) S. 1343.

[109] Croney, D.: The Movement and Distribution of Water in Soils. Géotechnique Bd. 3 (1952) S. 1.

[110] Endell, K., W. Loos u. H. Breth: Zusammenhang zwischen kolloidchemischen und bodenphysikalischen Kennziffern bindiger Böden und Frostwirkung. Forsch.-Arb. Straßenwes., Bd. 16. Berlin: Volk und Reich 1939.

[111] Terzaghi, K. v., u. O. K. Fröhlich: Theorie der Setzung von Tonschichten. Leipzig-Wien: Deuticke 1936.

[112] Terzaghi, K. v., u. R. Jelinek: Theoretische Bodenmechanik. Berlin/Göttingen/Heidelberg: Springer 1954.

[113] Ohde, J.: Vorbelastung und Vorspannung des Baugrundes und ihr Einfluß auf Setzung, Festigkeit und Gleitwiderstand. Bautechn. Bd. 26 (1949) S. 129 u. 163.

[114] Leussink, H.: Das seitliche Nichtanliegen der Bodenprobe im Kompressions-Apparat als Fehlerquelle beim Druck-Setzungs-Versuch. Schr.-Reihe Fortschr. u. Forsch. im Bauwes., Reihe D, H. 17: Grundbau, Vorschriften und Versuche, Teil I, S. 153. Stuttgart: Franckhsche Verlagshdlg. 1954.

[115] van Zelst, Th. W.: An Investigation of the Factors Affecting Laboratory Consolidation of Clay. Proc. 2. Int. Conf. Soil Mech. Found. Engng., Bd. VII, S. 52. Rotterdam 1948.

[116] Kjellman, W., u. B. Jakobson: Some Relations between Stress and Strain in Coarse-Grained Cohesionless Materials. Proc. Königl. Schwed. Geotechn. Inst., Nr. 9. Stockholm 1955.

[117] Schmidbauer, J.: Fehlerquellen und deren Ausschaltung beim Druck-Setzungsversuch (Kompressionsversuch). Schr.-Reihe Fortschr. u. Forsch. im Bauwes., Reihe D, H. 17: Grundbau, Vorschriften und Versuche, Teil I, S. 161. Stuttgart: Franckhsche Verlagshdlg. 1954.

[118] Jelinek, R.: Die Zusammendrückbarkeit des Baugrundes. Straßen- u. Tiefbau Bd. 3 (1949) S. 103.

[119] Schultze, E.: Die Bezugshöhe für die Aufstellung von Druck-Setzungsdiagrammen. Baupl. u. Bautechn. Bd. 2 (1948) S. 363.

[120] Ohde, J.: Zur Theorie der Druckverteilung im Baugrund. Bauingenieur Bd. 20 (1939) S. 451.

[121] Ohde, J.: Grundbaumechanik. Aus: „Hütte" III, 27. Aufl., S. 898. Berlin: Ernst & Sohn 1951.

[122] Muhs, H.: Erddruckmessungen an einer 24 m hohen starren Wand. Baupl. u. Bautechn. Bd. 1 (1947) S. 11.

[123] Casagrande, A.: Eigenschaften lockerer Böden, die die Festigkeit von Böschungen und Erdschüttungen beeinflussen. Z. Int. Ständg. Verbd. d. Schiffahrtskongr. Bd. 12 (1937) S. 23.

[124] Krey, H. D.: Rutschgefährliche und fließende Bodenarten. Bautechn. Bd. 5 (1927) S. 485.

[125] Terzaghi, K. v.: The Shearing Resistance of Saturated Soils and the Angle between the Planes of Shear. Proc. 1. Int. Conf. Soil Mech. Found. Engng., Bd. I, S. 54. Cambridge (Mass.) 1936.

[126] Tschebotarioff, G. P.: Soil Mechanics, Foundations and Earth Structures. New York-Toronto-London: McGraw-Hill Book Comp., Inc. 1952.

[127] Hvorslev, M. I.: Über die Festigkeitseigenschaften gestörter bindiger Böden. Ing.-Vidensk. Skr. A, Nr. 45. Kopenhagen: Danmarks Natur-Vidensk. Samfund 1937.

[128] Ohde, J.: Zur Erddruck-Lehre. Bautechn. Bd. 27 (1950) S. 111.

[129] Trollope, D. H.: The Basic Law of Shear Strength. Proc. 1. Australia-New Zealand Conf. Soil Mech. Found. Engng., S. 241. Melbourne 1952.

[130] Hamilton, L. W.: The Effects of Internal Hydrostatic Pressure on the Shearing Strength of Soils. Proc. ASTM Bd. 39 (1939) S. 1100.

[131] Hilf, I. W.: Estimating Construction Pore Pressure in Rolled Earth Dam. Proc. 2. Int. Conf. Soil Mech. Found. Engng., Bd. III, S. 234. Rotterdam 1948.

[132] Skempton, A. W.: The Pore-Pressure Coefficients A and B. Géotechnique Bd. 4 (1954) S. 143.

[133] Bishop, A. W.: The Use of Pore-Pressure Coefficients in Practice. Géotechnique Bd. 4 (1954) S. 148.

[134] Seifert, A.: Untersuchungsmethoden, um festzustellen, ob sich ein gegebenes Baumaterial für den Bau eines Erddammes eignet. Proc. 1. Congr. Grands Barrages, Bd. III. S. 5. Stockholm 1933.

[135] Terzaghi, K. v.: Die Coulombsche Gleichung für den Scherwiderstand bindiger Böden. Bautechn. Bd. 16 (1938) S. 343.

[136] Haefeli, R., u. C. Schaerer: Der Triaxialapparat. Schweiz. Bauztg. Bd. 128 (1946) S. 51.

[137] Buchanan, S. I.: The Soil Mechanics Laboratory of the US Waterways Experiment Station Vicksburg, Miss. Proc. 1. Int. Conf. Soil Mech. Found. Engng., Bd. II, S. 72. Cambridge (Mass.) 1936.

[138] Petermann, H.: Zusammenhang zwischen Scherverschiebung, Dichte und Scherwiderstand bei nichtbindigen Böden. Dtsch. Wasserw. Bd. 34 (1939) S. 441.

[139] Tiedemann, B.: Über die Schubfestigkeit bindiger Böden. Bautechn. Bd. 15 (1937) S. 400.

[140] Haefeli, R.: Mechanische Eigenschaften von Lockergesteinen. Erdbaukurs der ETH Zürich, Beitrag 5. 1938.

[141] Proceedings of the Conference on the Measurement of the Shear Strength of Soils in Relation to Practice. Géotechnique Bd. 2 (1950/1951) S. 89/263.

[142] Bjerrum, L.: Theoretical and Experimental Investigations on the Shear Strength of Soils. Veröff. Norw. Geotechn. Inst., Nr. 5. Oslo 1954.

[143] Collorio, F.: Die neuen Talsperrendämme im Harz. Bautechn. Bd. 14 (1936) S. 683.

[144] Rendulic, L.: Relation between Void Ratio and Effective Principal Stresses for a Remoulded Silty Clay. Proc. 1. Int. Conf. Soil Mech. Found. Engng., Bd. III, S. 48. Cambridge (Mass.) 1936.

[145] Rendulic, L.: Ein Grundgesetz der Tonmechanik und sein experimenteller Beweis. Bauingenieur Bd. 18 (1937) S. 459.

[146] Führer durch die wissenschaftliche Abteilung des Deutschen Hauses der Internationalen Wasser-Ausstellung. S. 80. Lüttich 1939.

[147] Bjerrum, L., u. G. Amberg: Triaxialapparate und Konsolidationsgerät für erdbaumechanische Probleme. Mitt. Vers.-Anst. Wasserbau u. Erdbau d. ETH Zürich, Nr. 24. 1953.

[148] Stein, G.: Ein neues Seitendruckgerät mit automatischer Druckregulierung. Wiss. Z. T.H. Dresden Bd. 3 (1953/54) S. 179.

[149] Taylor, D. W.: Tenth Report to US Engineer Department. Mass. Inst. Techn., Soil Mech. Laboratory. 1944.

[150] Bjerrum, L., H. Huggler u. R. Sevaldson: Messung der Porenwasserspannungen in Bodenproben während des Schervorganges. Mitt. Vers.-Anst. Wasserbau u. Erdbau d. ETH Zürich, Nr. 24. 1953.

[151] Geuze, E. C. W. A., u. T. Tjong-Kie: The Shearing Properties of Soils. Géotechnique Bd. 2 (1950) S. 141.

[152] de Beer, E. E.: The Cell-Test. Géotechnique Bd. 2 (1950) S. 162.

[153] Jänke, S., H. Martin u. H. Plehm: Dreiaxiales Druckgerät zur Bestimmung der Ruhedruckbeiwerte und des Gleitwiderstands von Erdstoffen. Bauplanung u. Bautechn. Bd. 9 (1955) S. 442.

[154] Holtz, W. G.: The Use of the Maximum Principal Stress Ratio as the Failure Criterion in Evaluating Triaxial Shear Tests on Earth Materials. Proc. ASTM Bd. 47 (1947) S. 1067.

[155] Casagrande, A., u. S. D. Wilson: Effects of Stress History on the Strength of Clays. Soil Mech. Ser. Nr. 43. Cambridge (Mass): Harvard Univ. 1953.

[156] Terzaghi, K. v.: Liner-plate Tunnels on the Chicago (Ill.) Subway. Proc. Amer. Soc. civ. Engrs. Bd. 68 (1942) S. 862.

[157] Skempton, A. W.: The Bearing Capacity of Clays. Proc. Buildg. Res. Congr., Bd. 1, S. 180. London 1955.

[158] Plantema, G.: Einfluß von Frequenz und Marschgeschwindigkeit einiger Bodenverdichtungsgeräte. Straßen- und Tiefbau, Straßenbau und Straßenbaustoffe Bd. 8 (1954) S. 423.

[159] Forschungs-Ges. f. d. Straßenwesen: Merkblatt für bodenphysikalische Prüfverfahren. Verb. Auflage. Köln 1955.

[160] Siedek, P., u. R. Voss: Beurteilung der Tragfähigkeit schwerbelasteter Straßen durch den Plattendruckversuch. Bundesanstalt für Straßenbau, Wissenschaftl. Ber. Nr. 2. Berlin: Ernst & Sohn 1956.

[161] Muhs, H., u. D. Campbell-Allen: A Laboratory Examination of an Electrical Pore Pressure Gauge for Use in Earth Dams. J. Inst. Engr. Australia Bd. 27 (1955) S. 241.

[162] Lomtadse, W. D.: Bodenphysikalisches Praktikum. Übersetzung aus dem Russischen. Berlin: VEB Verlag Technik 1955.

[163] Ohde, J.: Über den Gleitwiderstand der Erdstoffe. Veröff. Forschg. Anst. f. Schiffahrt, Wasser- und Grundbau, Nr. 6. Berlin: Akademie-Verlag 1955.

[164] Maguin, C. R. M.: Experience with an New Direct Shear Machine with an Automatic Recorder. New Zealand Engng. Bd. 10 (1956) S. 424.

[165] Bishop, A. W., u. D. J. Henkel: A Constant-Pressure Control for the Triaxial Compression Test. Géotechnique Bd. 3 (1953) S. 339.

[166] Dücker, A.: Ist eine Straßendecke auf einem Untergrund mit einem frostkritischen Kornanteil unter 20% durch eine 30 cm starke Frostschutzschicht frostsicher gegründet? Forsch.-Arb. Straßenwes., Heft 17 (Neue Folge), S. 37. Bielefeld: Kirschbaum 1955.

[167] Schaible, L.: Über Beobachtungen an Frost- und Tauschäden auf Verkehrswegen. Forsch.-Arb. Straßenwes., Heft 17 (Neue Folge), S. 44. Bielefeld: Kirschbaum 1955.

[168] Terzaghi, K. v.: Evaluation of Coefficients of Subgrade Reaction. Géotechnique Bd. 5 (1955) S. 297.

[169] Brebner, A., u. W. Wright: An experimental Investigation to determine the Variation in the subgrade modulus of a sand loaded by plates of different breadths. Géotechnique Bd. 3 (1953) S. 307.

[170] Voss, R.: Die Bodenverdichtung im Straßenbau. Bundesanst. für Straßenbau. Düsseldorf: Werner 1956.

[171] Kahl, H., u. H. Muhs: Ergebnisse von Probebelastungen auf großen Lastflächen zur Ermittlung der Bruchlast im Sand. 3. Bericht. Schr.-Reihe Fortschr. u. Forsch. im Bauwes., Reihe D, H. 28. Stuttgart: Franckhsche Verlagshdlg. 1957.

[172] Muhs, H.: Über das Verhalten beim Bruch, die Grenztragfähigkeit und die zulässige Belastung von Sand. Baumasch. u. Bautechn. Bd. 4 (1957) S. 1.

[173] McLeod, N. W.: Airport Runway Design and Evaluation in Canada. Proc. 3. Int. Conf. Soil Mech. Found. Engng., Bd. II, S. 122. Zürich 1953.

[174] Veen, C. van der: Loading Tests on Concrete Slabs at Schiphol Airport. Proc. 3. Int. Conf. Soil Mech. Found. Engng., Bd. II, S. 133. Zürich 1953.

[175] Croney, D., u. J. D. Coleman: Soil Moisture Suction Properties and their Bearing on the Moisture Distribution in Soils. Proc. 3. Int. Conf. Soil Mech. Found. Engng., Bd. I, S. 13. Zürich 1953.

[176] Pacheco Silva, F.: Controlling the Stability of a Foundation through Neutral Pressure Measurements. Proc. 3. Int. Conf. Soil Mech. Found. Engng., Bd. I, S. 299. Zürich 1953.

[177] Skempton, A. W.: The Colloidal „Activity" of Clays. Proc. 3. Int. Conf. Soil. Mech. Found. Engng., Bd. I, S. 57. Zürich 1953.

[178] Jennings, J. E.: The Heaving of Buildings on Desiccated Clay. Proc. 3. Int. Conf. Soil Mech. Found. Engng., Bd. I, S. 390. Zürich 1953.

[179] Tschebotarioff, G. P.: A Case of Structural Damages Sustained by One-Storey High Houses Founded on Swelling Clays. Proc. 3. Int. Conf. Soil Mech. Found. Engng., Bd. I, S. 473. Zürich 1953.

[180] Siedek, P., u. R. Voss: Über die Lagerungsdichte und den Verformungswiderstand von Korngemischen. Straße u. Autobahn Bd. 6 (1955) S. 273.

[181] Gould, J. P.: The Compressibility of Rolled Fill Materials Determined from Field Observations. Proc. 3. Int. Conf. Soil Mech. Found. Engng., Bd. II, S. 239. Zürich 1953.

[182] Kahl, H., u. H. Neuber: Beschreibung und Auswertung von Versuchen zur Feststellung der scheinbaren Kohäsion von erdfeuchtem Sandboden. Schr.-Reihe Fortschr. u. Forsch. im Bauwes., Reihe D, H. 28. Stuttgart: Franckhsche Verlagshdlg. 1957.

[183] Gibson, R. E., u. D. J. Henkel: Influence of Duration of Tests at Constant Rate of Strain on Measured „Drained" Strength. Géotechnique Bd. 4 (1954) S. 6.

[184] Kallstenius, T., u. A. Wallgren: Pore Water Pressure Measurement in Field Investigations. Proc. Königl. Schwed. Geotechn. Inst., Nr. 13. Stockholm 1956.

[185] Schaible, L.: Frost- und Tauschäden an Verkehrswegen und deren Bekämpfung. Berlin: Ernst & Sohn 1957.